21 世纪全国高职高专电子信息系列技能型规划教材

单片机原理及应用

主　编　陈高锋
副主编　熊　刚　胡启迪
参　编　马安良　郭东平
何国荣　张争刚
谢白玉　杨俊杰

北京大学出版社
PEKING UNIVERSITY PRESS

内 容 简 介

本书依据高等职业教育对高技能型人才的培养目标和要求，结合单片机技术的发展趋势，兼顾单片机原理和应用两个方面，以项目化的形式组织和整理教学内容，通过设计一些具有典型意义的实践训练项目，来提高学生的实践操作水平。本书主要内容包括单片机基础知识、MCS-51 单片机硬件系统和指令系统、汇编语言程序设计、显示器及键盘、中断及定时系统、MCS-51 单片机系统扩展、A/D 和 D/A 转换电路、串行口通信、单片机应用系统综合设计等。

本书可作为高职高专院校自动化类、机电一体化类、汽车电子类、电子信息类、通信类专业的教学用书，也可作为相关行业岗位培训教材和电子技术、单片机技术的工程技术人员及自学者阅读和参考用书。

图书在版编目(CIP)数据

单片机原理及应用/陈高锋主编. —北京：北京大学出版社，2012.9

(21 世纪全国高职高专电子信息系列技能型规划教材)

ISBN 978-7-301-17489-0

Ⅰ. ①单… Ⅱ. ①陈… Ⅲ. ①单片微型计算机—高等职业教育—教材 Ⅳ. ①TP368.1

中国版本图书馆 CIP 数据核字(2012)第 205633 号

书　　名：单片机原理及应用

著作责任者：陈高锋　主编

策 划 编 辑：张永见　赖　青

责 任 编 辑：张永见

标 准 书 号：ISBN 978-7-301-17489-0/TP · 1242

出　版　者：北京大学出版社

地　　址：北京市海淀区成府路 205 号　100871

网　　址：http://www.pup.cn　http://www.pup6.cn

电　　话：邮购部 62752015　发行部 62750672　编辑部 62750667　出版部 62754962

电 子 邮 箱：pup_6@163.com

印　刷　者：北京富生印刷厂

发　行　者：北京大学出版社

经　销　者：新华书店

787mm×1092mm　16 开本　16.75 印张　390 千字

2012 年 9 月第 1 版　　2012 年 9 月第 1 次印刷

定　　价：32.00 元

前　言

单片机技术作为计算机技术的一个重要分支，广泛地应用于工业控制、智能化仪器仪表、家用电器，甚至电子玩具等领域。单片机具有体积小、功能多、价格低廉、使用方便、系统设计灵活等优点，因此越来越受到工程技术人员的重视。80C51 系列单片机经过多年的发展和应用，技术已经非常成熟，在性能、指令功能、运算速度、控制能力等方面都有很大的提高，仍具有广阔的应用前景。

高等职业教育作为我国高等教育的一个重要组成部分，近些年来，随着国家示范性院校建设和骨干院校工作的推进，得到了长足的发展。根据国家经济的发展和各行各业对人才需求的变化，高等职业院校不断调整人才培养的目标，加大专业建设和课程建设的力度，使培养的人才更加适合企业的需求。本书以理论知识“必需、够用”为原则，注重学生实践操作技能的培养，以适应国家对高技能人才的需求。

本书在内容组织上，以项目的形式组织和编排，兼顾单片机原理和应用两个方面，针对学生需要掌握的基本知识，精心选择项目，介绍简单知识后引入项目，每个项目相对独立，又与前后项目保持密切关系，而且项目是由简到难，循序渐进，项目训练由点到线，由线到面，实现技能训练的综合性与系统性。本书通过大量的实训练习巩固旧知识，引出新知识，培养学生硬件设计能力与软件编程技巧，体现以项目为导向，“以做促学”、“以学引做”的教学思路。

全书共有 10 个项目，项目 1 介绍单片机的基础知识和相关开发工具；项目 2 介绍单片机的基本结构、内部结构、相关输入/输出端口等硬件部分；项目 3 介绍 51 系列单片机的寻址方式、指令系统；项目 4 介绍汇编语言程序的编制及设计方法；项目 5 介绍 LED 显示器输出技术和键盘输入技术；项目 6 介绍中断系统及其使用、定时/计数器相关知识；项目 7 介绍单片机的系统扩展方式，存储器的扩展和输入/输出端口的扩展；项目 8 介绍 A/D 和 D/A 转换器及其使用；项目 9 介绍串行口的结构和工作方式；项目 10 介绍单片机应用系统的设计方法和步骤。每个项目后都配有相关的实训项目。

本书建议课时安排见下表。

序号	课时内容	课时	
		理论课时	实训课时
1	项目 1 认识单片机	2	2
2	项目 2 单片机硬件系统	6	2
3	项目 3 MCS-51 单片机指令系统	6	2
4	项目 4 汇编语言程序设计	6	2
5	项目 5 显示器及键盘	4	4
6	项目 6 中断及定时系统	6	4
7	项目 7 MCS-51 单片机系统扩展	6	2
8	项目 8 A/D 与 D/A 转换电路	4	4
9	项目 9 串行口通信	4	2
10	项目 10 单片机应用系统综合设计	2	30(一周)
合　　计		46	24(不包括项目 10)

本书可作为高职高专院校自动化类、机电一体化类、汽车电子类、电子信息类、通信类专业的教学用书，也可作为相关行业岗位培训教材和电子技术、单片机技术的工程技术人员及自学者阅读和参考用书。

本书由杨凌职业技术学院陈高锋任主编，并编写项目 1、2、3、4；由杨凌职业技术学院熊刚和胡启迪任副主编，其中熊刚编写项目 7 和附录，胡启迪编写项目 9、10；杨凌职业技术学院马安良编写项目 5；杨凌职业技术学院郭东平和黄河水利职业技术学院谢白玉联合编写项目 6；杨凌职业技术学院何国荣、张争刚联合编写项目 8；渭南供电局的杨俊杰承担了部分程序的测试任务。在这里对本书的编写、出版给予帮助的人员表示感谢。

由于时间仓促和编者水平有限，书中错误或不妥之处在所难免，恳请各位专家、读者批评指正。

编　者

2012 年 4 月

目 录

项目 1 认识单片机 1

1.1 单片机的基本概念 2

1.1.1 什么是单片机 2

1.1.2 单片机的发展 3

1.1.3 单片机的种类 4

1.2 单片机的应用 5

1.2.1 单片机的应用系统 5

1.2.2 单片机的应用领域 6

1.3 单片机应用开发工具 7

1.3.1 仿真器及编程器 8

1.3.2 单片机教学实验装置 8

1.3.3 Keil μVision 软件及其使用 9

1.3.4 Proteus 软件及其简单使用 18

实训 1 点亮一个发光二极管 22

项目小结 24

习题 1 24

项目 2 单片机硬件系统 25

2.1 单片机的基本结构 27

2.1.1 8051 单片机的基本结构 27

2.1.2 8051 单片机的引脚及其功能 28

2.2 单片机的内部结构 32

2.2.1 单片机的组成原理 32

2.2.2 单片机时钟与时序 35

2.2.3 单片机的复位 39

2.2.4 单片机的最小系统 41

2.3 存储器结构 42

2.3.1 存储器的组成 42

2.3.2 程序存储器 ROM 43

2.3.3 数据存储器 RAM 44

2.4 并行 I/O 端口 49

2.4.1 P0 口 49

2.4.2 P1 口 50

2.4.3 P2 口 50

2.4.4 P3 口 51

2.4.5 I/O 端口小结 52

实训 2 灯的闪烁 52

项目小结 55

习题 2 55

项目 3 MCS-51 单片机指令系统 56

3.1 指令系统概述 57

3.1.1 指令的格式 57

3.1.2 指令系统的符号说明 58

3.1.3 寻址方式 58

3.1.4 单片机指令的分类 61

3.2 数据传送类指令 61

3.2.1 内部 RAM 的数据传送指令 61

3.2.2 外部 RAM 的数据传递指令 64

3.2.3 ROM 的数据传送指令 65

3.2.4 数据交换指令 67

3.2.5 堆栈指令 68

3.3 算术运算指令 70

3.3.1 加法指令 70

3.3.2 减法指令 72

3.3.3 乘除法指令 73

3.3.4 十进制调整指令 74

3.4 逻辑操作与运算指令 74

3.4.1 累加器 A 的逻辑操作指令 74

3.4.2 逻辑运算指令 76

3.5 控制转移指令 77

3.5.1 无条件转移指令 77

3.5.2 条件转移指令 80

3.5.3 子程序调用返回指令 82

3.5.4 空操作指令 83

3.6 位操作指令 83

3.6.1 位传送指令 84

3.6.2 位状态设置指令 84
3.6.3 位运算指令 84
3.6.4 位控制转移指令 85
实训 3 流水灯 85
项目小结 87
习题 3 88

项目 4 汇编语言程序设计 90

4.1 源程序的编制 91
4.1.1 程序设计步骤 91
4.1.2 汇编语言源程序的格式 93
4.1.3 汇编语言源程序的汇编 94
4.1.4 伪指令 94
4.1.5 程序设计技巧 96
4.2 程序结构 97
4.2.1 顺序程序 98
4.2.2 分支程序 100
4.2.3 循环程序 105
4.2.4 查表程序 109
4.2.5 子程序 111
4.3 程序设计举例 114
实训 4 花式流水灯 116
项目小结 119
习题 4 120

项目 5 显示器及键盘 122

5.1 LED 显示器及接口技术 123
5.1.1 LED 显示器结构与工作原理 123
5.1.2 LED 显示器与单片机接口技术 125
实训 5 数码管动态显示实验 126
5.2 键盘输入接口 129
5.2.1 按键的特性 129
5.2.2 独立式按键接口 131
5.2.3 矩阵式按键工作原理及接口 133
实训 6 矩阵键盘数码管显示 138
项目小结 141
习题 5 142

项目 6 中断及定时系统 143

6.1 中断系统 144
6.1.1 中断的几个概念 144
6.1.2 中断系统的结构 145
6.1.3 中断源和中断标志 146
6.1.4 对中断请求的控制 147
6.1.5 中断处理过程 149
实训 7 中断实现脉冲计数 153
6.2 定时/计数器 155
6.2.1 关于定时/计数器的几个概念 155
6.2.2 定时/计数器的结构 156
6.2.3 定时/计数器的控制 157
6.2.4 定时/计数器的工作方式 158
实训 8 简易秒表 162
项目小结 166
习题 6 166

项目 7 MCS-51 单片机系统扩展 167

7.1 单片机的系统扩展结构 168
7.1.1 单片机的系统总线 168
7.1.2 单片机的总线构成 169
7.2 存储器的扩展 170
7.2.1 程序存储器的扩展 170
7.2.2 数据存储器的扩展 176
7.3 I/O 口的扩展 178
7.3.1 简单并行 I/O 口的扩展 178
7.3.2 可编程并行 I/O 口的扩展 180
实训 9 8155 扩展实验 187
项目小结 189
习题 7 190

项目 8 A/D 与 D/A 转换电路 191

8.1 A/D 转换器及其应用 192
8.1.1 A/D 转换器主要性能指标 192
8.1.2 ADC0809 的内部结构及引脚功能 193
8.1.3 8051 单片机与 ADC0809 的接口及应用 194

实训 10　简易数字电压表 197

8.2　D/A 转换器及其应用 200

8.2.1　D/A 转换器主要性能指标 201

8.2.2　DAC0832 的内部结构及引脚功能 201

8.2.3　DAC0832 与单片机的接口及应用 203

实训 11　简易波形发生器 204

项目小结 207

习题 8 207

项目 9　串行口通信 208

9.1　串行通信基础 209

9.1.1　串行通信与并行通信 209

9.1.2　串行通信制式 210

9.1.3　串行通信的分类 210

9.1.4　波特率 212

9.1.5　RS-232C 通信标准 212

9.2　串行口的结构与工作原理 215

9.2.1　串行口的结构 215

9.2.2　串行口的工作原理 215

9.2.3　串行口的工作方式 217

9.3　双机通信 221

9.3.1　单片机双机通信 221

9.3.2　单片机与计算机通信 228

实训 12　单片机双机通信 230

项目小结 232

习题 9 233

项目 10　单片机应用系统综合设计 234

10.1　单片机应用系统设计方法与步骤 235

10.1.1　方案的确定 236

10.1.2　系统硬件设计 236

10.1.3　系统软件设计 238

10.1.4　系统调试 240

10.2　综合设计：单片机数字时钟 241

10.2.1　任务目的 241

10.2.2　设计要求 241

10.2.3　设计步骤 241

10.2.4　系统硬件设计 244

10.2.5　系统软件设计 245

10.2.6　系统调试 252

项目小结 253

附录　MCS-51 单片机指令表 254

参考文献 258

项目 1

认识单片机

教学目标

通过学习一个单片机的应用实例，了解单片机的基本概念、发展历史、分类、应用范围等；掌握单片机应用开发工具 Keil μVision 软件和 Proteus 软件的应用。

教学要求

能力目标	相关知识	权重	自测分数
掌握单片机基础知识	单片机的基本概念、发展历史、分类、应用范围等	20%	
掌握仿真调试软件 Keil μVision 基本应用	建立项目文件、程序编写、编译与调试等	40%	
掌握仿真软件 Proteus 的基本应用	新建设计、器件选择、导线连接、参数设置和仿真运行等	30%	
点亮一个发光二极管	点亮一个发光二极管的条件，几个相关指令	10%	

项目导读

我们第一次接触单片机，不知道它长什么样子，可能会对单片机感到很陌生，但是它却时时刻刻伴随着我们。例如家里的冰箱，它的控制器就是单片机。冰箱的系统结构框图如图 1.1 所示。用户通过控制面板上的温度设置按键来设定冰箱的温度，比如 5℃。单片机接收冰箱箱体内温度传感器实测的冰箱内温度，比如 9℃，并通过显示器显示出温度。很明显，冰箱内的温度(9℃)高于设定温度(5℃)，如果再不降温，冰箱里的食物恐怕会变质。于是单片机启动压缩机开始制冷，降低冰箱内的温度。当温度传感器所测温度降到 5℃时，单片机就会关闭压缩机。

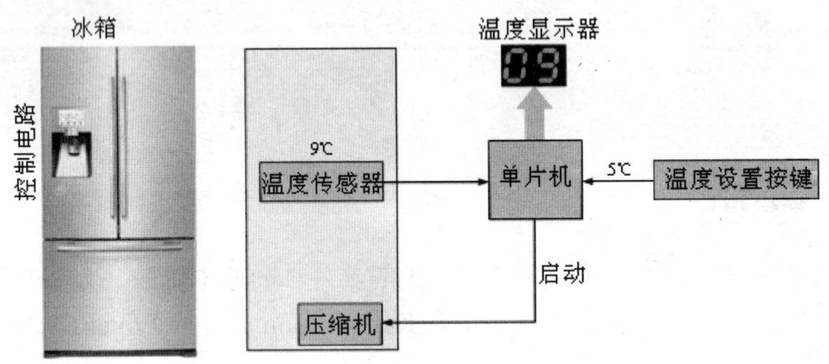

图 1.1 冰箱的系统结构框图

图 1.1 中箭头方向表示了信号的传递方向，比如温度传感器向单片机传递温度信号，所以箭头指向单片机；又比如单片机向压缩机传递启动/停止信号，所以箭头指向压缩机。由此可见，在许多电器中，都会有单片机这个“管家”在不断接收信号并发出控制指令，以协调各个机构有序工作，实现整体功能。

1.1 单片机的基本概念

在 20 世纪，世界已经跨过了 3 个“电”的时代，即电气时代、电子时代和现在已经进入的电脑时代。不过这种电脑，通常指的是个人计算机，它是由主机、鼠标、键盘、显示器等组成。还有一类把智能赋予各种机械的计算机，它只用了一片集成电路，就可以进行控制与运算。它的体积很小，通常被装在被控机械的里面，它是整个装置的核心，它若出现了问题，整个装置就瘫痪了。

那么，单片机究竟是什么呢？它都有哪些应用呢？

1.1.1 什么是单片机

单片机的全称是“单片微型计算机”(Single Chip Microcomputer)，又称为单芯片微控制器(Micro Controller Uint，MCU)。它将 CPU(进行运算、控制)、RAM(数据存储)、ROM(程序存储)、输入/输出设备(例如串行口、并行输出口等)、定时/计数器等最基本的部件集中在一片芯片上，构成一个最小的计算机系统。

可以这样来说，它就是一台计算机，微型的计算机，图 1.2 所示为单片机实物图。

图 1.2 单片机实物图

计算机有的它基本都有，例如 CPU、内存、总线、存储器等，不同的是它的这些部件相对个人计算机功能就弱很多，不过价钱也很便宜，几块钱就可以买一片，做一些不很复杂的控制运算工作足够了，有很高的性价比，并且具有体积小、结构简单、可靠性高、控制功能强、开发使用方便等优点。

1.1.2 单片机的发展

单片机发展十分迅速，它的产生和发展与微处理器的产生与发展大体同步，大致可以分为 4 个阶段和 3 个发展历程(单片微型计算机 SCM、微控制器 MCU、片上系统 SOC)。

1. 第一阶段(197—1976 年)：单片机的探索阶段

1971 年 Intel 公司首先设计出第一台 MCS-4 微处理器，随后又设计出 Intel 8008；在此期间美国仙童公司(Fairchild)设计出了 F8，它的出现在工业控制领域立即受到欢迎和重视，取得较为满意的效果，这一时期为单片机的探索阶段。

2. 第二阶段(1976—1980 年)：单片机的诞生阶段

以 Intel 公司的 MCS-48 为代表，它采用将 8 位并行 I/O 口、8 位定时/计数器、RAM/ROM 等集成在一片半导体芯片上的单片结构，其寻址范围有限(不大于 4KB)，没有串行口，RAM、ROM 容量小，但功能可以满足一般的工业控制和智能化仪器、仪表等的要求。这就是 SCM 的诞生年代，“单片机”一词即由此而来。

3. 第三阶段(1980—1990 年)：单片机的完善阶段

Intel 公司在 MCS-48 基础上推出了完善的、典型的 MCS-51 系列单片机。片内 RAM、ROM 容量的加大，寻址范围可以达到 64KB，普遍带有串行口和多级中断处理系统，向着微控制器 MCU 方向发展。这类单片机的运算速度大幅提高，完善了外围电路的功能，丰富了指令系统，强化了智能控制的特征，拓宽了其应用范围，目前还是国内外单片机产品的主流，各制造公司还在对它进行不断的改进和发展。

4. 第四阶段(1990 年至今)：单片机的巩固和发展阶段

8 位单片机的巩固发展以及 16 位、32 位单片机的推出阶段。以 Intel 公司推出的 MCS-96 系列单片机为代表，其将一些用于测控系统的模数(A/D)转换器、程序运行监视器(WDT)、脉宽调制器(PWM)等纳入片中，内部功能更强，时钟频率达到 20MHz 甚至更高，体现了单片机的微控制器特征，逐步向片上系统(SOC)方向发展。

尽管单片机的技术进步很快，但是 8 位单片机并没有消失，尤其是以 8051 为内核的 8

位机，现在应用还是最多的，世界上 8 位机的产量几乎占整个单片机产量的 60%以上。

1.1.3 单片机的种类

单片机型号繁多，新产品推出很快，这里主要介绍目前常用的几种具有代表性的单片机芯片。

1. Intel 单片机

1980 年由 Intel(英特尔)公司首先研制出来 Intel 8051 单片机，并应用于嵌入式系统中。在 20 世纪 80 年代和 90 年代早期，Intel 公司的 Intel 8051 单片机风靡一时，但是很快被 20 多个其他制造商如 Atmel(爱特梅尔)、Infineon Technologies(英飞凌)、Maxim Integrated Products(美信)、Motorola(摩托罗拉)等公司代替。

2. PIC 单片机

PIC 单片机是 Microchip(微芯半导体)公司研制的一大类单片机的总称。注意，“PIC”不是拆分为 3 个字母，而是应该读成“匹克”(发音)。这类单片机采用双总线结构，运行速度快，工作电压低，功耗低，有较大的输入/输出直接驱动能力，价格低，一次性编程，体积小。适用于用量大、档次低、价格敏感的产品。在办公自动化设备、消费电子产品、智能仪器仪表、汽车电子、金融电子、工业等领域都有广泛的应用。

3. AVR 单片机

Atmel 公司的 AVR 单片机是增强型 RISC 内载 Flash(快闪擦写存储器)的单片机，芯片上的 Flash 存储器附在用户的产品中，可随时编程、再编程，使用户的产品设计容易，更新换代方便。AVR 单片机工作电压范围为 2.7～6.0V，实现耗电最优化。AVR 单片机广泛应用于计算机外部设备、工业实时控制、仪器仪表、通信设备、家用电器、宇航设备等领域。

另外，Atmel 公司的 ATMEL89 系列单片机(简称 89 系列单片机)是目前使用比较广泛的一种单片机，其又分为 AT89C 系列和 AT89S 系列，该系列单片机与 51 系列单片机完全兼容，可以与 80C51、87C51 直接进行代换，并且内部含有大容量的 Flash 存储器，在便携式商品、手提式仪器等方面有着十分广泛的应用。

4. Motorola 单片机

Motorola 是世界上最大的单片机厂商。从 M6800 开始，开发了大量的品种，涉及 4 位、8 位、16 位、32 位单片机，其中典型的产品有：M6805、M68HC05 系列(8 位)，M68HCl1、M68HCl2 (8 位)增强型，M68HCl6(16 位)，M683XX(32 位)。Motorola 单片机在同样的速度下所用的时钟频率较 Intel 类单片机低得多，因而使得高频噪声低、抗干扰能力强，更适合于工控领域及较为恶劣的环境。

5. Philips 单片机

Philips 公司是国际上生产 51 兼容单片机种类最多的厂家之一，型号上百种，其中 8 位机的主要产品型号有 P80C××、P87C××和 P88C××系列，16 位机的主要产品型号有 PXAC××、PXAG××和 PXAS××系列等。

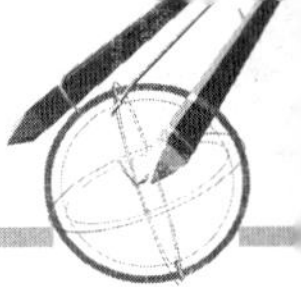

6. STC 单片机

STC 系列单片机是宏晶科技设计生产的一款新型单片机。指令代码完全兼容 8051，但由于采用单时钟方式，运算速度快 8～12 倍。内部集成高可靠复位电路，针对高速通信、智能控制、强干扰场合，并且具有 ISP 下载功能，只需用串口通信电路就能下载程序，免去了编程器。与传统的单片机相比，具有价格低、运算速度快、功耗低、功能强的优点。

常用的 8 位单片机见表 1-1。

表 1-1　常用的 8 位单片机

公司	系列	型号	片内 ROM	片内 RAM	I/O 口	定时/计数器
Intel	MCS-51	8031	无	128B	4×8 位	2×16 位
		8051	4KB/ROM			
		8751	4KB/EPROM			
		8032	无	256B		3×16 位
		8053	8KB/ROM			
		8753	8KB/EPROM			
Intel	80C51	80C51GB	无	256B	4×8 位	3×16 位
		83C51GB	8KB/ROM			
		87C51GB	8KB/EPROM			
Philips	80C51	80C552	无	256B	6×8 位	3×16 位
		83C552	8KB/ROM			
		87C552	8KB/EPROM			
Atmel		89C51	4KB/E^2PROM	128B	4×8 位	2×16 位
		89C52		256B		
Motorola	68HC	68HC05C	4～16KB/ROM	176B/352B	31 位	16 位
		68HC705C8	8KB/EPROM	304B	31 位	16 位
		68HC11A8	8KB/ROM	256B	38 位	16 位
STC	89C51RC	89C51RC	4KB/E^2PROM	512B	4×8 位	3×16 位
		89C52RC		512B		

1.2　单片机的应用

以上介绍的单片机仅仅是一块芯片，单片机的使用还需要外接元器件、接口电路、各种外围设备等，同时还要设计相应的应用软件，最后通过运行调试、程序固化等过程形成一个高性能的单片机应用系统。

1.2.1　单片机的应用系统

单片机应用系统是满足嵌入式对象要求的全部电路系统。它是在单片机最小系统的基础上，配置了面向应用对象的接口电路。在单片机应用系统中，面向应用对象的接口电路一般有以下几种。

1. 前向通道接口电路

前向通道接口电路是应用系统面向检测对象的输入接口，通常由各种传感器(如温度传感器、压力传感器、湿度传感器、超声波传感器、光电传感器等)、变换器(如模/数转换器、模数/转换器)等组成。

2. 后向通道接口电路

后向通道接口电路是应用系统面向控制对象的输出接口，通常有 D/A(数/模)转换器、开关量输出、功率驱动接口等。

3. 人机交互通道接口电路

人机交互通道接口电路包括键盘、显示器、打印机等输入/输出接口电路。

4. 串行通信通道接口电路

串行通信通道接口电路是满足数据通信或构成多机网络系统的接口电路。

1.2.2 单片机的应用领域

单片机应用的主要领域如下。其实际应用如图 1.3 所示。

1. 智能化家用电器

各种家用电器普遍采用单片机智能化控制代替传统的电子线路控制，如洗衣机、电视机、录像机、微波炉、智能冰箱、变频空调、电饭煲以及各种视听设备等。

2. 办公自动化设备

现在办公设备大多嵌入了单片机，如打印机、复印机、传真机、绘图机、考勤机、电话以及通用计算机中的键盘译码、磁盘驱动等。

3. 商业营销设备

商业营销系统中已广泛使用的电子秤、收款机、条形码阅读器、IC 卡刷卡机、出租车计价器以及仓储安全监测系统、商场保安系统、空气调节系统、冷冻保险系统等都采用了单片机控制。

(a) 指纹考勤机

(b) 电子称

图 1.3 单片机的应用产品

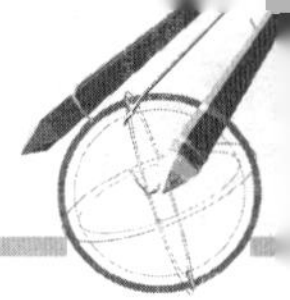

(c) 点阵显示屏

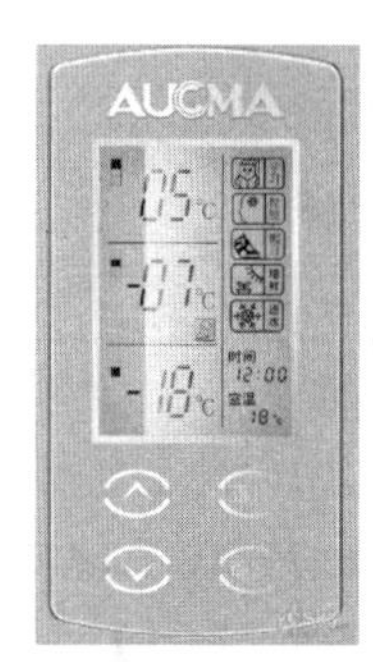

(d) 澳柯玛智能冰箱控制面板

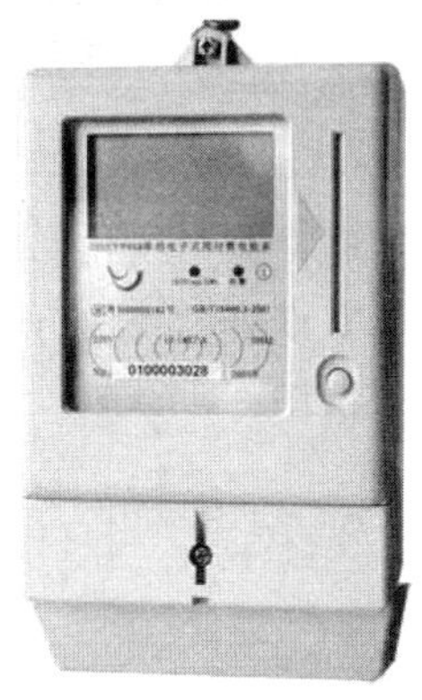

(e) 智能电表

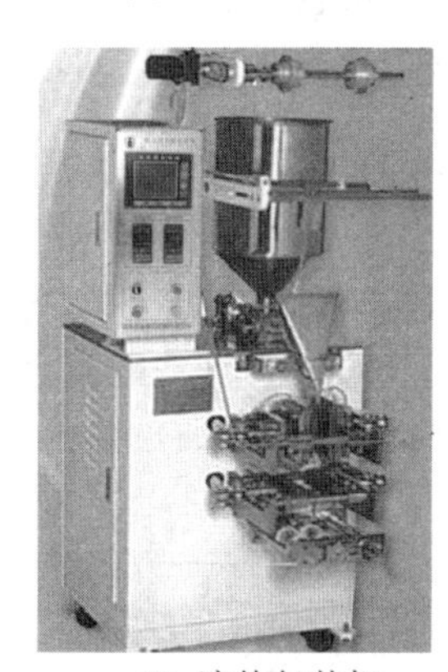

(f) 液体包装机

图 1.3　单片机的应用产品(续)

4. 工业自动化控制

工业自动化控制是最早采用单片机控制的领域之一，如各种测控系统、数控机床、自动生产线、自动检测线等。在化工、建筑、冶金等各种工业领域都要用到单片机进行控制。

5. 智能化仪器仪表

采用单片机的智能化仪表可以大大提升仪表的档次、强化其功能，使测量自动化、智能化。如智能电表、智能流量计等。

6. 汽车电子产品

现代汽车的集中显示系统、动力监测控制系统、自动驾驶系统、通信系统和运行监视器 (黑匣子)等都离不开单片机。

7. 武器装备

飞机、军舰、坦克、导弹、鱼雷制导、智能武器装备、航天飞机导航系统等都有单片机嵌入其中。

1.3　单片机应用开发工具

单片机应用开发工具种类、型号很多，广泛应用于单片机产品和课程教学实践中，这里只简单介绍部分单片机开发工具。

1.3.1 仿真器及编程器

1. 编程器

编程器是用来将用户编好的程序烧写(固化、烧入)到单片机 ROM 内的设备。用集成开发系统软件(如 Keil C51)编写并生成单片机目标代码(HEX 文件)后，需要用编程器将目标代码烧写到单片机中。编程器是一个硬件设备，上面有单片机插座及与计算机的连线等。图 1.4 所示为 TOP2007 编程器的实物图。

有些 Flash ROM 存储器的单片机(如 AT89S51)可以进行在线系统编程(In-System Programming)，简称 ISP 下载。这种方式无需将存储芯片(如 EPROM)从嵌入式设备上取出就能对其进行编程，同时还可以对已经编程的器件用 ISP 方式擦除或(重新)进行编程。

2. 仿真器

单片机仿真器又称为单片机硬件仿真器，型号很多。用户通过仿真器以及配套的计算机软件，可以对编写好的程序进行调试。一般仿真器都具有设置断点运行、单步运行、查看 RAM 数据、查看各特殊功能寄存器状态等功能，可方便用户查找程序中存在的问题，加快开发的速度。如图 1.5 所示为 Star51 实时仿真器的实物图。

图 1.4 编程器 TOP2007

图 1.5 Star51 仿真器

1.3.2 单片机教学实验装置

单片机课程教学实验装置类型很多，名称也各不相同，有的称为单片机实验箱，有的称为单片机学习板等。它们有的既能用于单片机课程教学实践，又能用于单片机应用产品开发。图 1.6 所示为一款名为“ME830 实验仪”的单片机实验箱，可以完成近 50 个单片机实验，可以利用计算机的 USB 接口进行源程序目标代码的在线系统编程。

图 1.6 ME830 实验仪

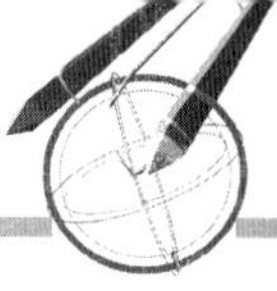

1.3.3　Keil μVision 软件及其使用

1. 软件简介

Keil μVision 是 Keil 公司开发的用于嵌入式系统程序设计与仿真的软件，它支持包括 51 系列在内的许多主流单片机程序的开发，简称 Keil，它集成了工程管理、源程序编辑、MAKE 工具(汇编 / 编译、链接)、程序调试和仿真等功能；支持汇编、C 语言等程序设计语言，易学易用，是众多单片机应用开发软件中的优秀软件。

本书学习或者今后单片机系统开发的程序部分都可以在 Keil μVision 中开发并仿真，本书采用 Keil μVision4 版本。

2. 初步应用

首先，将 Keil μVision 软件安装到计算机上，安装后在“开始”菜单的“程序”中找到 Keil uVision4 命令，单击“启动”按钮打开图 1.7 所示的软件界面。

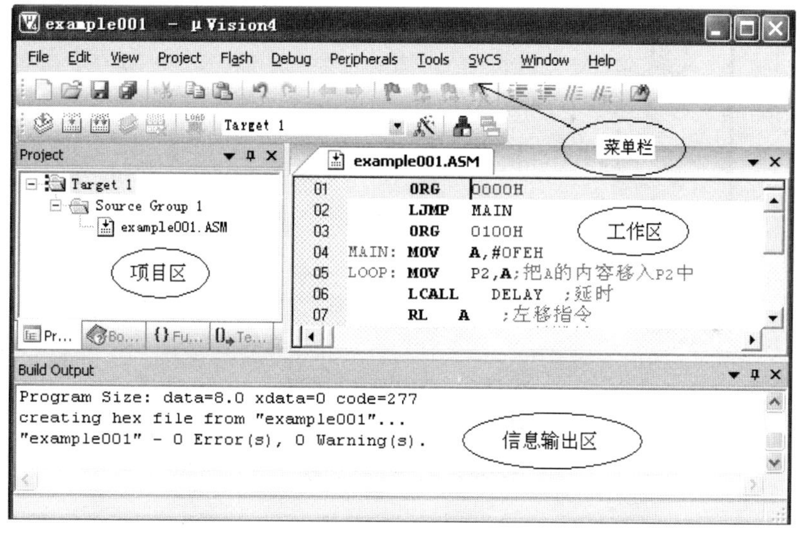

图 1.7　Keil 软件界面

1) 新建工程

在 Keil 中开发单片机程序都是以工程为单位，所以需要新建一个工程。在菜单栏执行 Project→New μVision Project 命令，如图 1.8 所示。弹出一个保存新建项目的对话框，为项目取名和选择合适的路径(方便我们记忆和寻找)，输入工程名(如 example001)，如图 1.9 所示，单击“保存”按钮，完成工程的新建和保存。

2) 选择单片机型号

Keil 随即弹出一个器件选择对话框，在这个里面我们选择项目中使用的单片机品牌和型号，我们选择 Atmel 公司的 AT89C51 单片机，如图 1.10 所示，确定后弹出一个确认框，如图 1.11 所示，提示是否把 8051 单片机的启动代码也复制到项目文件夹，单击“否”按钮，我们暂时不需要向项目中添加这些代码。

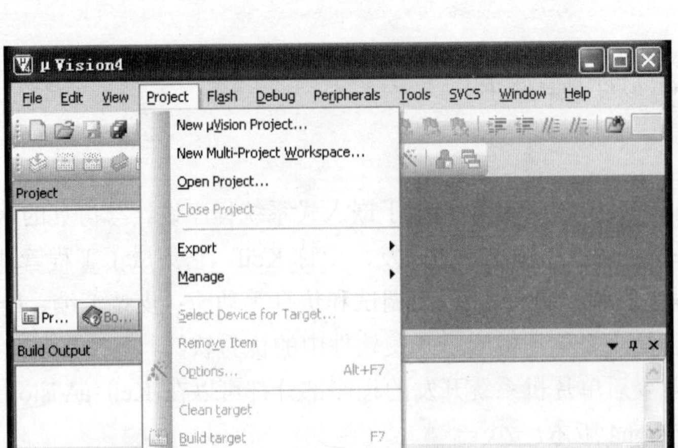

图 1.8 新建工程命令

图 1.9 工程取名和保存

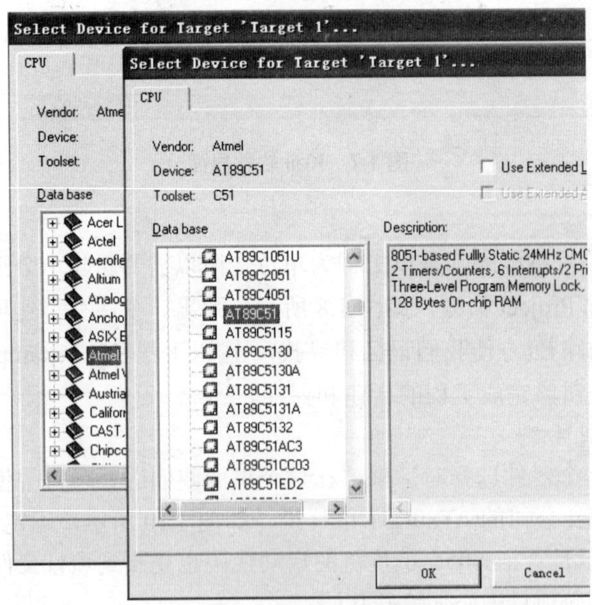

图 1.10 选择单片机的型号

图 1.11　启动代码复制确认框

3) 将文件添加到工程中

单击左上角工具栏的按钮(或是执行 File→New 命令)，在工作区生成一个新的编辑窗口，如图 1.12 所示，在这个编辑窗口输入程序。

图 1.12　新建程序编辑窗口

然后单击左上角保存按钮，选择好路径，输入程序名(如 example001.ASM)，如图 1.13 所示，单击“保存”按钮，完成程序文件的保存。

图 1.13　保存源程序文件

特别提示

在程序输入过程中需在英文输入法下进行。输入程序名时(如 example001.ASM)，后缀一定要是 ASM，不区分大小写。

保存了以后，我们需要将保存好的汇编程序文件添加到“example001”工程中，在项目区单击工程管理窗口中的文件夹“Target 1”，出现下层文件夹“Source Group 1”，在“Source Group 1”上单击右键，弹出菜单，执行“Add Files to Group ‘Source Group 1’”命令，意思是向源代码组添加文件，如图 1.14 所示。

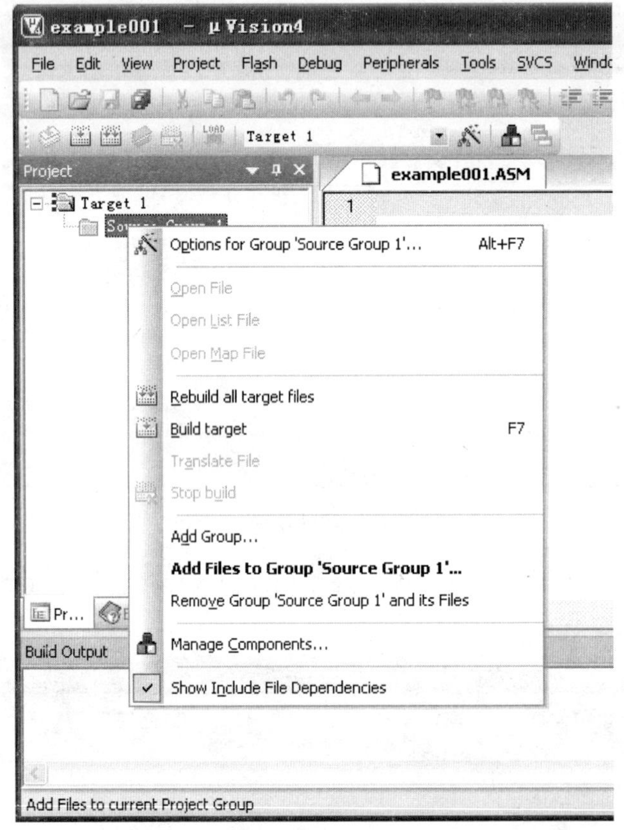

图 1.14　打开工程管理菜单

这时弹出添加文件对话框，在下拉列表中选择“Asm Source file(*.s*，*.src*，*.a*)”选项，如图 1.15 所示；出现 example001.asm 文件，选择该文件，如图 1.16 所示，单击 Add 按钮，完成添加，关闭对话框。

添加完成后，在项目区的 Source Group 1 左侧多出了一个“+”号，单击这个“+”号则看到 example001.asm 文件已经被添加进去了。

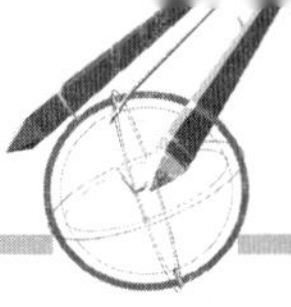

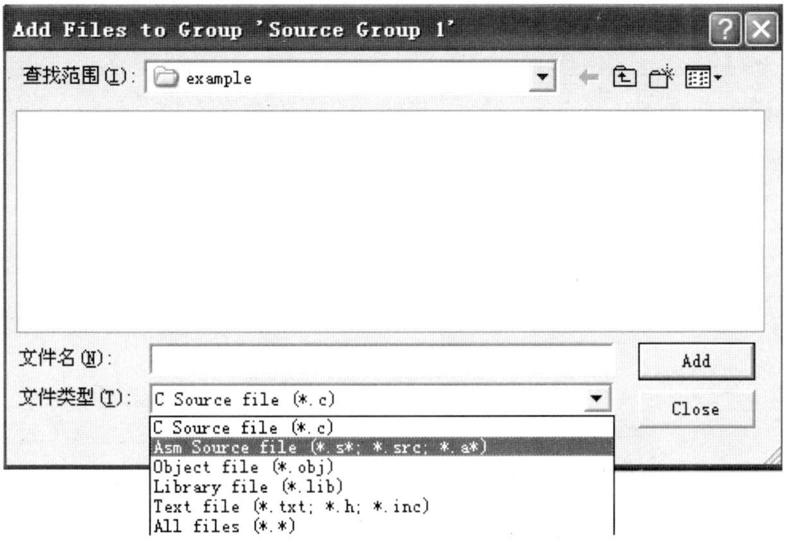

图 1.15　选择添加文件类型

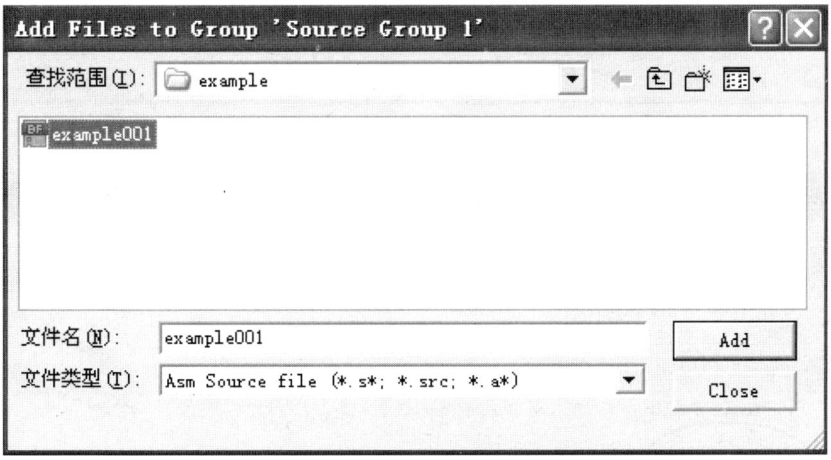

图 1.16　添加文件对话框

4) 设置 Keil 工程目标选项

选择窗口左边项目区的 Target 1，单击右键，选择菜单项 Option for Target ‘Target 1’，出现工程设置对话框，有 11 个选项卡，如图 1.17 所示。

Target 选项卡：此选项卡中，一般只要在 Xtal(MHz)栏中填写外部振荡器的振荡频率。默认值为 AT89C51 的最高频率 24.0M，修改为实际使用的振荡频率 12M。

Output 选项卡：单击选项卡标签 Output。在该选项卡中，一般只要设置 Create HEX File 选项。左击“Create HEX File”项前的复选框，当框中出现“√”，则表示设置输出格式为.HEX 文件，既是要下载单片机中执行代码文件，也是能被单片机识别和执行的文件，如图 1.18 所示。

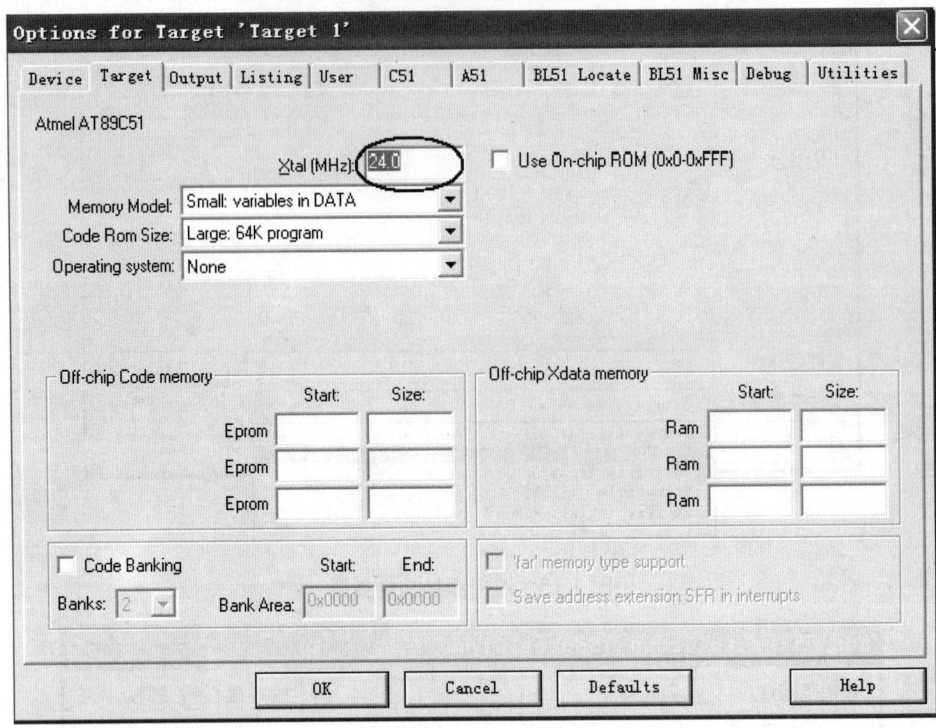

图 1.17　工程设置选项卡——Target 选项

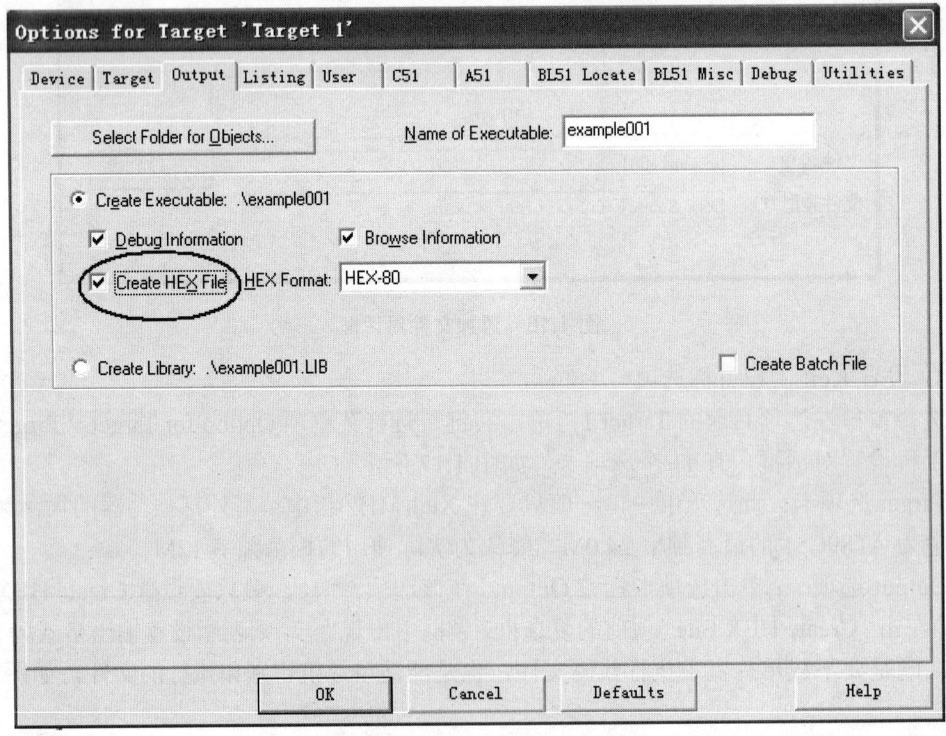

图 1.18　工程设置选项卡——Output 选项

5) 源程序汇编

对 Keil 工程设置好后，单击“确定”按钮，关闭目标选项对话框。单击左上角工具栏，重建所有目标文件，这时在信息输出区显示过程信息，如果顺利，则输出窗口显示“0 Error(s)，0 Warning(s)”，说明建立和连接成功，同时输出了以.HEX 为后缀的执行代码文件。这个文件正是 Proteus 仿真中加载到单片机中的文件，如图 1.19 所示。

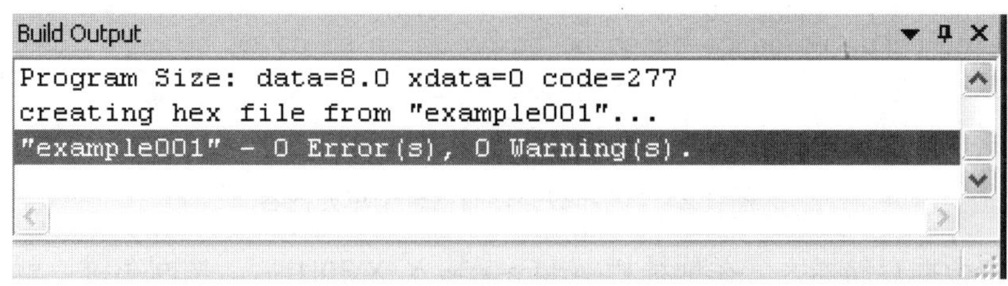

图 1.19　信息输出框

3. 仿真调试

1) 进入仿真环境

汇编完成了以后，单击工具栏中的按钮，进入仿真调试，即将编译成的机器语言装载后，仿真界面下方显示如图 1.20 所示。

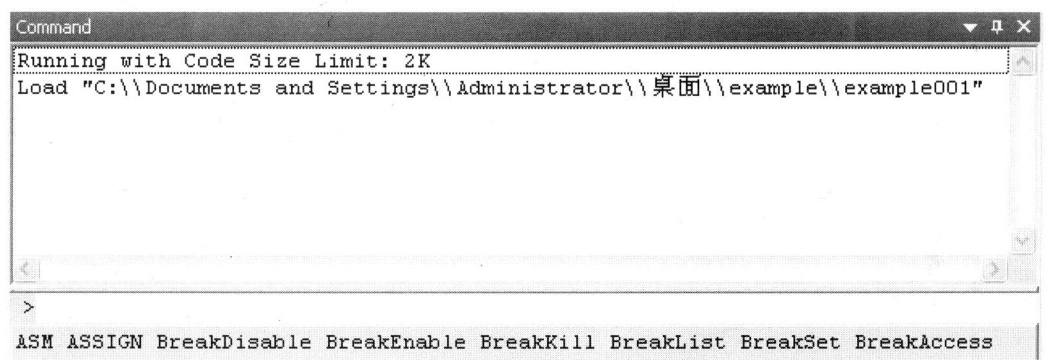

图 1.20　装载编译成功的目标程序

2) 单片机存储器

单片机的存储器可以分为程序存储器、片外和片内数据存储器。仿真环境中分为片内程序存储器区、片内数据存储器区、片外数据存储器区、工作寄存器和专用寄存器区以及外围设备区，下面我们分别来介绍。

(1) 内部数据存储器区。在仿真环境，单击工具栏按钮(或者 View→Memory Window 选项)，出现存储器窗口，在地址栏(Address)输入 D:30H 后，按回车键，就可以看到内部存储器地址为 30H 单元的数值，如图 1.21 所示。这里 D 指的是内部数据存储器区，30H 是内部数据存储中的一个单元，此时可以选择 Memory 1 作为内部数据存储器区。

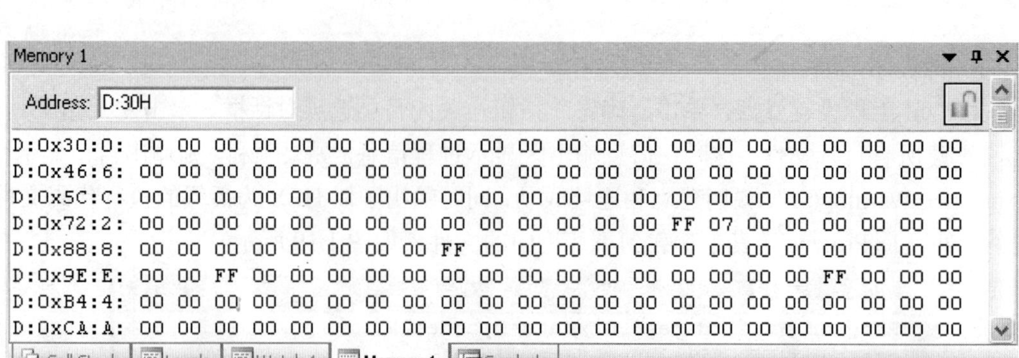

图 1.21　内部数据存储器一个单元内容

(2) 外部数据存储器区。在地址栏(Address)输入 X:30H 后，按回车键，就可以看到外部存储器地址为 30H 单元的数值，此时可以选择 Memory 2 作为外部数据存储器区。

(3) 程序存储器区。在地址栏(Address)输入 C:0030H 后，按回车键，就可以看到程序存储器地址为 0030H 单元的数值，此时可以选择 Memory 3 作为程序存储器区。

(4) 工作寄存器和专用寄存器区。进入仿真界面后，左侧会出现工作寄存器区和专用寄存器区，如图 1.22 所示，程序中使用到的工作寄存器和专用寄存器的状态可以通过这里反映出来。

(5) 外围设备区。打开菜单栏 Peripherals，进入外围设备区，如图 1.23 所示，出现外围设备区，包括中断系统、并行 I/O 口、串行通信及定时/计数器等，如图 1.24 所示。

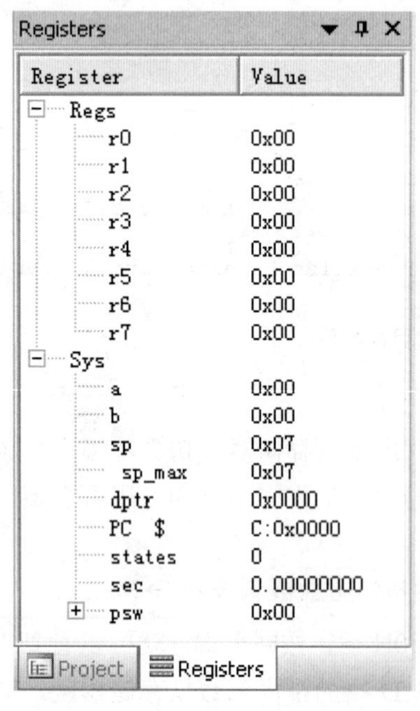

图 1.22　工作寄存器和专用寄存器区

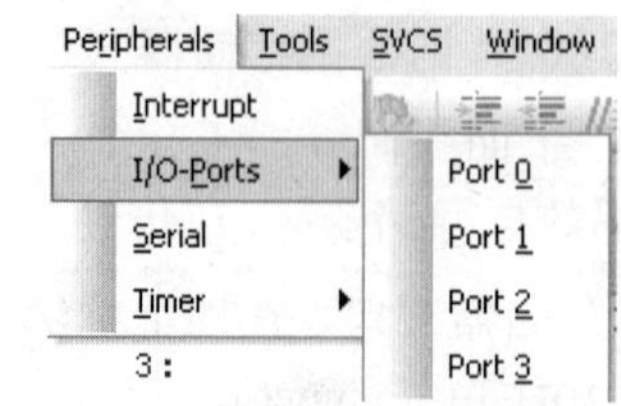

图 1.23　外围设备区

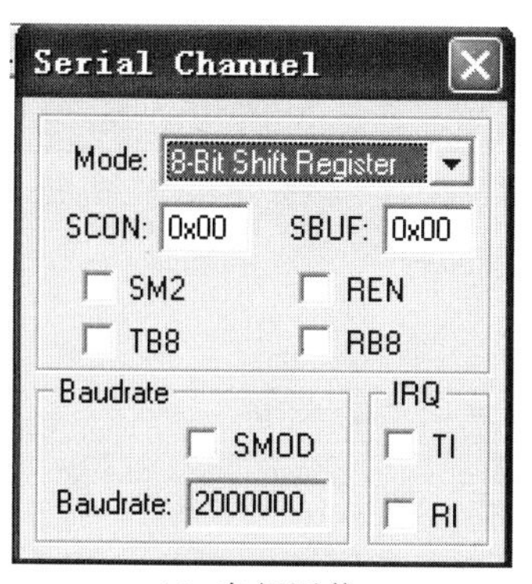

(a) 串行通信

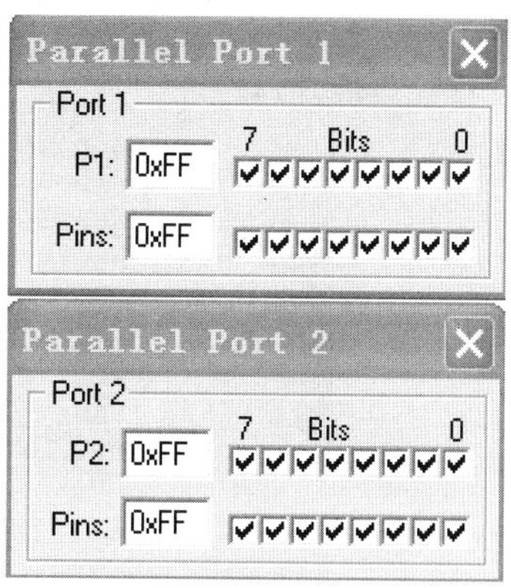

(b) 并行 I/O 口

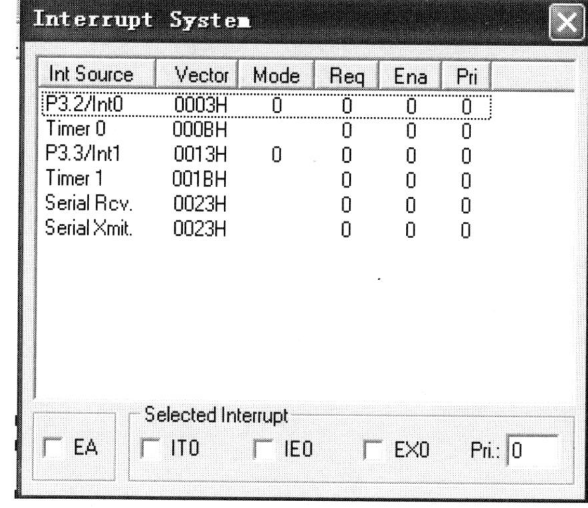

(c) 中断系统

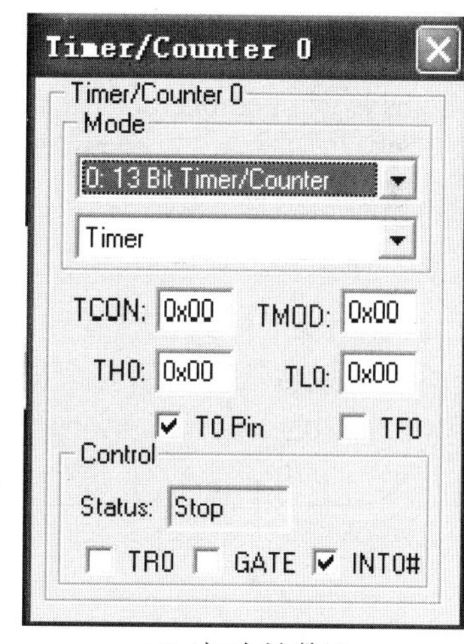

(d) 定时/计数器

图 1.24　外围设备区组成部件

3) 程序调试

(1) 单步运行。单击工具栏按钮，程序进入单步运行状态，每单击一次，程序单步运行一次，可以查看单片机存储器中单元的状态信息。

按钮是进入子程序内部单步运行，按钮是跳出子程序，按钮是运行光标所在的这一行。

(2) 全速运行及复位按钮。工具栏按钮是全速运行，单击全速运行后，程序连续运行不被打断；按钮是复位按钮，单击后可让程序重新开始运行。全速运行等部分调试工具栏如图 1.25 所示。

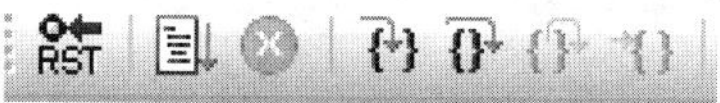

图 1.25　全速运行等部分调试工具栏

(3) 断点设置。在程序调试时，可以在某些指令前设置断点，这是为了观察某一段或某一句指令的运行结果是否达到预期的效果，还可以了解下一段程序运行前的某些变量的参数是多少。在该条指令所在的位置双击，此时该指令前方出现红色的方块，如图 1.26 所示，设置断点成功，程序全速运行时会在断点处停下，再次双击可取消断点。

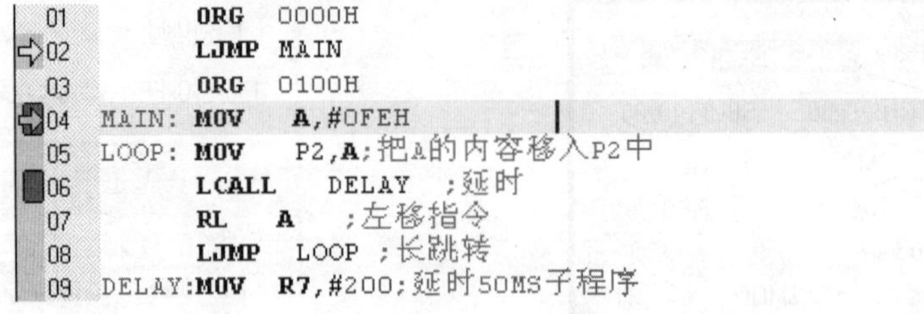

图 1.26 断点设置

1.3.4 Proteus 软件及其简单使用

1. 软件简介

Proteus 是英国 Labcenter Electronics 公司开发的 EDA 工具软件，除了能对模拟、数字电路进行设计、仿真外，还可以对嵌入式系统(如单片机系统)进行软硬件协同设计和仿真，集强大的功能和简易的操作于一体，是世界上最先进的单片机设计和仿真平台。

在学习和开发单片机系统设计和实际项目开发中，系统电路和程序设计都在计算机上进行，可以在 Proteus 软件中对设计好的电路和程序进行仿真，观察系统运行的现象、效果是不是与设计思想符合，然后根据运行的现象、效果对硬件和软件修改，再实际制作单片机系统的硬件，可以大大提高产品的成功率。本书学习或者今后单片机系统都可以在 Proteus 中仿真，本书采用 Proteus 7.10 版本。

2. 简单使用

首先，我们找到 Proteus 软件并安装到计算机上。安装之后可在“开始”菜单的“程序”中找到一个名为“Proteus 7 Demonstration”的文件夹，单击文件夹中的 ISIS 7 Demo 命令即可启动 Proteus，启动界面如图 1.27 所示，启动后界面如图 1.28 所示。

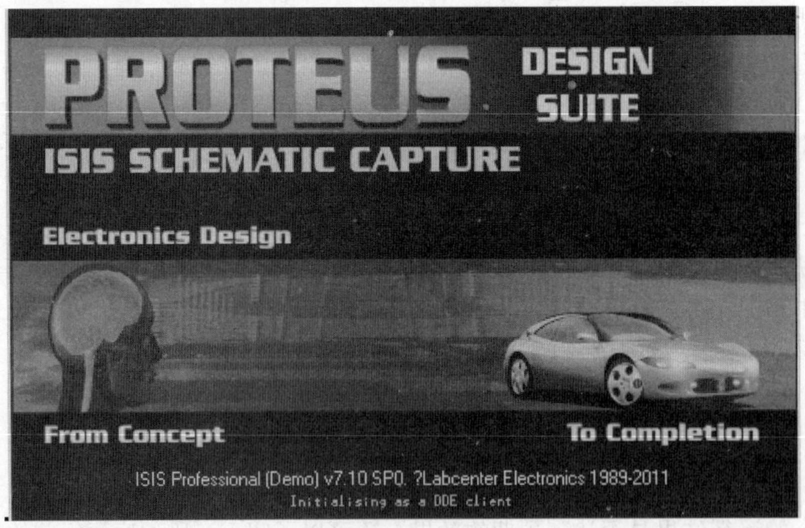

图 1.27 启动界面

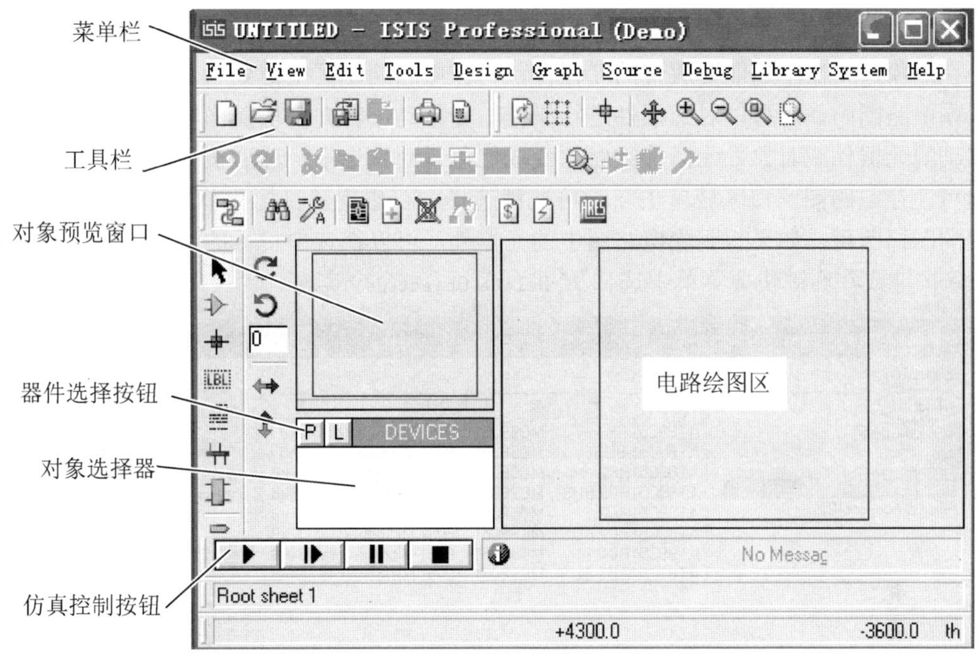

图 1.28 Proteus 软件启动后界面

1) 新建设计

单击左上角图标 (或者是选择 File→New Design…命令)，在 Proteus 中打开了一个空白的新电路图纸，左键单击左上角保存工具按钮，取文件名再单击“保存”按钮，完成新建文件操作，文件后缀是.DSN。

2) 设置图纸大小

系统默认图纸大小是 A4，若要改变图纸大小，单击菜单栏“System → Set Sheet Size”，可以选择 A0～A4 其中之一，也可以选择用户自定义，按需要更改长和宽的数据，如图 1.29 所示。

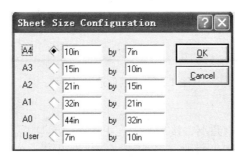

Sheet Size Configuration

A4	10in	by	7in
A3	15in	by	10in
A2	21in	by	15in
A1	32in	by	21in
A0	44in	by	32in
User	7in	by	10in

OK
Cancel

图 1.29 设置图纸大小对话框

3) 器件选择

单击 Library→Pick Device/Symbol…命令(或单击 P 按钮命令)，打开器件选择对话框，如图 1.30 所示。在对话框左上角有个关键字 Keywords 搜索文字框，如果知道器件型号可输入其中，Proteus 将自动帮我们找到所需元器件。如输入 AT89C51，则可以看到元器件列表，选中 AT89C51，双击就可以将其选到对象选择器中。

4) 元器件操作

在对象选择器中选取要放置的元器件，再在电路绘制区空白处单击，元器件就可以被放置在电路图中。还可以对元器件进行操作，如移动、转向、块操作等。例如左键选中想要移动的元器件或对象，元器件或对象变成红色说明被选中，然后按住左键拖动至目标位置即可。在电路图空白区域单击左键可取消选择。要想旋转目标，单击中相应的图标即可，如果想删除电路图中的元器件，可以在选中目标的基础上按下键盘上的 Delete 按键或在右键快捷菜单中选择 Delete Object 命令实现。

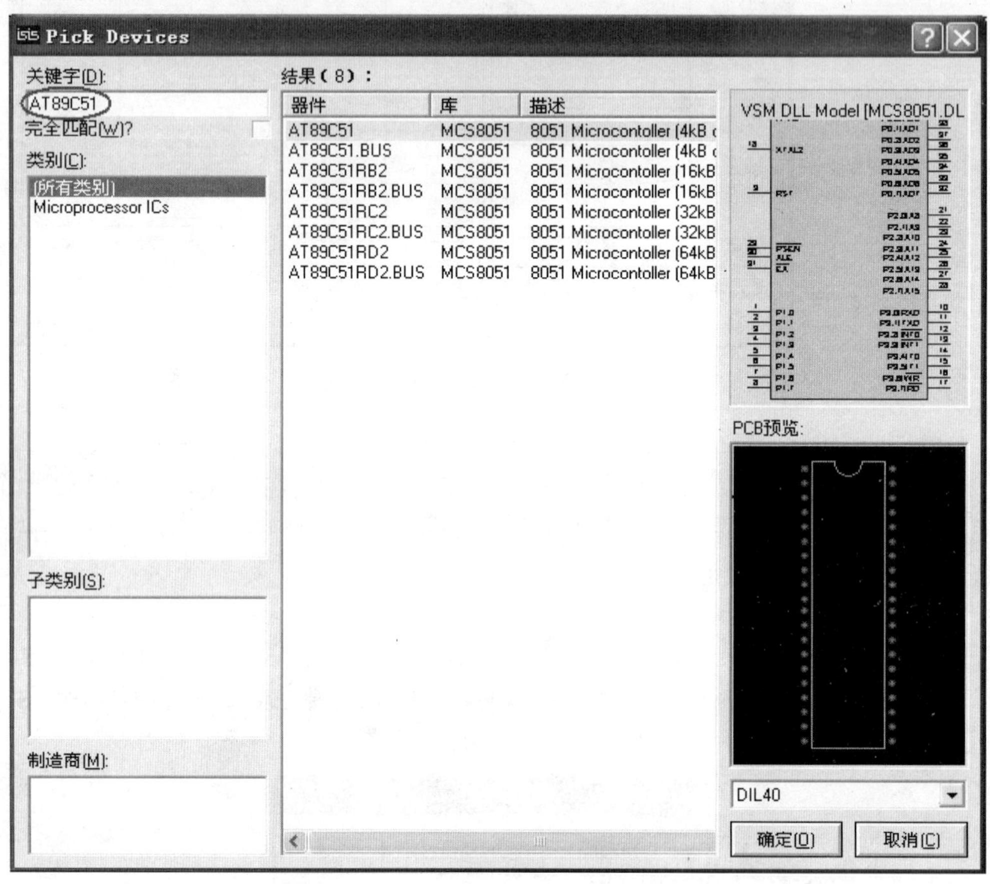

图 1.30　元器件选择对话框

5) 放置电源、地

单片机系统还有一些电源端、接地端，在 Proteus 仿真中需要把它们也放置到电路中。单击右边端口图标，如图 1.31 所示，在端口窗口中出现一个列表，其中 POWER 为正电源端口，GROUND 为接地端口。

6) 设置元器件参数

有些元器件或电源端需要对参数进行修改，比如晶振的频率等。方法是先双击目标(单片机 AT89C51)，弹出“参数编辑”对话框，如图 1.32 所示。把其中的频率“Clock Frequency:”修改为 12MHz，单击 OK 按钮完成设置。

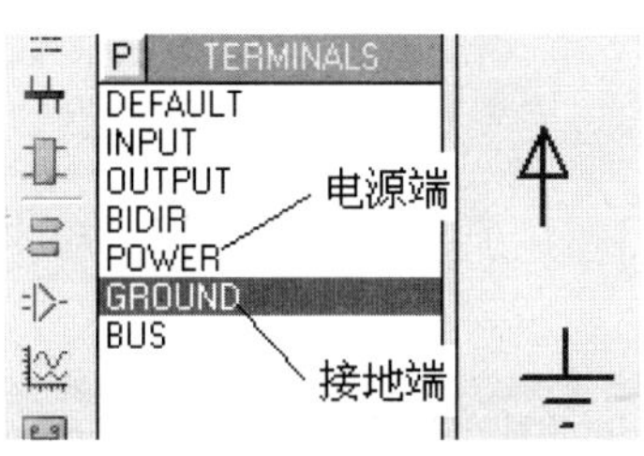

图 1.31　添加电源端

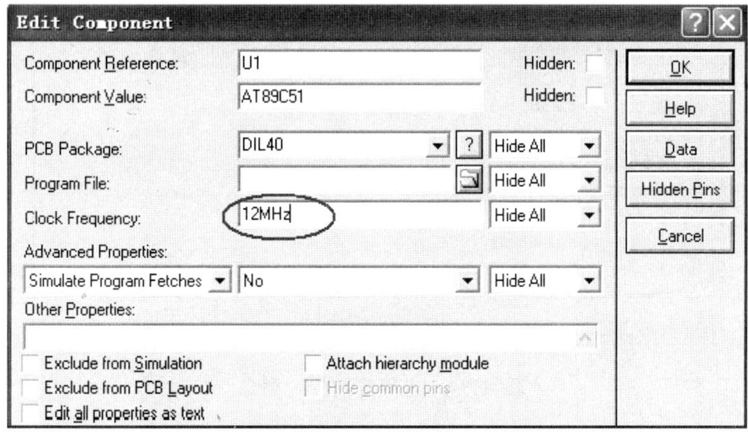

图 1.32　参数设置对话框

7) 导线连接

完成元器件放置和编辑后，根据电路图连接导线。Proteus 具有自动捕捉功能，导线连接方法是把鼠标移到元器件或电源端的引脚附近，当引脚出现红色方框后，单击左键则导线生成，移动鼠标到另一个器件或电源端的引脚附近，当再次出现红色方框后，再次单击左键就完成连接，导线连接电路如图 1.33 所示。

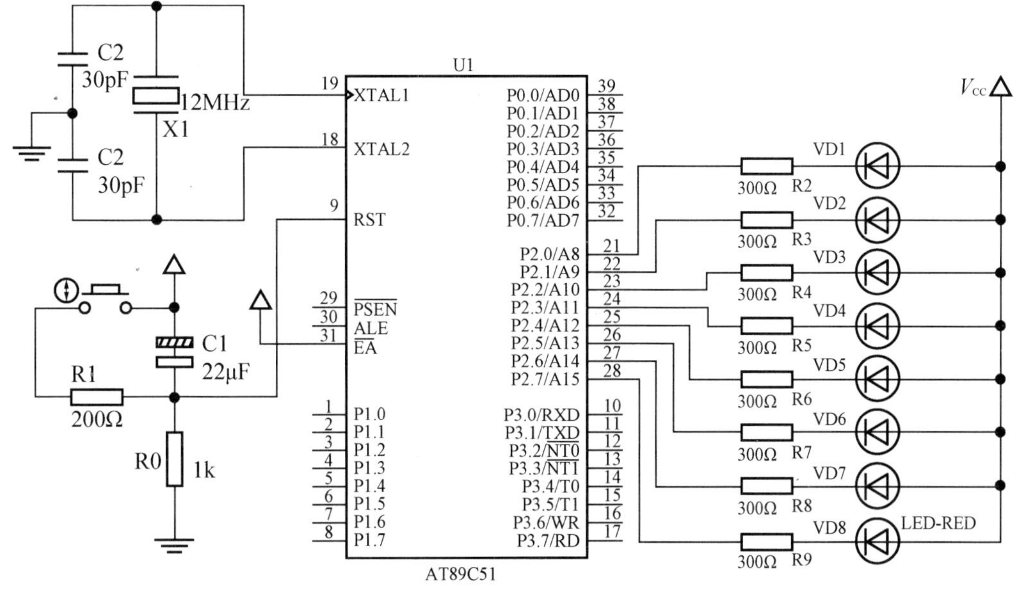

图 1.33　流水灯电路图

8) 电气规则检查

设计电路完成后，单击工具栏电气检查按钮“”，会出现检查结果窗口，如图 1.34 所示，窗口前面是一些文本信息，接着是电气规则检查结果列表，若有错误，会有详细的说明。

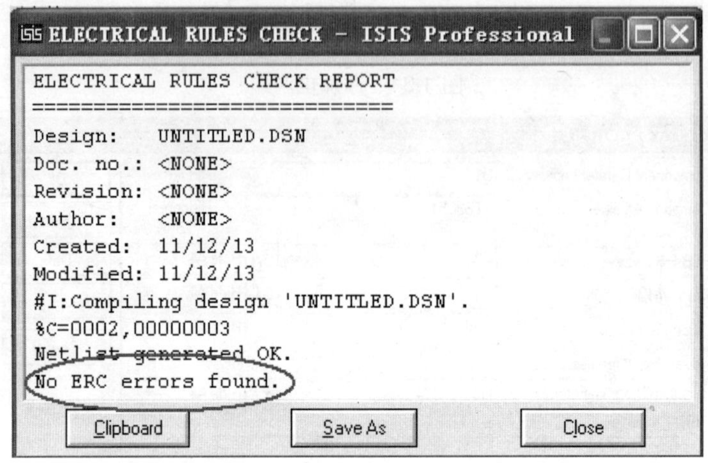

图 1.34 电气规则检查窗口

9) 加载单片机程序文件

完成电路图的绘制后，双击电路图中的单片机，在打开的编辑对话框中单击“Program File:”后打开图标，加载在 Keil 中生成的. HEX 程序文件，单击 OK 按钮，加载完成。

10) 仿真

单击 Proteus 软件左下角的仿真按钮，启动仿真。

实训 1 点亮一个发光二极管

1. 实训目的

(1) 熟练掌握仿真软件 Proteus 的基本应用；

(2) 熟练掌握单片机开发软件 Keil 的基本应用；

(3) 通过调试实现点亮一个发光二极管，了解单片机的工作过程。

2. 实训设备

单片机开发系统辅助软件及微型计算机一台。

3. 实训步骤及要求

(1) 连接电路。在 Proteus 中找到单片机 AT89C51、发光二极管 LED 及电阻 RES 等，并且按照图 1.35 所示电路连接起来，可暂不连接时钟及复位电路。

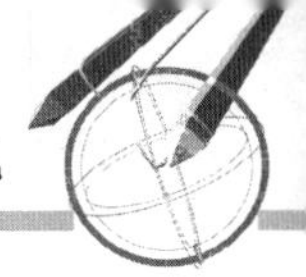

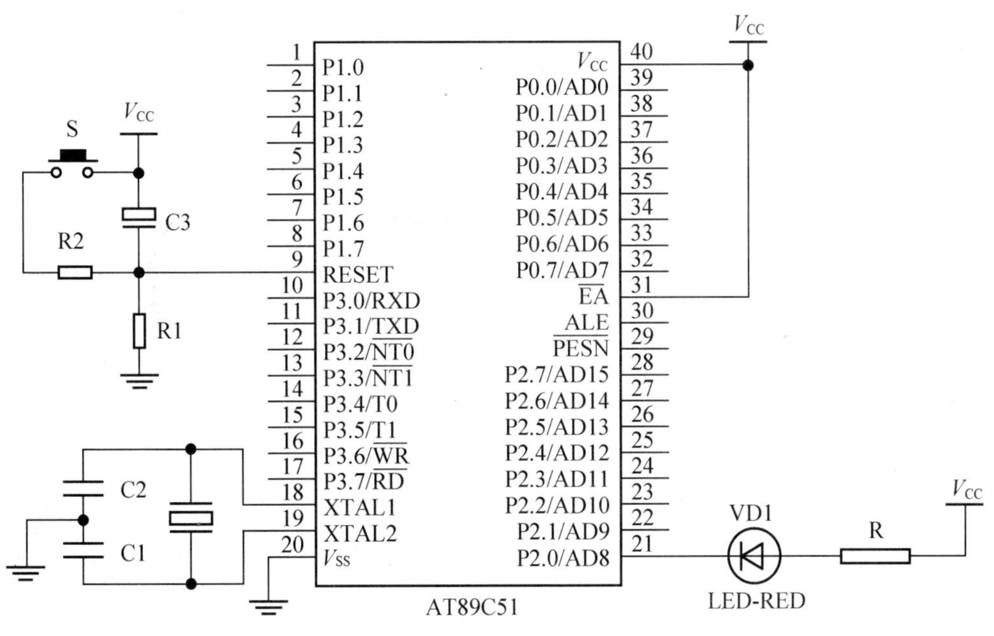

图 1.35　实训 1 电路图

(2) 加载源程序。采用 Keil μ Vision 软件建立工程文件、保存文件、添加文件。保存文件时，注意后缀是.ASM。源程序分号后面的位程序注释，输入时可以省略。

源程序：

```
        ORG 00H
MAIN:   CLR P2.0          ;将 P2.0 清零
        END
```

程序说明如下。

ORG：程序开始的伪指令，指汇编后的指令代码在单片机中从此地址开始存储。

CLR：是将其后面的指定位请 0，程序中使对应端口输出低电平。

SETB：是将其后面指定的位置 1，程序中使对应端口输出高电平。

END：程序结束的伪指令，意思是告诉编译器，程序到此结束。

(3) 对源程序进行编译。

(4) 运行及调试。在 Keil 中编译源程序生成 HEX 文件后，把该文件添加到 Proteus 构建的系统电路中，运行程序，观察运行结果。

4. 实训总结与分析

(1) 实训结果：电路中的发光二极管被点亮。

(2) 本实训电路中，一个发光二极管阴极直接连接到单片机的 P2.0 引脚上，阳极通过一个电阻和 *V*cc 连接。

① 一个普通二极管被点亮的条件。

如图 1.36 所示，电源 *V*cc、地 GND、电阻 R，发光二极管 VD1，构成一个回路。

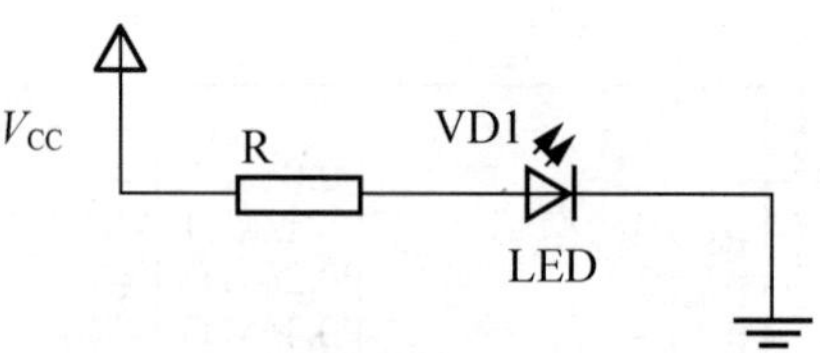

图 1.36　二极管点亮电路

要想让图中发光二极管正常发光，则电路中电流不得小于 3mA，最大不能超过 20mA，发光管导通压降 1.5V 左右(具体发光二极管的导通电压要看发光二极管的产品资料)，计算电阻 R 的值为：

$R=\dfrac{U}{I}=\dfrac{5-1.5}{3\sim20}\times10^3=175\sim1\,167(\Omega)$，在本电路中 R 取值 $300\,\Omega$。

② 控制二极管的点亮问题。

用单片机的 I/O 口的其中一位来控制二极管的点亮问题，单片机 I/O 口驱动能力很弱，我们采用灌电流的方式连接电路，发光二极管的阴极不是接地，而是接单片机的 P2.0 口，如图 1.37 所示。

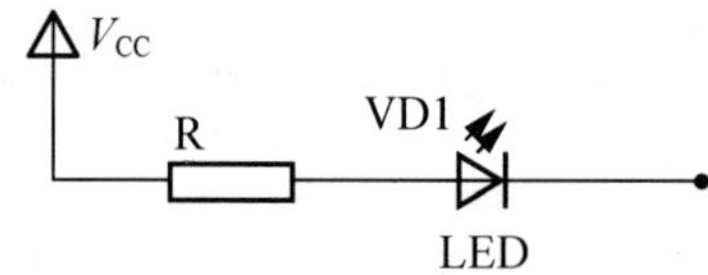

图 1.37　单片机控制二极管电路

要想点亮二极管，只有使 P2.0 提供低电平，通过程序控制 P2.0 的高低电平，实现二极管的点亮和熄灭。

③ 通过本次实训可见，单片机的引脚是可以控制的。

项 目 小 结

> 本项目首先介绍了单片机的基本概念和应用情况，包括单片机的发展、种类和应用领域等；然后介绍了单片机实验装置和常用的应用开发工具，包括单片机仿真器、编程器以及单片机仿真开发平台 Proteus 软件和 Keil μVision 软件。利用 Keil μVision 软件进行程序的设计和编译，在程序编译好了以后，结合 Proteus 软件，立即可以进行软、硬件结合的系统仿真，一旦单片机系统的仿真设计成功，就可以进行真实系统的制作和调试。最后通过一个实训，巩固 Proteus 以及 Keil μVision 软件的基本应用。

习　题　1

1. 什么是单片机？
2. 单片机有哪些特点？
3. 简述你所了解的单片机应用领域。
4. 简述单片机开发工具特点。
5. 简述单片机仿真工具特点。

项目2

单片机硬件系统

教学目标

通过单片机硬件系统的学习，要求从应用的角度熟练掌握 MCS-51 系列单片机的硬件结构，为后面的设计打下基础。内容主要包括 MCS-51 单片机的基本结构、存储器的结构、4 个并行 I/O 端口、时钟电路、复位电路以及最小系统等。

教学要求

能力目标	相关知识	权重	自测分数
掌握单片机的基本结构	单片机的基本结构，单片机的引脚及其功能	15%	
掌握单片机的内部结构及时钟电路、复位电路	单片机的内部结构、时钟电路、复位电路与时序等	40%	
掌握单片机的存储器结构	单片机存储器构成，单片机程序存储器和数据存储器	25%	
掌握单片机并行 I/O 口的结构和应用	单片机的 4 个并行 I/O 口，P0 口、P1 口、P2 口和 P3 口	10%	
实现发光二极管的闪烁	发光二极管的闪烁条件，几个相关指令	10%	

项目导读

在项目 1 中我们知道了什么是单片机，并且可以使用它点亮一个发光二极管，它的内部究竟是什么样子呢？我们以计算机的 CPU 为例，了解 CPU 内部结构。

我们常说到的 AMD 主流的 CPU 早期的 Palomino 核心和 Thoroughbred-B 核心采用了 3 750 万晶体管，Barton 核心采用了 5 400 万晶体管，Opteron 核心采用了 1.06 亿晶体管；Intel 的 P4 的 Northwood 核心采用了 5 500 万晶体管，Prescott 核心采用了 1.25 亿晶体管等，其实指的就是构成 CPU 核心的最基本的单位——晶体管的数目。如此庞大数目的晶体管，是什么样子的，是如何工作的呢？我们来看图 2.1。

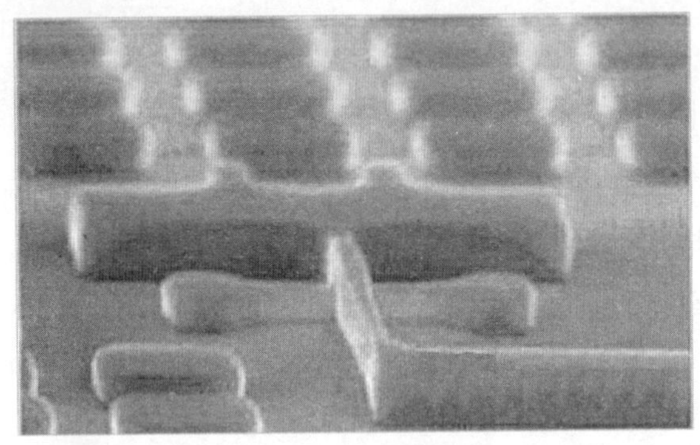

图 2.1　CPU 核心内最基本的单位——三极管

然后将这样的晶体管，通过电路连接成一个整体，分成不同的执行单元，分别处理不同的数据，这样协同工作，就形成了具有强大处理能力的 CPU 了。所以 CPU 就是以硅为原料制成晶体管，覆上二氧化硅为绝缘层，然后在绝缘层上布金属导线(现在是铜)，将独立的晶体管连接成工作单元。

而在单片机中，就是把 CPU、RAM、ROM、输入/输出设备等若干块芯片，全部集成到一块硅芯片中。硅芯片内部构造如图 2.2 所示。

图 2.2　硅芯片内部构造

如果把实际使用的单片机外层黑胶撬开，里面就是密密麻麻的晶体管，至于这些晶体管是怎么焊接在里面的，我们不去管它，我们需要掌握的是：CPU 如何进行工作？CPU 如

何控制外部设备？存储器是如何存放数据？数据之间是如何传送？单片机的引脚都有哪些功能？

本项目以 MCS-51 系列单片机中的 8051 单片机为例来介绍单片机的内部结构和工作原理。我们通过这部分的学习，全面掌握单片机的基本工作原理，为后续学习单片机应用系统设计、利用单片机解决工程实际问题打下坚实的基础。

2.1　单片机的基本结构

2.1.1　8051 单片机的基本结构

MCS-51 单片机的内部包括：CPU(进行运算、控制)、RAM(数据存储器)、ROM(程序存储器)、I/O 口(串口、并口)、内部总线和中断系统等。其基本结构框图如图 2.3 所示。MCS-51 系列单片机内部各个部件都是通过内部总线连接，其基本结构采用 CPU 加外围芯片的结构模式，但在功能单元控制上采用特殊功能寄存器集中控制的方法，便于用户编程。

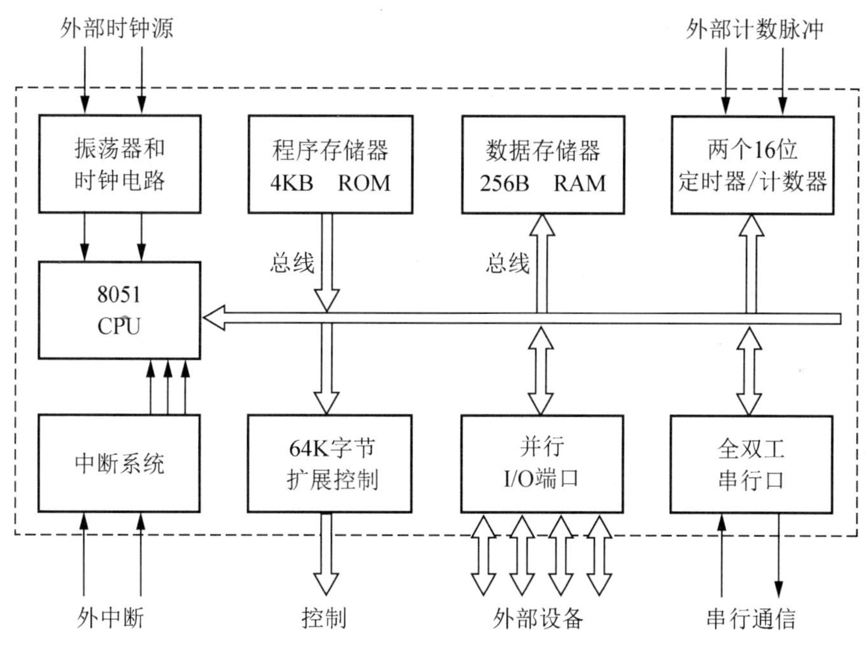

图 2.3　8051 单片机的内部结构

1. CPU 中央处理器

为 8 位的 CPU，包括运算器、控制器、布尔处理器，主要完成运算和控制操作。

2. 内部数据存储器 RAM

有 256B×8 位的 RAM，其中有 21 个特殊功能寄存器，用于存放可读写的数据。

3. 内部程序存储器 ROM

有 4KB×8 位的 ROM 和程序地址寄存器，用于存放程序和原始数据。

4. 定时/计数器

有两个 16 位的定时/计数器，实现定时或计数功能，并以其定时或计数结果对单片机进行控制，以满足控制应用的需要。

5. 并行 I/O 接口

共有 4 个 8 位的 I/O 接口(P0、P1、P2、P3)，实现数据的并行输入、输出。

6. 串行接口

有一个全双工异步收发器(UART)的串行口，以实现单片机和其他数据设备之间的串行数据传送。

7. 中断系统

共有 5 个中断源两个优先级，即两个外中断，两个定时/计数中断，1 个串行中断，每个中断源均分为高级和低级两个优先级别。

8. 振荡器(晶振)电路

为单片机产生稳定而持续的脉冲序列，典型的晶振频率：6MHz、12MHz。

9. 总线(BUS)

总线是计算机中传递信息的公共通道，CPU 与 ROM、RAM 以及 I/O 口等部件的信息传送都是通过相应的总线进行的。根据信息种类的不同，总线分为数据总线 DB(Data Bus)、地址总线 AB(Address Bus)、控制总线 CB(Control Bus)3 种。

10. 扩展控制

外部程序存储器、数据存储器扩展，其控制信号包括 ALE、$\overline{PSEN}$、$\overline{EA}$、$\overline{WR}$、$\overline{RD}$ 等。

特别提示

单片机 8031 没有程序存储器(ROM)，使用时必须外接程序存储器。

2.1.2　8051 单片机的引脚及其功能

8051 单片机中最常见的封装是标准 40 引脚双列直插 DIP(Dual-In-Line Package)型，其引脚分配如图 2.4 所示。80C51 系列等 CHMOS 型芯片也常采用 44 引脚方形封装 PLCC(Plastics Leaded Chip Carrier)型(其中 4 个引脚为空脚)，应用于高密度、低功耗的电路板中，其引脚分配如图 2.5 所示。在 PLCC 型 44 脚的封装中，早期的 8051 产品无 P4 口(对应 4 个引脚为空脚)，而新型器件多集成了一个准双向的 P4 口(P4.0、P4.1、P4.2 和 P4.3 可以驱动 4 个 LSTTL 负载)，其他引脚的定义完全与 40 引脚的 8051 芯片相同。

8051 单片机实际需要的引脚数目远远大于 40 个，而由于生产工艺及标准化的原因，51 系列芯片的引脚数目被限制在 40 个，这就出现了引脚不够用的情况。解决这一矛盾的方法是引脚的“分时复用”，即给某些引脚分配第二功能，一个引脚有两个功能，但是这两个功能不是同时使用，而是按照 CPU 的指令，分时间段，先后使用的。这样既可以解决引脚不够用的问题，也增加了使用上的灵活性。

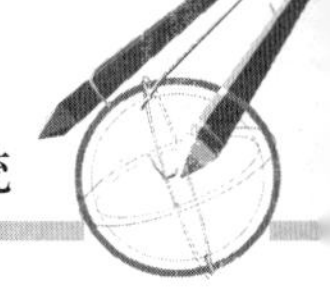

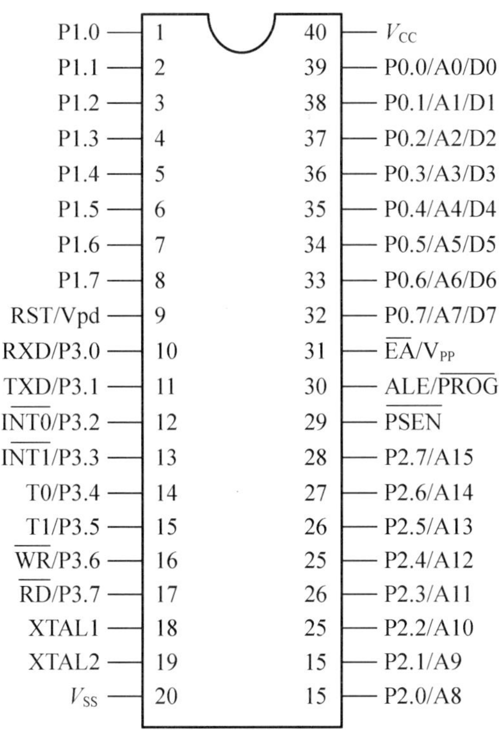

图 2.4　MCS-51 芯片 40 引脚(DIP 型)

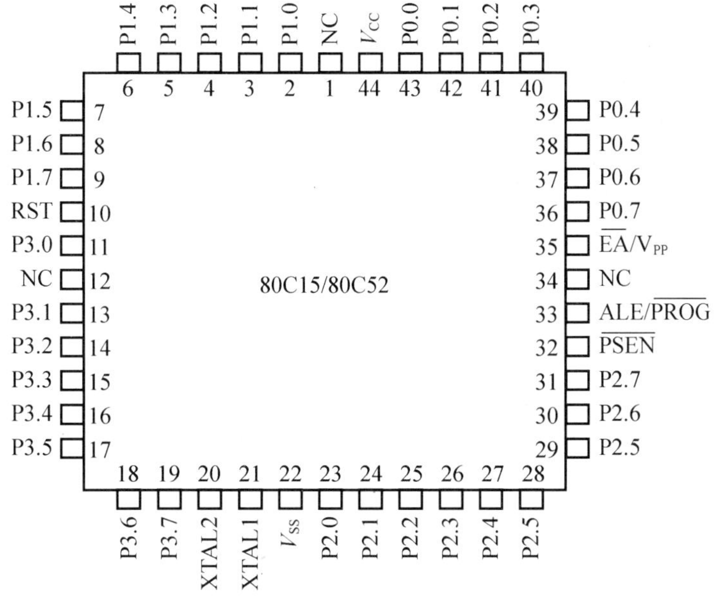

图 2.5　MCS-51 芯片 44 引脚(PLCC 型)

这 40 个引脚按照功能可以分为 4 种：电源引脚 2 个(V_{CC}、V_{SS})，时钟信号引脚 2 个(XTAL1、XTAL2)，控制信号引脚 4 个(RST、ALE/$\overline{\text{PROG}}$、$\overline{\text{PSEN}}$、$\overline{\text{EA}}$/Vpp)，I/O 端口引脚 32 个(P0、P1、P2、P3)，下面详细介绍各个引脚的功能。

1. 电源引脚 V_{CC} 和 V_{SS}

V_{CC}(40 脚)——接+5V 电源；

V_{SS}(20 脚)——接地。

2. 时钟信号引脚 XTAL1 和 XTAL2

MCS-51 系列单片机中有一个用于构成内部振荡器的高增益反相放大器，引脚 XTAL1 (19 脚)和 XTAL2 (18 脚)分别是该放大器的输入端和输出端。如果在引脚 XTAL1 和 XTAL2 两端跨接上晶体振荡器(晶振)或陶瓷振荡器就构成了稳定的自激振荡电路，该振荡器电路的输出可直接送入内部时序电路。8051 单片机的时钟信号可由两种方式产生，即内部时钟方式和外部时钟方式。

当使用芯片内部时钟时，需在 XTAL1 和 XTAL2 脚外接石英晶体(频率为 1.2～12MHz) 和振荡电容，振荡电容的值一般取 10～30pF，典型值为 30pF；当使用外部时钟时，外部时钟脉冲信号可由 XTAL1 或 XTAL2 脚引入。

XTAL1 接外部晶体的一个引脚。在单片机内部，它是一个反相放大器的输入端，这个放大器构成了片内振荡器。当采用外部振荡器时，对 HMOS 单片机，XTAL1 引脚应接地；XTAL2 接外部振荡器的信号，即把外部振荡器的信号直接接到内部时钟发生器的输入端；对 CHMOS 单片机，XTAL1 引脚作为驱动端。

3. 控制信号引脚 RST/Vpd、ALE/$\overline{\text{PROG}}$、$\overline{\text{PSEN}}$、$\overline{\text{EA}}$/Vpp

1) RST/Vpd(9 引脚)

复位信号输入端/备用电源输入端，此引脚为复用引脚。第一功能是复位输入端，在此脚上出现两个机器周期的高电平将使单片机复位。使用时应在此引脚与 V_{SS} 引脚之间连接一个约 8.2kΩ 的下拉电阻，与 V_{CC} 引脚之间连接一个约 10μF 的电容，以保证可靠地复位。第二功能是备用电源输入端，当 V_{CC} 掉电期间，通过此引脚可连接备用电源，以保证内部 RAM 的数据不丢失。当 V_{CC} 电压下降到低于规定的电平，而 Vpd 在其规定的电压范围(5±0.5V)内时，Vpd 就向内部 RAM 提供备用电源。

2) ALE/$\overline{\text{PROG}}$ (30 引脚)

地址锁存允许信号端/编程脉冲输入端，此引脚为复用引脚。此引脚有两个功能，第一功能是地址锁存信号端，CPU 访问片外程序存储器时，ALE 的输出作为锁存低 8 位地址的控制信号，以便 P0 口实现地址/数据分时复用。当不访问外部程序存储器时，ALE 端将输出一个 1/6 时钟频率的正脉冲信号。因而 ALE 信号可用作对外输出时钟或定时信号。其第二功能是对 EPROM 型芯片(如 8751)进行编程和校验。

3) $\overline{\text{PSEN}}$ (29 引脚)

外部程序存储器的读选通信号，低电平有效。执行访问片外 ROM 指令时，8051 自动在该引脚产生一个负脉冲，用于选通片外 ROM 芯片。

4) $\overline{\text{EA}}$/Vpp(31 引脚)

外部程序存储器地址允许输入端/编程电源输入端，此引脚为复用引脚。第一功能用于外部 ROM 的选择，当 $\overline{\text{EA}}$ 保持低电平时，则只访问外部程序存储器，不管是否有内部程序存储器。对于 8031 来说，无内部程序存储器，所以 $\overline{\text{EA}}$ 脚必须接地。当 $\overline{\text{EA}}$ 端保持高电平

时，访问内部程序存储器，但在 PC(程序计数器)值超过 0FFFH(对 851/8751/80C51)或 1FFFH(对 8052)时，将自动转向执行外部程序存储器内的程序。第二功能是对于 EPROM 型的单片机(如 8751)，在 EPROM 编程期间，此引脚也用于施加 21V 的编程电源(Vpp)。

4. 输入/输出(I/O)引脚 P0、P1、P2、P3(共 32 根)

MCS-51 单片机有 4 个并行端口 P0、P1、P2、P3，每个端口各有 8 条口线，用于和单片机外部进行数据或信息的交换。

1) P0 口(39～32 引脚)

是一个 8 位双向三态 I/O 口，可作为一般 I/O 口使用。内部有数据锁存器和数据缓冲器，无需外接锁存器，输入数据可以得到缓冲，输出数据可以得到锁存。

在 CPU 访问片外存储器时，提供低 8 位地址总线和 8 位数据的复用总线。此外，P0 口能以吸收电流的方式驱动 8 个 LS 型的 TTL 负载。

2) P1 口(1～8 引脚)

是一个 8 位准双向 I/O 口，可作为一般 I/O 口使用。由于这种接口输出没有高阻状态，输入也不能锁存，故不是真正的双向 I/O 口。P1 口能驱动(吸收或输出电流)4 个 LS 型的 TTL 负载。对于 8052、8032，P1.0 引脚的第二功能为 T2 定时/计数器的外部输入。对 EPROM 编程和程序验证时，它接收低 8 位地址。

3) P2 口(21～28 引脚)

是一个 8 位准双向 I/O 口，可作为一般 I/O 口使用。在 CPU 访问外部存储器时，它提供扩展电路高 8 位地址总线，输出高 8 位地址。P2 口和 P0 口一起组成 16 位的地址。在对 EPROM 编程和程序验证期间，它接收高 8 位地址。P2 口可以驱动(吸收或输出电流)4 个 LS 型的 TTL 负载。

4) P3 口(10～17 引脚)

是一个 8 位准双向 I/O 口，可作为一般 I/O 口使用。P3 口与其他端口有很大区别，它除了可作一般 I/O 口使用外，每个引脚还有第二功能，见表 2-1，在实际应用中，主要用它的第二功能。P3 口能驱动(吸收或输出电流)4 个 LS 型的 TTL 负载。

表 2-1　P3 口的第二功能

引脚	口线	第二功能	复用功能
10	P3.0	RXD	串行数据接收
11	P3.1	TXD	串行数据发送
12	P3.2	$\overline{\text{INT0}}$	外部中断 0 申请
13	P3.3	$\overline{\text{INT1}}$	外部中断 1 申请
14	P3.4	T0	定时/计数器 0 的计数输入
15	P3.5	T1	定时/计数器 1 的计数输入
16	P3.6	$\overline{\text{WR}}$	外部 RAM 写选通
17	P3.7	$\overline{\text{RD}}$	外部 RAM 读选通

2.2 单片机的内部结构

2.2.1 单片机的组成原理

8051 单片机由微处理器、存储器、I/O 接口以及特殊功能寄存器 SFR 等组成，其内部结构如图 2.6 所示。这里首先概述一下执行一条指令的基本工作原理和流程。

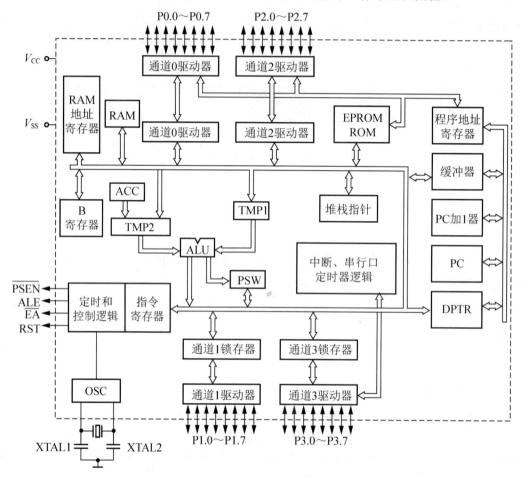

图 2.6 MCS-51 单片机内部结构图

1. 指令的执行过程

我们以一条加法指令来说明。例如，把累加器 A 里的一个 8 位二进制数和 RAM 中的工作寄存器 R0 中的一个 8 位二进制数相加，结果存在累加器 A 中，完成这一功能的指令是：

```
ADD A,R0
```

单片机执行这条指令的过程如下。

1) 取指令

这条指令的程序代码是存在 ROM 里的某个单元中，该单元地址就是程序计数器 PC 的当前值。首先由控制器使 PC 中的值送入程序地址寄存器，并向 ROM 发出读指令，同时使

程序计数器 PC 的内容加 1，以指向下一条指令。

2) 指令译码

控制器把读出的指令代码送入指令寄存器 IR，再通过它进入指令译码器进行译码，译码的结果送到定时与控制电路中。

3) 指令执行

根据译码的结果，定时与控制电路把存在 RAM 中 R0 中的数据读出来，经数据总线送入暂存寄存器 1 中，累加器 A 中的另一个数据送入暂存寄存器 2 中，两个暂存寄存器里的数据进入算术逻辑运算单元 ALU 中，完成加法运算，运算结果经数据总线送入累加器 A 中，至此，该加法指令执行完毕。

程序执行的过程就是指令一条接一条执行的过程，在这个过程中，程序计数器 PC 中的值自动增加，以执行下一条指令，累加器 A 和相关寄存器等的内容会不断的变化等，关于这些的具体内容将在以后介绍。

2. 8051 的微处理器

作为 8051 单片机核心部分的是微处理器，是一个 8 位的高性能中央处理器(CPU)，它的性能好坏直接影响到单片机的整体性能。在单片机中，CPU 的作用就相当于人的大脑，主要由运算器、控制器(时序控制逻辑电路)、布尔处理器等组成。

1) 运算器

运算器用于进行算术运算和逻辑运算。它包括一个 8 位算术逻辑运算单元 ALU、一个 8 位累加器 A、一个 8 位寄存器 B、一个程序状态字寄存器 PSW、一个布尔处理器、两个 8 位暂存寄存器 TMP1 和 TMP2 等。

算术逻辑单元 ALU 是算术逻辑运算的核心，用来完成基本的算术运算和逻辑运算。可实现 8 位数据的“加、减、乘、除、比较”等算术运算和“与、或、异或、求补、循环”等逻辑操作，同时还具有位处理功能。

暂存寄存器 TMP1 和 TMP2 用来暂存数据和状态信息，以便提高 CPU 的运行速度。

累加器 ACC(Accumulator)又记作 A，是一个 8 位的寄存器，也是 CPU 中最重要、最繁忙的寄存器，许多运算中的数据和结果都要经过累加器。

程序状态字 PSW(Program Status Word)是一个 8 位的寄存器，用于存放程序运行的状态信息以及运算结果的标志，所以又称标志寄存器。该寄存器的有些位是由用户设定，有些位则由硬件自动设置。寄存器中的各位定义见表 2-2，其中 PSW.1 是保留位，未使用，下面介绍其余的 7 位的功能。

表 2-2　程序状态字各位的定义

位　序	PSW.7	PSW.6	PSW.5	PSW.4	PSW.3	PSW.2	PSW.1	PSW.0
位标志	CY	AC	F0	RS1	RS0	OV	/	P

PSW.7(CY)进位标志位，此位有两个功能：一是在执行加、减法运算时，运算结果的最高位(第七位)如果有进位或借位，则 CY 位置“1”，如果无进位或借位，则 CY 位清“0”。CY 位的置“1”或清“0”是由硬件自动完成的。二是在位操作中作位累加位使用。

PSW.6(AC)辅助进位标志位。当执行加、减运算时，当有低 4 位向高 4 位进位或借位时，

AC 由硬件自动置“1”，否则 AC 被清零。AC 辅助进位位也常用于十进制数运算的调整。

PSW.5(F0)用户标志位。用户可以根据自己的需要对 F0 位用软件置位或复位，用户程序对它进行检测，可以控制应用程序的流向。

PSW.4、PSW.3(RS1 和 RS0) 工作寄存器组选择位。这两位的值决定选哪一组工作寄存器为当前工作寄存器组，可以由用户用软件改变 RS1 和 RS0 位的值，其组合关系见表 2-3。

表 2-3　工作寄存器组通过 RS1 和 RS0 选择

RS1	RS0	选中的寄存器组	R0～R7 的字节地址	通用寄存器名
0	0	第 0 组	00-07H	R0～R7
0	1	第 1 组	08-0FH	R0～R7
1	0	第 2 组	10-17H	R0～R7
1	1	第 3 组	18-1FH	R0～R7

用户可以通过设置 RS1 和 RS0 的值来自由选择 R0～R7 的实际物理地址，但是只能使用一个寄存器组作为当前工作寄存器组。如果用户不指定，或者单片机复位后，RS1、RS0 的值均为 0，系统自动选择第 0 组为当前工作寄存器组。

PSW.2(OV) 溢出标志位。在带符号加减运算中，如果运算结果超出了累加器 A 所能表示的符号数有效范围(−128～+127)时，即产生溢出，OV=1，表明运算运算结果错误。如果 OV=0，表明运算结果正确，无溢出。

在执行加法指令 ADD 时，当第 6 位向第 7 位进位，而第 7 位不向 Cy 进位时；或者第 6 位不向第 7 位进位，而第 7 位向 CY 进位时，同样 OV=1；即出现所谓单进位，OV=1，结果错误，产生溢出。

在乘法运算中，OV=1，表明乘积超过 255，乘积分别存在 A、B 寄存器中。若 OV=0，则说明乘积没有超过 255，乘积只在累加器 A 中。

在除法运算中，OV=1，表示除数为 0，运算不被执行。否则 OV=0，除数不为 0，除法可以进行。

PSW.0(P) 奇偶校验位。表示累加器 A 中 1 的个数的奇偶性，每条指令执行完后，由硬件判断累加器 A 中 1 的个数，如果 A 中有奇数个“1”，则 P 为 1，否则 P 为 0。该位常用于校验串行通信中的数据传送是否出错。

B 寄存器主要是和 ACC 配合完成乘法和除法运算，存放运算结果，不进行乘、除运算时，B 寄存器可作为 RAM 使用。

做乘法运算时，被乘数和乘数分别放在 A 和 B 中，乘积的高 8 位存于 B，低 8 位存于 A；做除法运算时，A 中存入被除数，B 中存入除数，运算结果的商存入 A，余数放入 B 中。

布尔处理器也称位处理器，它提高了单片机的位处理能力。51 系列单片机除能对字节(Byte)进行操作外，还能借用 PSW 中的 CY 直接对位(Bit)进行操作，进行位操作。通过位操作指令可以实现置位、清零、取反以及位逻辑运算等操作。

2) 控制器

控制器是单片机的指挥控制部件，是由程序计数器 PC、数据指针 DPTR、堆栈指针 SP、指令寄存器 IR、指令译码器 ID、中断控制、串行口控制及定时与控制电路等组成的。下面介绍控制器的各个组成部分。

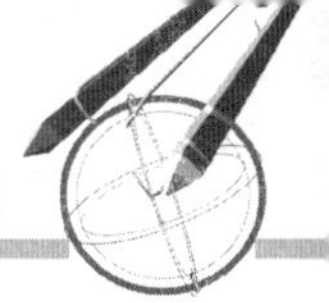

程序计数器 PC(PC——Program Counter)是一个 16 位的寄存器，PC 中的内容是下一条将要执行的指令代码的起始存放地址，寻址范围为 64KB。当单片机复位之后，(PC)=0000H，引导 CPU 到 0000H 地址读取指令代码，CPU 每读取一个字节的指令，PC 的内容会自动加 1，指向下一个地址。用户无法对它进行读写，但是可以通过转移、调用、返回等指令改变其内容，以控制程序执行的顺序。

数据指针(DPTR)为 16 位特殊功能寄存器，它是 MCS-51 单片机中惟一的 16 位寄存器。编程时，DPTR 既可以按 16 位寄存器使用，也可以按两个 8 位寄存器分开使用。即：

DPH　DPTR 高位字节

DPL　DPTR 低位字节

DPTR 通常在访问外部数据存储器时作地址指针使用，主要用来存放 16 位地址，对外部数据存储器的寻址范围为 64KB。

堆栈指针 SP(Stack Pointer)是一个 8 位的寄存器，能自动加 1 减 1，用来存放堆栈的栈顶地址。它指示堆栈顶部在内部 RAM 中的位置。系统复位后，SP 的初始值为 07H，使得堆栈实际上是从 08H 开始的。当执行子程序调用或中断服务程序时，需要将下一条要执行的指令地址即 PC 值压入堆栈保存起来，当子程序或中断返回时，再将 SP 指向单元的内容回送到程序计数器 PC 中。

指令寄存器 IR(Instruction Register)的功能是存放指令代码，CPU 执行指令时，由程序存储器中读取指令代码送入指令寄存器，经译码器译码后，由定时与控制部分发出相应的控制信号，以完成指令功能。

用户并不直接使用指令寄存器和指令译码器，全部工作由单片机自动完成。

中断控制电路主要包括用于中断控制的四个寄存器：定时器控制寄存器(TCON)，串行口控制寄存器(SCON)，中断允许控制器(IE)，中断优先级控制寄存器(IP)等。

中断是指 CPU 暂停执行原来的程序，转而为外部设备服务(即执行中断服务程序)，并在完成中断服务程序后回到原来程序处继续执行的过程，是单片机应用系统的一个重要功能。

串行口控制电路主要包括串行控制寄存器 SCON、串行缓冲寄存器 SBUF 等，用于对串行口工作方式、数据的接收和发送等进行控制。

定时器在 8051 单片机中有着非常重要的作用，在定时器控制寄存器 TCON 和定时器方式选择寄存器 TMOD 等的控制下，既可以作为定时器用于对被控系统进行定时控制，也可以作为计数器用于产生各种不同频率的方波及用于事故记录、测量脉宽等。

2.2.2　单片机时钟与时序

单片机的工作过程是：取一条指令、译码、进行微操作，再取一条指令、译码、进行微操作，这样自动地、一步一步地由微操作依序完成相应指令规定的功能。各指令的微操作在时间上有严格的次序，这种微操作的时间次序称作时序。单片机的时钟信号用来为单片机芯片内部的各种微操作提供时间基准。

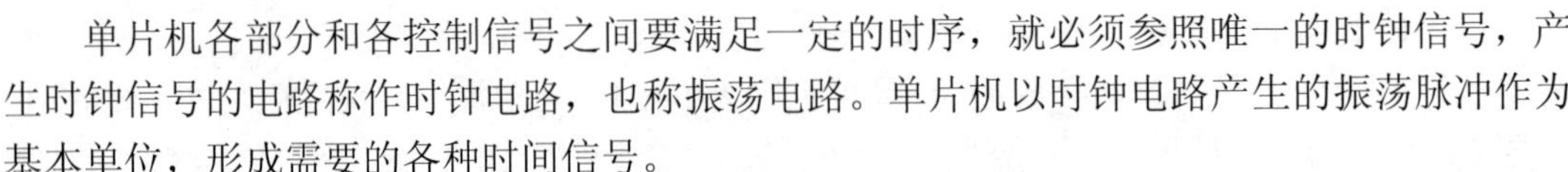

单片机各部分和各控制信号之间要满足一定的时序，就必须参照唯一的时钟信号，产生时钟信号的电路称作时钟电路，也称振荡电路。单片机以时钟电路产生的振荡脉冲作为基本单位，形成需要的各种时间信号。

1. 时钟产生方式

时钟信号的产生有两种方式：一是内部时钟方式，二是外部时钟方式。

1) 内部时钟方式

8051 片内设有一个由反相放大器所构成的振荡电路，只要在单片机的 XTAL1 和 XTAL2 引脚上外接定时元件，内部振荡电路就产生自激振荡。定时元件通常采用石英晶体和电容组成的并联谐振回路，为了减小寄生电容，更好地保证振荡器稳定、可靠地工作，振荡器和电容安装时应尽可能靠近单片机引脚 XTAL1 和 XTAL2，电路如图 2.7 所示。

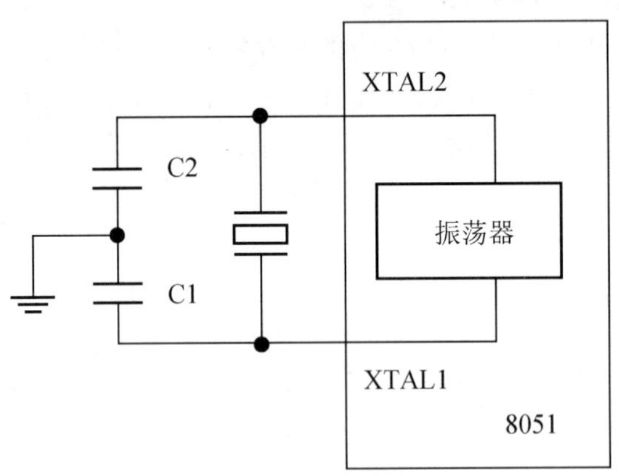

图 2.7　内部时钟方式

内部时钟方式外部电路接线简单，单片机应用系统中大多采用这种方式。内部时钟方式产生的时钟信号的频率就是晶振的固有频率，常用 f_{soc} 来表示。由于时钟脉冲控制着计算机的工作节奏，对同一型号的单片机，晶振频率越高，计算机的工作速度显然就会越快。然而，受硬件电路的限制，晶振的振荡频率也不能无限提高，对某一种型号的单片机，频率都有一个范围，如对 MCS-51 单片机，其石英晶体频率范围是 1.2～12MHz，典型值为 6MHz 和 12MHz，如选择 12MHz 晶振，则 f_{soc}=12MHz。电容 C1 和 C2 取值在 5～30pF 之间选择，常用 30pF，电容的大小可起频率微调作用。

2) 外部时钟方式

外部时钟方式是把外部已有的时钟信号引入到单片机内，常用于多单片机组成的系统中，以便于各个单片机时钟信号之间的同步。这种方式对外部振荡信号无特殊要求：外部脉冲信号是高低电平的持续时间大于 20ns，频率低于 12MHz 的方波信号。

对于 8051 单片机，使用时需将 XTAL1 接地，XTAL2 接外部振荡器即可。因为 XTAL2 的逻辑电平与 TTL 电平不兼容，所以应接一个上拉电阻(5.1kΩ)，如图 2.8(a)所示。

对于采用的 CHMOS 工艺的单片机，如 80C51 等，外部引脚必须从 XTAL1 端引入，而 XTAL2 端应悬空，如图 2.8(b)所示。

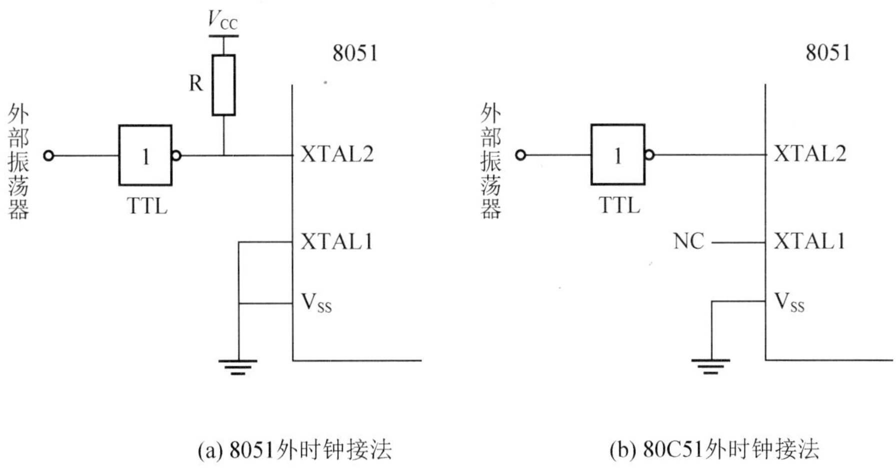

(a) 8051外时钟接法　　(b) 80C51外时钟接法

图 2.8　8051 及 80C51 的外部时钟接法

2. 单片机的时钟信号

通常可以把 CPU 发出的时序信号分为两种，一种是用于片内各部件的控制；另一种是用于对片外存储器或 I/O 口的控制。CPU 在执行指令时所需控制信号的时间顺序称为时序。

晶振周期是单片机中最基本的、最小的时间单位，如图 2.9 所示。

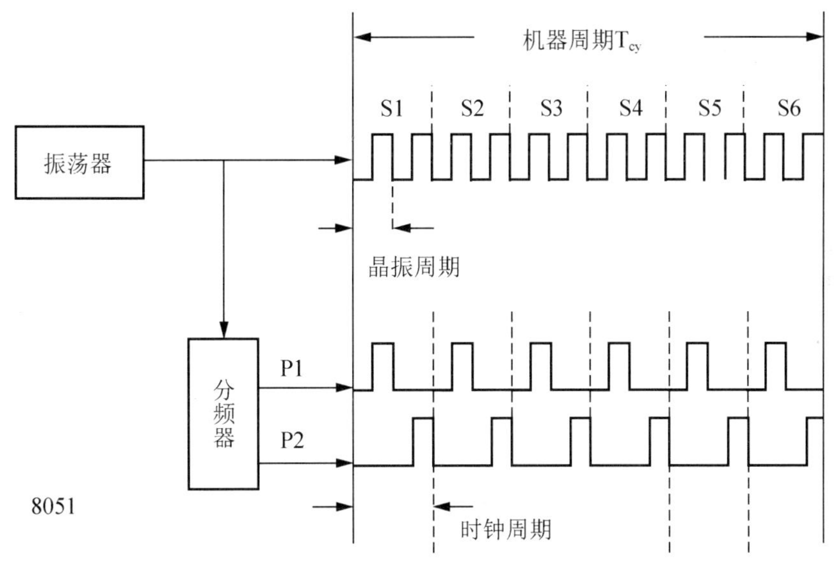

图 2.9　单片机的时钟信号

晶振信号经分频器后形成两相错开的时钟信号 P1 和 P2，时钟信号的周期也称 S 状态，它是晶振周期的两倍，即一个时钟周期包含 2 个晶振周期。在每个时钟周期的前半周期，相位 1(P1)信号有效，在每个时钟周期的后半周期，相位 2(P2)信号有效，每个时钟周期有两个节拍 P1 和 P2，CPU 以两相时钟 P1 和 P2 为基本节拍指挥各个部件协调的工作。

晶振信号 12 分频后形成机器周期，也是单片机完成一个最基本操作所用的时间。一个机器周期包含 12 个晶振周期或 6 个时钟周期，即有 6 个状态，分别表示为 S1～S6。因此，一个机器周期的 12 个振荡脉冲可以依次表示为 S1P1，S1P2，…，S6P1，S6P2。通常算术

逻辑操作在 P1 时相进行，而内部寄存器传送在 P2 时相进行。

执行一条指令所需要的时间称为指令周期，它是时序中的最大单位。一个指令周期通常含有 1～4 个机器周期。指令所包含的机器周期数决定了指令的运算速度，机器周期数越少的指令，其执行速度越快。以机器周期为单位，指令可分为单周期指令、双周期指令和四周期指令，只有乘、除运算为四周期指令。

特别提示

晶振周期、时钟周期、机器周期和指令周期均是单片机时序单位，一个机器周期=6 个时钟周期=12 晶振周期。晶振周期和机器周期是单片机内计算波特率及定时器定时时间的基本时序单位，若晶振为 6MHz，则一个机器周期为 2μs，若晶振为 12MHz，则一个机器周期为 1μs。

3. 指令执行时序

CPU 在执行指令时，都是按照一定顺序进行的，由于指令的字节数不同，取指所需时间也就不同，即使是字节数相同的指令，执行操作也会有很大差别，任何一条指令的执行都可以分为取指和执行两个阶段。在取指阶段，CPU 从程序存储器 ROM 中取出指令操作码，送指令寄存器，再经指令译码器进行译码，产生一系列控制信号来执行本条指令规定的操作。从指令的字长来分类，可分为单字节指令、双字节指令和三字节指令。从指令执行所需机器周期来分类，可分为单周期指令、双周期指令、四周期指令。

单周期和双周期指令的取指时序图如图 2.10 所示。在图中可看到，ALE 信号是用于锁存低 8 位地址的选通信号，每出现一次该信号，单片机即进行一次读指令操作。当指令为多字节或多周期指令时，只有第一个 ALE 信号进行读指令操作，其余的 ALE 信号为无效操作(或读操作数操作)。

1) 单字节单周期指令

例如 INC A ，如图 2.10 (a)所示。

由于是单字节指令，因此只需进行一次读指令操作。当第二个 ALE 有效时，由于 PC 没有加 1，所以读出的还是原指令，属于一次无效的操作。

2) 双字节单周期指令

例如 ADD　A，#10H，如图 2.10 (b)所示。

这种情况下对应于 ALE 的两次读操作都是有效的，第一次是读指令操作码，第二次是读指令第二字节(本例中是立即数)。

3) 单字节双周期指令

例如 INC DPTR，如图 2.10 (c)所示。

两个机器周期共进行 4 次读指令的操作，但其中后 3 次的读操作全是无效的。

对于单周期指令，当操作码被送入指令寄存器时，便从 S1P2 开始执行指令。如果是双字节单机器周期指令，则在同一机器周期的 S4 期间读入第二个字节，若是单字节单机器周期指令，则在 S4 期间仍进行读，但所读的这个字节操作码被忽略，程序计数器也不加 1，在 S6P2 结束时完成指令操作。

8051 指令大部分在一个机器周期完成。乘(MUL)和除(DIV)指令是仅有的需要两个以上机器周期的指令，占用 4 个机器周期。对于双字节单机器周期指令，通常是在一个机器周

期内从程序存储器中读入两个字节，唯有 MOVX 指令例外。MOVX 是访问外部数据存储器的单字节双机器周期指令。在执行 MOVX 指令期间，外部数据存储器被访问且被选通时跳过两次取指操作。

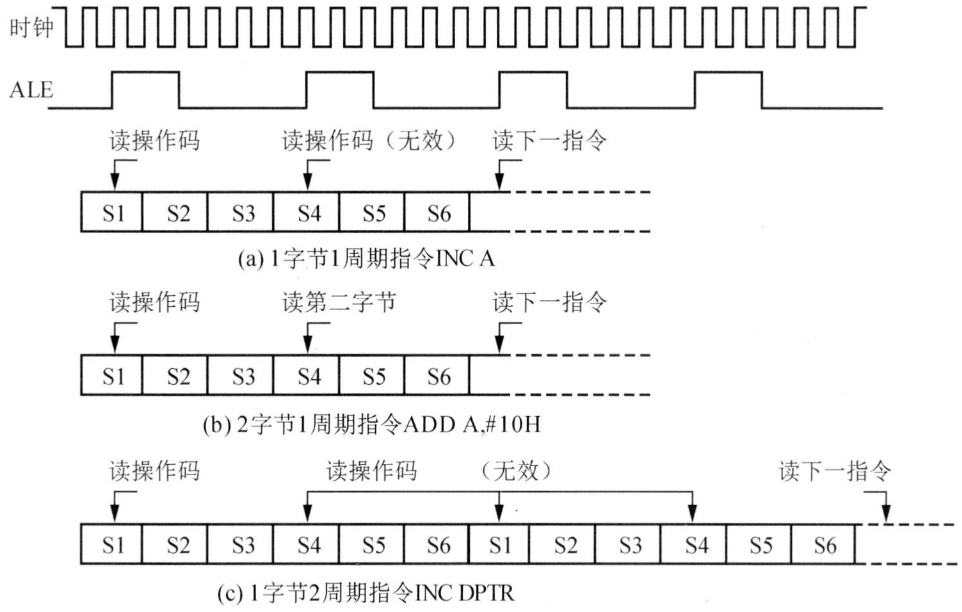

图 2.10　MCS-51 单片机指令时序

2.2.3　单片机的复位

系统开始运行和重新启动靠复位电路来实现，这种工作方式为复位方式。单片机在开机时都需要复位，以便 CPU 及其他功能部件都处于一种确定的初始状态，并从这个状态开始工作。

1. 复位电路

8051 单片机在 RST 引脚产生两个机器周期(即 24 个时钟周期)以上的高电平即可实现复位(如果 RST 引脚持续保持高电平，单片机就处于循环复位的状态)。

在实际应用中，单片机的复位操作有两种基本形式：一种是上电复位；另外一种是按键与上电复位均有效的复位电路。

1) 上电复位电路

最简单的上电复位电路由电容和电阻串联构成，如图 2.11 所示。上电瞬间，由于电容两端电压不能突变，RST 引脚电压端为 R1V，初值为 V_{CC}，随着对电容的充电，RST 引脚的电压呈指数规律下降，到 t1 时刻，R1V 降为 3.6V，随着对电容充电的进行，R1V 最后将接近 0V。RST 引脚的电压变化如图 2.12 所示。为了确保单片机复位，t1 必须大于两个机器周期的时间，机器周期取决于单片机系统采用的晶振频率，图 2.11 中，R1 不能取得太小，t1 与 RC 电路的时间常数有关，由晶振频率和 R1 可以算出 C3 的取值。一般情况下，在晶振为 6MHz 时，R1 取值 1kΩ，C3 取值 22μF；晶振为 12MHz 时，R1 取值 8.2kΩ，C3 取值 10μF。

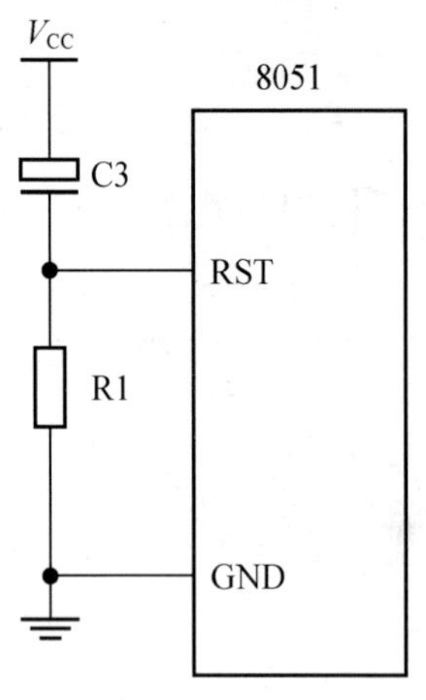

图 2.11　上电复位电路

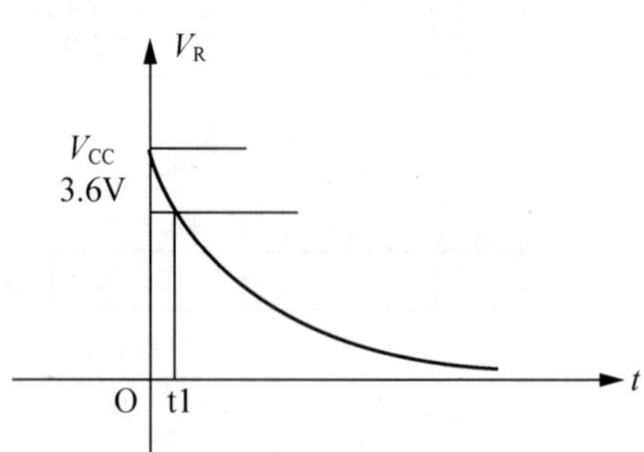

图 2.12　复位端电压-时间关系

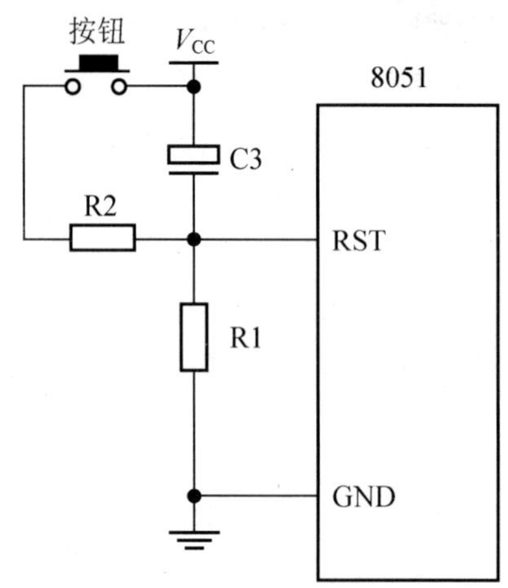

图 2.13　按键复位电路

2) 按键复位电路

图 2.13 所示为按键复位电路，R2 的阻值一般很小，只有几十欧姆，当按下复位按键后，电容迅速通过 R2 放电，放电结束时的 V_{R1} 为(R1×V_{CC})/(R1+R2)，由于 R1 远大于 R2，V_{R1} 非常接近 V_{CC}，使 RST 引脚为高电平，松开复位按键后，过程与上电复位相同。另外，在单片机运行期间，可以利用按键完成复位操作。一般情况下，在晶振为 6MHz 时，R1 取值 1kΩ，R2 取值 200Ω，C3 取值 22μF；晶振为 12MHz 时，R1 可取值 8.2kΩ，R2 取值 200Ω，C3 取值 10μF。

复位电路虽然简单，但它的作用却非常的重要。一个单片机系统是否能够正常运行，首先要检查复位是否成功。可用示波器查看 RST 引脚，按下复位键，观察信号是否满足要求，如不满足，需要改变复位电路的电阻和电容值。

2. 复位后的状态

单片机的复位操作使单片机进入初始化状态。初始化后，PC=0000H，CPU 从程序存储器的 0000H 开始取指执行。并且单片机启动后，RAM 为随机值，并且运行中的复位操作也不改变片内 RAM 的内容。复位后，单片机特殊功能寄存器的状态是确定的，内部各特殊功能寄存器(SFR)的值见表 2-4。

表 2-4　复位后特殊功能寄存器 SFR 的初始状态

SFR 名称	初始状态	SFR 名称	初始状态
ACC	00H	TMOD	00H
B	00H	TCON	00H
PSW	00H	TH0	00H
SP	07H	TL0	00H
DPL	00H	TH1	00H
DPH	00H	TL1	00H
P0～P3	FFH	SBUF	不确定
IP	***00000B	SCON	00H
IE	0**00000B	PCON	0***0000B

2.2.4　单片机的最小系统

如果仅仅给单片机的 V_{CC} 和 GND 之间供+5V 的工作电源它是不会工作的，因为它还需要几个元器件共同构成一个最小系统。单片机的最小系统让单片机具备运行的条件，在这个基础上单片机才能控制各种外部设备，实现各种各样的功能。所以单片机最小系统就是指用最少的元器件组成的单片机可以工作的系统。下面简单介绍两种类型芯片构成的最小系统。

1. 8051/8751 最小系统

对 51 系列单片机来说，最小系统一般应该包括：单片机、晶振电路、复位电路。8051/8751 是片内有 ROM/EPROM 的单片机，因此，用这种芯片构成的最小应用系统结构简单，工作可靠，如图 2.14 所示。

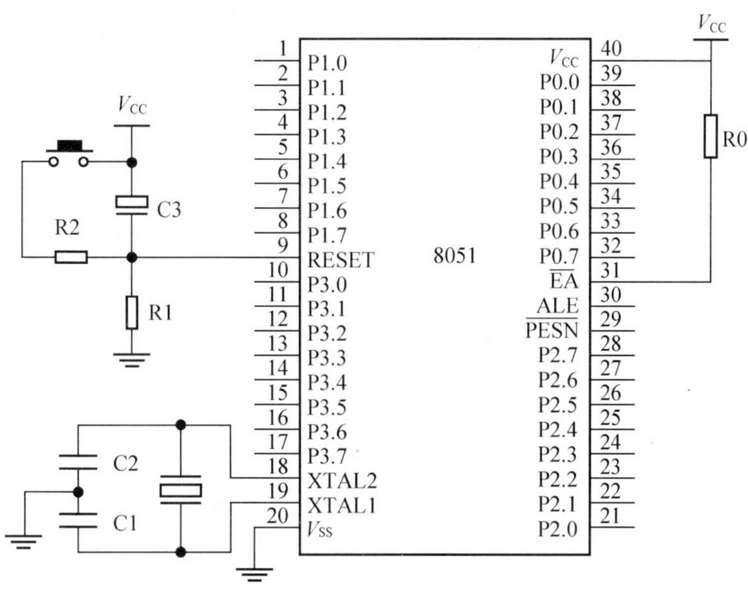

图 2.14　8051 单片机最小系统

2. 8031 最小应用系统

8031 是片内无程序存储器的单片机芯片，因此，其最小应用系统应在片外扩展 EPROM。图 2.15 为用 8031 外接程序存储器构成的最小系统。

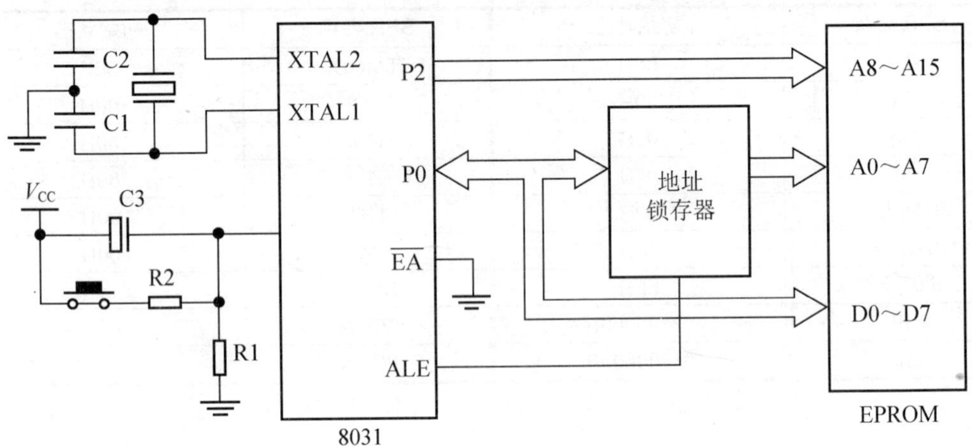

图 2.15　8031 单片机最小系统

2.3　存储器结构

计算机的存储器结构有两种：一种称为哈佛结构，即程序存储器和数据存储器分开，相互独立；另一种结构称为普林斯顿结构，即程序存储器和数据存储器是统一的，地址空间统一编址。在单片机系统中，存放程序的存储器称为程序存储器，类似于通用计算机系统中的 ROM，只能进行读操作；而存放数据的存储器称为数据存储器，相当于通用计算机系统中的 RAM。与通用计算机系统不同，单片机中的程序存储器和数据存储器都有各自的读信号。

所以 8051 单片机属于哈佛结构，程序存储器和数据存储器分开配置。8051 的存储器在物理结构上分为程序存储空间和数据存储空间，共有 4 个存储空间：片内程序存储器和片内数据存储器以及片外程序存储器和片外数据存储器。

2.3.1　存储器的组成

1. 程序存储器(ROM)空间

(1) 片内 4KB 的程序存储器，其地址为 0000H～0FFFH。

(2) 片外 64KB 的程序存储器，其地址为 0000H～FFFFH。

2. 数据存储器(RAM)空间

(1) 片内 256B 的数据存储器，00H～7FH 为通用的数据存储区，80H～FFH 为专用的特殊功能寄存器区。

(2) 片外 64KB 的数据存储器，其地址为 0000H～FFFFH。

程序存储器和数据存储器的结构配置如图 2.16 所示。

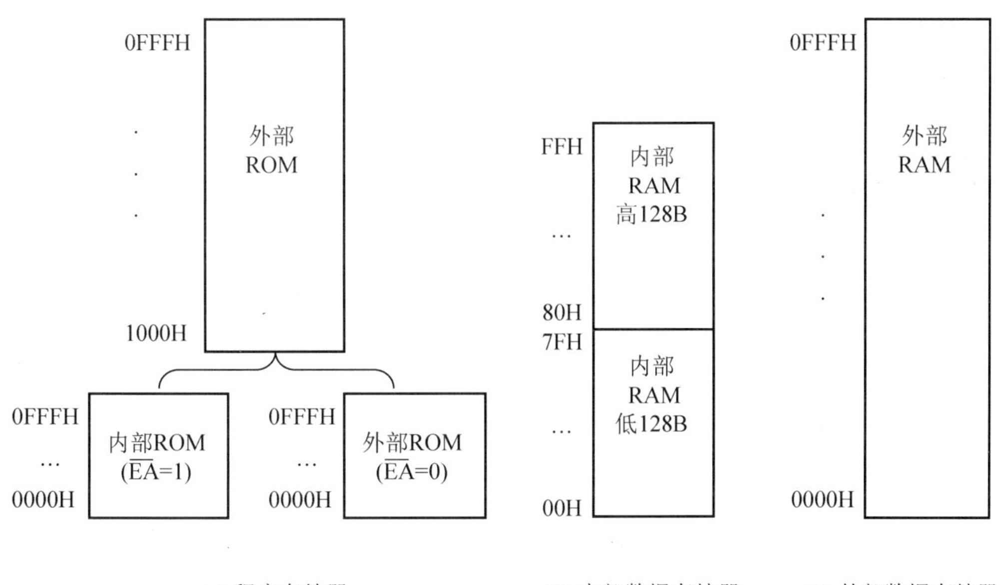

(a) 程序存储器　　(b) 内部数据存储器　　(c) 外部数据存储器

图 2.16　8051 的存储器结构

从用户使用的角度看，8051 存储器地址空间分为 3 类：

(1) 片内片外统一编址 0000H～FFFFH 的 64KB 的程序存储器地址空间(用 16 位地址)。

(2) 64KB 片外数据存储器地址空间，地址 0000H～FFFFH(用 16 位地址)。

(3) 256B 片内数据存储器地址空间(用 8 位地址)。

上述 3 个存储空间地址是重叠的，如何区别这 3 个不同的逻辑空间呢？8051 的指令系统设计了不同的数据传送指令符号：

当访问片内 ROM、片外 ROM 时，用 MOVC 指令；

当访问片外 RAM 时，用 MOVX 指令；

当访问片内 RAM 时，用 MOV 指令；

2.3.2　程序存储器 ROM

一般将只读存储器(ROM)用作程序存储器。MCS-51 可寻址空间为 64KB，它是用于存放用户程序、数据和表格等信息。对于内部无 ROM 的 8031 单片机，它的程序存储器必须外接，空间地址为 64KB，此时单片机的 $\overline{EA}$ 端必须接地。强制 CPU 从外部程序存储器读取程序。对于内部有 ROM 的 8051 等单片机，正常运行时，则 $\overline{EA}$ 端需接高电平，使 CPU 先从内部的程序存储中读取程序，当 PC 值超过内部 ROM 的容量时，才会转向外部的程序存储器读取程序。

8051 片内有 4KB 的程序存储器，其地址为 0000H～0FFFH，这就是我们所说的内部程序存储器(或简称“内部 ROM”)。0000H～0002H 是系统的启动单元，单片机启动复位后，程序计数器 PC 的内容为 0000H，所以系统将从 0000H 单元开始执行程序，如果程序不是从 0000H 单元开始，则应在这 3 个单元中存放一条无条件转移指令，让 CPU 直接去执行用户指定的程序。

地址为 0003H～002AH 共 40 个单元被均匀地分为 5 段，每段 8 个单元，分别作为 5 个中断源的中断入口地址区。它们的定义见表 2-5。

表 2-5　片内 ROM 的保留单元

保留单元地址	使用目的
0000H～0002H	复位后初始化引导程序
0003H～000AH	外部中断 0 中断程序入口地址
000BH～0012H	定时/计数器 0 中断程序入口地址
0013H～001AH	外部中断 1 中断程序入口地址
001BH～0022H	定时/计数器 1 中断程序入口地址
0023H～002AH	串行口中断程序入口地址
002BH	定时器 2 中断入口地址(8052 才有)

表格中的中断入口地址是专门用于存放中断处理程序的地址单元的。当中断源发出中断请求后，若 CPU 响应该中断，则程序将暂停正在执行的部分，而转入执行中断服务程序，因此以上地址单元不能用于存放程序的其他内容，只能存放中断服务程序。但是通常情况下，每段只有 8 个地址单元是不能存下完整的中断服务程序的，因而一般也在中断程序的入口地址处放一条无条件转移指令，指向程序存储器的其他地址单元(中断服务程序的真正地址)。

2.3.3　数据存储器 RAM

数据存储器也称为随机存取数据存储器，它们用于存放运算的中间结果或数据暂存和缓冲以及存放标志位等，其内容在程序运行过程中一般是变化的。一般将随机存取存储器(RAM)用做数据存储器，8051 单片机的数据存储器可寻址空间为 64KB。数据存储器在物理上和逻辑上都分为两个地址空间，内部数据存储区和外部数据存储区。

51 单片机内部 RAM 有 128 或 256 个字节的用户数据存储单元(不同的型号有分别)，其数据存储器均可读写，部分单元还可以位寻址。

片外 RAM：最大寻址范围：0000H～FFFFH，最大容量为 64KB；用指令 MOVX 访问。

片内 RAM：最大寻址范围：00H～FFH，最大容量为 256B；用指令 MOV 访问。

片内 RAM 又分为两部分：低 128B(00～7FH)为真正的 RAM 区，高 128B(80～FFH)为特殊功能寄存器(SFR)区。8051 内部 RAM 配置图如图 2.17 所示。

1. 低 128B 的 RAM

低 128B 的 RAM 按用途可以分为寄存器区、位寻址区及用户 RAM 区。

1) 寄存器区

片内 RAM 的 00H～1FH 共 32 单元称为通用寄存器，常用于存放操作数及中间结果等。这 32 个寄存器被分为 4 组，每组 8 个，每个寄存器都是 8 位，每组都以 R0～R7 作为寄存单元编号。

地址	区域
7FH～30H	用户RAM区
2FH～20H	位寻地址
1FH～18H	第3工作寄存器区
17H～10H	第2工作寄存器区
0FH～08H	第1工作寄存器区
07H～00H	第0工作寄存器区

(a) 低128B

FFH	
F0H	B
E0H	ACC
D0H	PSW
B8H	IP
B0H	P3
A8H	IE
A0H	P2
99H	SBUF
98H	SCON
90H	P1
8DH	TH1
8CH	TH0
8BH	TL1
8AH	TL0
89H	TMOD
88H	TCON
87H	PCON
83H	DPH
82H	DPL
81H	SP
80H	P0

(b) 高128B

图 2.17　8051 内部 RAM 配置图

特别提示

单片机在上电或复位后，第 0 组寄存器被默认为是当前工作寄存器组，如果要使用别的工作组，需要设置 PSW 中的 RS1、RS0 这两位。另外，系统在复位后，堆栈指针 SP 自动赋为 07H，堆栈操作的数据将从 08H 开始存放。这样一来，寄存器组 1～组 3 就无法用了。为了解决这一问题，在程序初始化时，应该先设置 SP 的值。例如，将 SP 置成 70H，以后堆栈的数据就从 71H 存了。

2) 位寻址区

片内 RAM 的 20H～2FH 为位寻址区域(这是 51 单片机所特有的功能)，这 16 个字节的每一位都有一个特定的位地址，位地址范围为 00H～7FH。位地址分配情况见表 2-6。

表 2-6　片内 RAM 中的位寻址区地址分配表

字节地址	位地址							
	D7	D6	D5	D4	D3	D2	D1	D0
20H	07H	06H	05H	04H	03H	02H	01H	00H
21H	0FH	0EH	0DH	0CH	0BH	0AH	09H	08H
22H	17H	16H	15H	14H	13H	12H	11H	10H
23H	1FH	1EH	1DH	1CH	1BH	1AH	19H	18H

续表

字节地址	位地址							
	D7	D6	D5	D4	D3	D2	D1	D0
24H	27H	26H	25H	24H	23H	22H	21H	20H
25H	2FH	2EH	2DH	2CH	2BH	2AH	29H	28H
26H	37H	36H	35H	34H	33H	32H	31H	30H
27H	3FH	3EH	3DH	3CH	3BH	3AH	39H	38H
28H	47H	46H	45H	44H	43H	42H	41H	40H
29H	4FH	4EH	4DH	4CH	4BH	4AH	49H	48H
2AH	57H	56H	55H	54H	53H	52H	51H	50H
2BH	5FH	5EH	5DH	5CH	5BH	5AH	59H	58H
2CH	67H	66H	65H	64H	63H	62H	61H	60H
2DH	6FH	6EH	6DH	6CH	6BH	6AH	69H	68H
2EH	77H	76H	75H	74H	73H	72H	71H	70H
2FH	7FH	7EH	7DH	7CH	7BH	7AH	79H	78H

位寻址区的每一个字节地址(单元)既可作为普通的RAM单元使用，也可对单元中的每一位进行位操作。但到底如何使用，要通过具体的指令区分。例如若要使用实训1中的CLR指令使20H单元的第7位清零，有以下方式实现：

```
CLR    20H.7
CLR    07H
```

3) 用户RAM区

片内RAM区是供用户使用的一般RAM区，其单元地址是30H～7FH，通常堆栈开辟在此区中。

所谓堆栈就是一种存取数据的结构方式，就是只允许在单端进行数据插入和取出操作的线性表。数据的写入堆栈称为入栈(PUSH)，从堆栈中取出数据称为出栈(POP)。

堆栈的最主要特征是“后进先出”规则，也即最先入栈的数据放在堆栈的最底部，而最后入栈的数据放在栈的顶部，因此，最后入栈的数据出栈时则是最先的。原理如图2.18所示。这和我们往一个箱里存放书本一样，要将最先放入箱底部的书取出，必须先取走最上层的书籍。这个道理非常相似。

堆栈的设立是为了中断操作和子程序的调用而用于保存数据的，即常说的断点保护和现场保护。微处理器无论是在转入子程序和中断服务程序的执行，执行完后，还是要回到主程序中来，在转入子程序和中断服务程序前，必须先将现场的数据保存起来，否则返回时，CPU并不知道原来的程序执行到哪一步，原来的中间结果如何。所以在转入执行其他子程序前，先将需要保存的数据压入堆栈中保存。以备返回时，再还原当时的数据，供主程序继续执行。

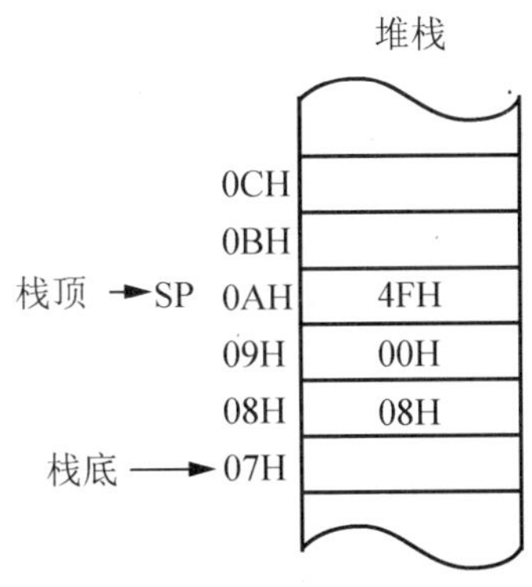

图 2.18　堆栈原理示意图

MCS-51 的堆栈是在 RAM 中开辟的，堆栈指针 SP 是在 8051 中存放当前堆栈栈顶所指存储单元地址的一个 8 位寄存器。8051 的堆栈可以由用户设置，SP 的初始值不同，堆栈的位置则不同，不同的应用要求，堆栈要求的容量也有所不同。

堆栈的操作只有两种，即进栈和出栈，但不管是向堆栈写入数据还是从堆栈中读出数据，都是对栈顶单元进行的，SP 就是指示出栈顶的位置。在子程序调用和中断服务程序响应的开始和结束期间，CPU 都是根据 SP 指示的地址与相应的 RAM 存储单元交换数据。

由于单片机初始化的堆栈区域同第 1 组工作寄存器区重合，也就是说，当把堆栈栈底设在 07H 处时，压栈的内容从 08H 开始存放，那么就不能使用第 1 组工作寄存器，如果堆栈存入数据量比较大的话，甚至第 2 组和第 3 组工作寄存器也不能使用了。因此，在汇编语言程序设计中，通常总是把堆栈区的位置重新定义在用户 RAM 区。

```
MOV SP,#60H                ;将堆栈栈底设在内部 RAM 的 60H 处
```

堆栈的操作有两种方法：

一种是自动方式，即在中断服务程序响应或子程序调用时，返回地址自动进栈。当需要返回执行主程序时，返回的地址自动交给 PC，以保证程序从断点处继续执行，这种方式不需要编程人员干预。

第二种方式是人工指令方式，使用专有的堆栈操作指令进行进出栈操作，也只有两条指令：进栈为 PUSH 指令，在中断服务程序或子程序调用时作为现场保护；出栈操作 POP 指令，用于子程序完成时，为主程序恢复现场。

2. 高 128B 的 RAM(特殊功能寄存器 SFR)

内部数据存储器的高 128 单元是为专用寄存器提供的，因此，称之为专用寄存器区，8051 单片机共有 21 个特殊功能寄存器，包括算术运算寄存器、指针寄存器、I/O 口锁存器、定时/计数器、串行口、中断、状态、控制寄存器等，它们被离散地分布在内部 RAM 的 80H～FFH 地址单元中(不包括 PC)，共占据了 128 个存储单元，构成了 SFR 存储块。其字节地址能被 8 整除的 SFR 可位寻址。SFR 反映了单片机的运行状态。特殊功能寄存器分布见表 2-7。

表 2-7 SFR 特殊功能寄存器地址表

符号名 (SFR)	位地址与位名称								字节地址
	D7	D6	D5	D4	D3	D2	D1	D0	
P0 口	P0.7	P0.6	P0.5	P0.4	P0.3	P0.2	P0.1	P0.0	80H
	87H	86H	85H	84H	83H	82H	81H	80H	
堆栈指针 SP	无位寻址能力								81H
数据指针低 8 位 DPL	无位寻址能力								82H
数据指针高 8 位 DPH	无位寻址能力								83H
电源控制 PCON	SMOD	/	/	/	GF1	GF0	PD	IDL	87H
定时/计数器控制 TCON	TF1	TR1	TF0	TR0	IE1	IT1	IE0	IT0	88H
	8FH	8EH	8DH	8CH	8BH	8AH	89H	88H	
定时/计数器方式控制 TMOD	GATE	$C/\overline{T}$	M1	M0	GATE	$C/\overline{T}$	M1	M0	89H
定时/计数器 0 低 8 位 TL0	无位寻址能力								8AH
定时/计数器 1 低 8 位 TL1	无位寻址能力								8BH
定时/计数器 0 高 8 位 TH0	无位寻址能力								8CH
定时/计数器 1 高 8 位 TH1	无位寻址能力								8DH
P1 口	P1.7	P1.6	P1.5	P1.4	P1.3	P1.2	P1.1	P1.0	90H
	97H	96H	95H	94H	93H	92H	91H	90H	
串口控制 SCON	SM0	SM1	SM2	REN	TB8	RB8	TI	RI	98H
	9FH	9EH	9DH	9CH	9BH	9AH	99H	98H	
串口数据缓冲器 SBUF									99H
P2 口	P2.7	P2.6	P2.5	P2.4	P2.3	P2.2	P2.1	P2.0	A0H
	A7H	A6H	A5H	A4H	A3H	A2H	A1H	A0H	
中断允许控制器 IE	EA	/	ET2	ES	ET1	EX1	ET0	EX0	A8H
	AFH	AEH	ADH	ACH	ABH	AAH	A9H	A8H	
P3 口	P3.7	P3.6	P3.5	P3.4	P3.3	P3.2	P3.1	P3.0	B0H
	B7H	B6H	B5H	B4H	B3H	B2H	B1H	B0H	
中断优先级控制 IP	/	/	PT2	PS	PT1	PX1	PT0	PX0	B8H
	/	/	BDH	BCH	BBH	BAH	B9H	B8H	
程序状态字 PSW	CY	AC	F0	RS1	RS0	OV	F1	P	D0H
	D7H	D6H	D5H	D4H	D3H	D2H	D1H	D0H	
累加器 ACC	ACC.7	ACC.6	ACC.5	ACC.4	ACC.3	ACC.2	ACC.1	ACC.0	E0H
	E7H	E6H	E5H	E4H	E3H	E2H	E1H	E0H	
寄存器 B	B.7	B.6	B.5	B.4	B.3	B.2	B.1	B.0	F0H
	F7H	F6H	F5H	F4H	F3H	F2H	F1H	F0H	

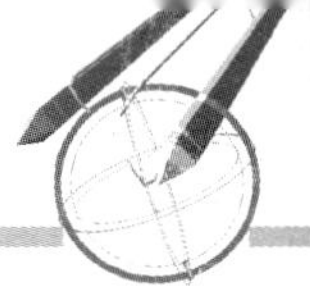

2.4　并行 I/O 端口

I/O 端口又称为 I/O 接口，是单片机对外部实现控制和信息交换的必经之路，I/O 端口有串行和并行之分，串行 I/O 端口一次只能传送一位二进制信息，并行 I/O 端口一次能传送一组二进制信息。

8051 单片机有 4 个 8 位双向 I/O 端口(P0、P1、P2、P3)，共 32 条并行 I/O 口线，每一条 I/O 线都能独立地用作输入或输出。对 I/O 的读写不需要专门的指令，而是把它当作可编址且能进行读写操作的寄存器，使用和 RAM 一样的读写指令。此外，这 4 个 I/O 口既可以按字节寻址，也可以按位寻址，也就是说每个端口的 8 个口线既可以一起使用，也可以单个使用。下面我们分别介绍这几个口线。

2.4.1　P0 口

P0 口有 8 位，每 1 位由一个锁存器、两个三态输入缓冲器、控制电路和驱动电路组成，如图 2.17 所示。P0 口有两个作用：①作为通用 I/O 口使用；②作为地址/数据分时复用总线使用。下面就 P0 口的作用做一详细介绍。

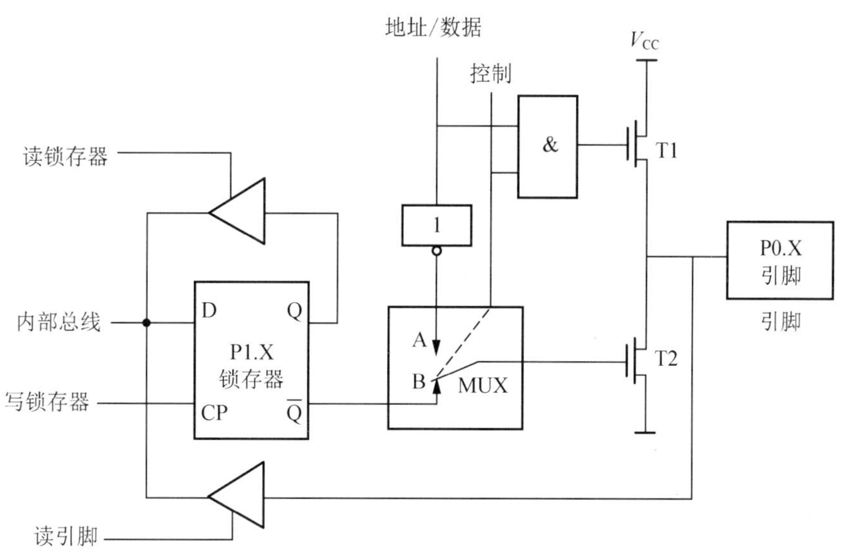

图 2.19　P0 口的结构图

1. P0 口作通用 I/O 口

P0 口作通用 I/O 口时，CPU 令控制信号为低电平，封锁与门，T1 截止，多路开关 MUX 接锁存器$\overline{Q}$端(B 端)，输出级为开漏输出电路。

1) P0 口作输入口

P0 口作为输入口使用时有两种工作方式：读引脚和读锁存器。

所谓读引脚，就是读芯片引脚的数据，CPU 执行一般的端口输入命令时，由“读引脚”信号打开 2 号缓冲器，把端口引脚上的数据经缓冲器通过内部总线读进来。

所谓读锁存器，就是当 CPU 执行“读-改-写”指令时，就是通过锁存器上方的 1 号缓冲器读 Q 端的状态。ANL P0，A 就是“读-改-写”指令，执行时先读入 P0 口锁存器中的数据，然后与 A 的内容进行逻辑与，再指导结果送入到 P0 口。

此外，P0 口作为入口时，为正确读入引脚上的逻辑电平，必须先向锁存器写“1”，使 $\overline{Q}$端为 0，T2 截止。

2) P0 口作输出口

P0 口作输出口时，写脉冲加在 CP 端，数据写入锁存器，内部数据 $\overline{Q}$端到 MUX 控制 T2 的状态，使 T2 的输出保持与内部数据的同相，此时需外接上拉电阻。

2. P0 口作地址/数据分时复用总线

MCS-51 单片机没有单独的地址/数据总线。当需要使用外部 RAM 时，它的 16 位地址总线和 8 位数据总线分别由 P0 口和 P2 口共同组成。P2 口负责传送高 8 位地址，P0 口负责传送低 8 位地址和 8 位双向数据。其工作原理如下。

1) P0 口输出地址或数据

在地址/数据(假若为“1”)和控制信号的作用下，使 MUX 接上面的触点，此时 T1 导通，T2 截止，输出为“1”，完成了地址/数据信号的正确传送；在地址/数据(假若为“0”)和控制信号的作用下，使 MUX 接上面的触点，此时 T1 截止，T2 导通，输出为“0”，完成了地址/数据信号的正确传送。

2) P0 口输入数据

输入数据直接通过 2 号三态缓冲器进入内部总线，无需先对锁存器写“1”，此工作由 CPU 自动完成。因此 P0 口是一个真正的双向 I/O 端口。

2.4.2 P1 □

P1 口只能做一般 I/O 口使用，是一个准双向 I/O 口，每 1 位都由一个锁存器、两个三态输入缓冲器和驱动电路组成，如图 2.20 所示。P1 口的工作原理与 P0 口相同，只是不能复用(无第二功能)，是一个准双向口。

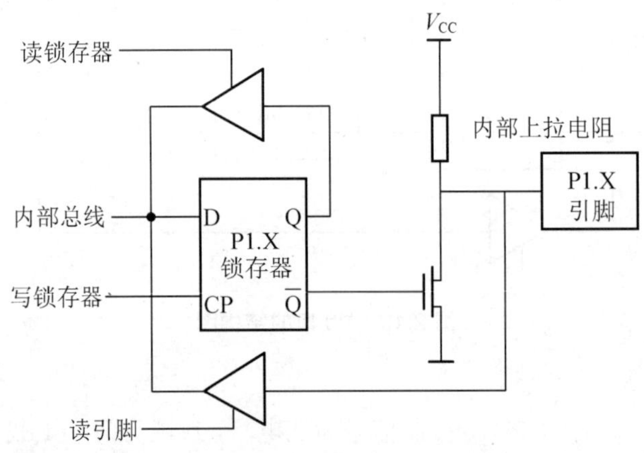

图 2.20 P1 端口的结构图

在结构上，P1 口与 P0 口有两点不同：

(1) 没有电子开关 MUX，所以工作时必须先对该位的锁存器写“1”，然后再输入数据；

(2) 在驱动电路部分，用内部的上拉电阻取代了场效应管。

2.4.3 P2 □

P2 口是一个 8 位的准双向口，每 1 位由一个锁存器、两个三态输入缓冲器、控制电路

和驱动电路组成，如图 2.21 所示。

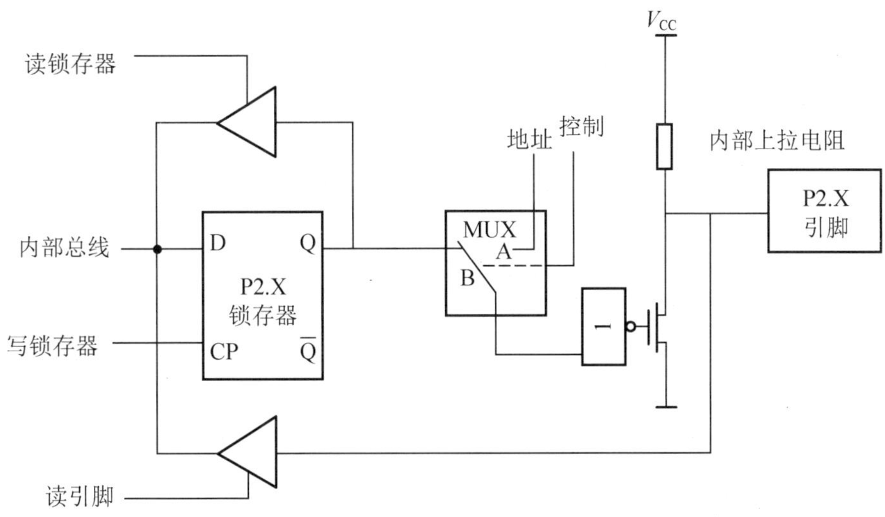

图 2.21　P2 端口的结构图

P2 口的作用是：

(1) 作通用 I/O 口，与 P0 口的功能类似。

(2) 可以作扩展系统的高 8 位地址总线，然后与 P0 口传送的低 8 位地址一起组成 16 位地址总线。

2.4.4　P3 口

P3 口也是一个 8 位准双向口，每 1 位都由一个锁存器、两个三态输入缓冲器和驱动电路组成，如图 2.22 所示。

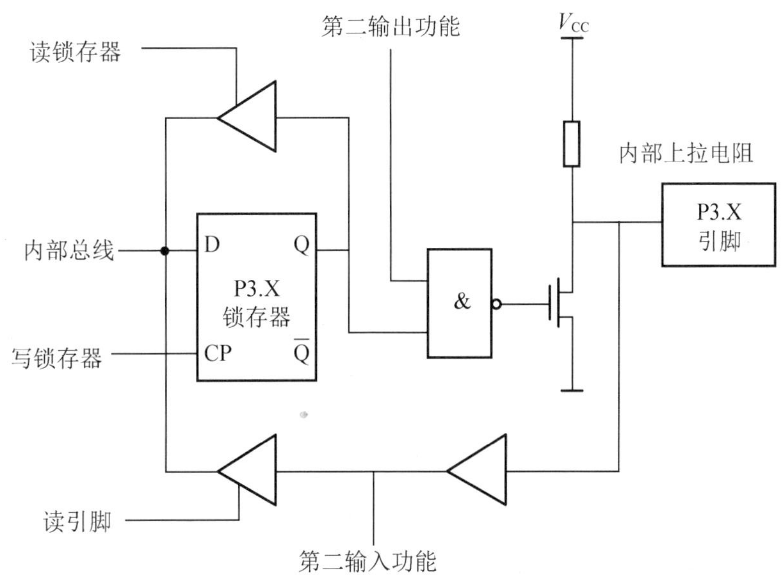

图 2.22　P3 端口的结构图

P3 口的功能是：

(1) P3 口作一般输出口使用时与 P1 口的功能类同，均可以作为通用的 I/O 口使用。

(2) P3 口最重要的功能是第二功能。当 P3 口工作在第二功能时，锁存器的 Q 端要保持高电平，以维持第二功能(与非门的另一端)输出的数据畅通。

特别提示

第二功能输出端(与非门的输入端)要保持高电平，以维持锁存器到输出端的数据畅通。

2.4.5 I/O 端口小结

P0、P1、P2 和 P3 口均可作一般 I/O 口，但是在实际应用中，P0 口用来构建 8 位的数据总线和低 8 位的地址总线，P2 口用来构建高 8 位的地址总线，P3 口通常用于第二功能，P1 口作为一般的 I/O 口。

在这 4 个口中，P0 口是一个真正的双向口，P1、P2 和 P3 口是准双向口。因为只有 P0 口可用作系统数据总线，为保证正确的数据传送，要求在数据传送时，单片机内外才接通，不进行数据传送时，单片机内外处于隔离状态，因此要求 P0 口的输出电路是由两个场效应管组成的一个三态门，即高电平、低电平和高阻隔离 3 个状态，因此 P0 口是一个真正的双向口。P1、P2 和 P3 口的输出电路由上拉电阻和场效应管组成，没有高阻隔离状态，所以称它们为准双向口。

此外，P0 口的每一位可以以吸收电流的方式驱动 8 个 LS 型(L 表示低功耗，S 表示肖特基技术)TTL 负载，P1 口～P3 口的每一位可以以吸收或提供电流的方式驱动 4 个 LS 型 TTL 负载。对于 80C51 单片机(CHMOS 型)，当它驱动普通晶体管的基极时，应在端口和晶体管之间串入一个电阻，来限制高电平的输出电流。

单片机输出低电平的时候，驱动能力尚可，每个单个的引脚，输出低电平的时候，可以吸收的最大电流为 10mA，每个 8 位的接口(P1、P2 以及 P3)，吸收的总电流最大为 15 mA，而 P0 的能力强一些，吸收的最大总电流为 26mA；全部的 4 个接口所吸收的电流之和，最大为 71mA。输出高电平的时候，51 单片机的拉电流能力也就是输出电流的能力很差，只有几毫安。

特别提示

在用作输出口时，P0 口需要外接上拉电阻，以产生高电平；在用作输入口时，4 个口均要先向其端口锁存器写 1。P3 口在用作第二功能信号时，也应先把对应的端口写 1。

实训 2 灯的闪烁

1. 实训目的

(1) 熟悉单片机引脚及功能，搭建单片机系统电路；

(2) 了解单片机 I/O 口的结构，掌握 I/O 口的简单运用；

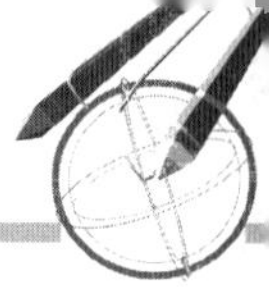

(3) 了解单片机数据存储器的配置，掌握工作寄存器的使用；
(4) 了解简单的延时程序，掌握单片机的时钟与基本时序；
(5) 可以调试实现灯的闪烁。

2. 实训设备

单片机开发系统辅助软件及微机一台。

3. 实训步骤

(1) 连接电路，如图 2.23 所示。在 Proteus 中找到单片机 AT89C51、发光二极管 LED、电阻 RES、按键 BUTTON、电容 CAP、晶振 CRYSTAL 等，并且按照图示电路连接起来。

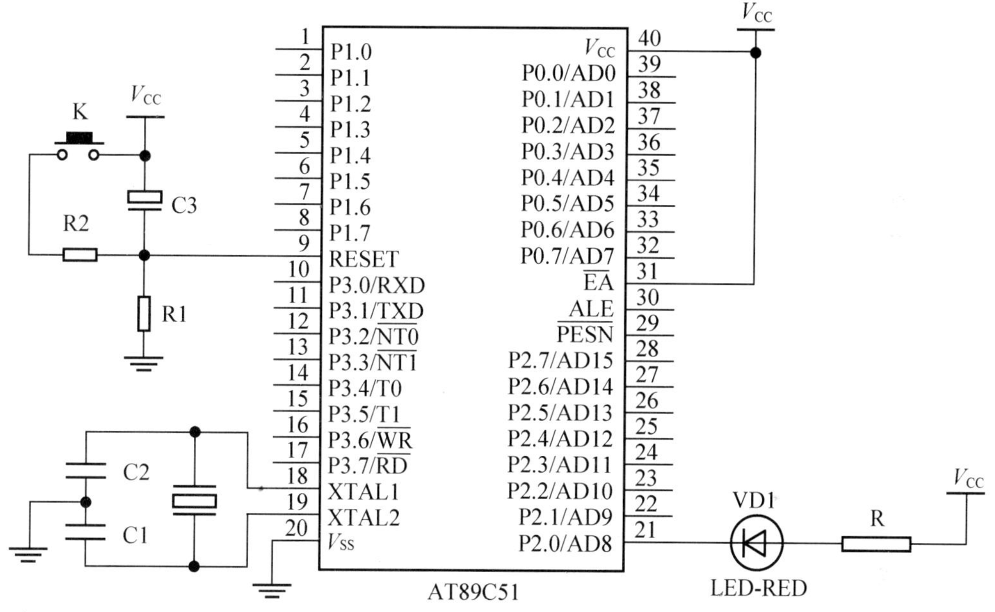

图 2.23　实训 2 电路图

(2) 运行程序 1，观察发光二极管状态。

① 源程序 1：位控制发光二极管状态。

```
        ORG   0000H
        LJMP  MAIN              ;长转移
        ORG   0100H
MAIN:   SETB  P2.0              ;将其后面指定的位置 1,程序中使对应端口输出高电平
        LCALL  DELAY            ;调用延时子程序
        CLR  P2.0               ;清零
        LCALL  DELAY
        LJMP   MAIN
DELAY:  MOV   R7,#200           ;延时 50ms 子程序
   D1:  MOV   R6,#123
            NOP
   D2:  DJNZ  R6,D2
```

```
            DJNZ  R7,D1
            RET
            END
```

程序说明如下。

LCALL：长调用指令。LCALL　DELAY：调用名字为 DELAY 的子程序。

MOV：这是一条数据传送指令。MOV　R7，#200 意思是将 200 传递到 R7 中，执行完这条指令后，R7 单元中的值就应当是 200。

DJNZ：寄存器内容减 1，其结果不为 0 则转移。

② 源程序 2：字节控制发光二极管状态。

```
        ORG    0000H
        LJMP   MAIN              ;长跳转
        ORG    0100H
MAIN:   MOV  P2,#0FFH            ;将其后面指定的位置 1,程序中使对应端口输出高电平
        LCALL   DELAY            ;调用延时子程序
        MOV  P2,#00H             ;清零
        LCALL   DELAY
        LJMP    MAIN
DELAY:  略
        END
```

(3) 运行及调试。在 Keil 中编译源程序生成 HEX 文件后，把该文件添加到 Proteus 构建的系统电路中，运行程序，观察运行结果。

4. 实训总结与分析

(1) 程序 1 的运行结果是：发光二极管闪烁。

程序 1 的执行过程说明可以通过指令控制单片机的一个 I/O 口(P2.0)，可以使该 I/O 口电平按照设计者的思想变化。这种寻址方式称为位寻址，在单片机的低 128B 的 RAM 中有专门的位寻址区，高 128B 中的 21 个 SFR 中有 11 个具有位寻址能力。

(2) 程序 2 与程序 1 基本相同，不同之处在于程序 2 使用的直接指令同时控制单片机的 8 个 I/O 口(P2 口)。单片机共有 4 个并行 I/O 口，可以位寻址，也可以字节寻址。程序 2 的寻址方式称为字节寻址。

(3) 程序 1 和程序 2 都使用到的一段子程序 DELAY，这种供其他程序反复使用的程序或程序段称为子程序。该子程序的功能是延时，单片机每条指令的执行都需要一定的机器周期，在晶振为 12MHz 的情况下，一个机器周期=1μs，通过对单片机工作寄存器的赋值，使单片机不停的执行指令，达到延时的目的。

5. 思考

(1) 程序 1 和程序 2 若去掉 LCALL　DELAY 指令，程序运行结果是否有变化，为什么？若想改变发光二极管的闪烁速度，程序如何修改？

(2) 如果在 P2 口连接 8 个发光二极管，如何实现将其从上至下顺序点亮？

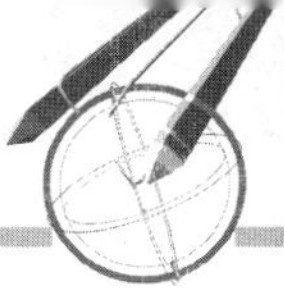

项 目 小 结

本项目首先介绍 MCS-51 单片机的硬件结构和引脚功能，其内部包括 8 位微处理器，一个片内振荡器及时钟电路，4KB 的 ROM，256B 的片内 RAM，21 个特殊功能寄存器，4 个 8 位的并行 I/O 口和 5 个中断源等；芯片共计 40 个引脚，包括电源、地、时钟信号以及 32 个 I/O 引脚外，还包括 ALE、RST 等 4 个控制引脚。

然后介绍了单片机的存储器结构，包括程序存储器 ROM 和数据存储器 RAM，其中详细介绍了单片机片内 RAM 的组成，包括工作寄存器区、位寻址区、用户 RAM 区和特殊功能寄存器区等。

最后通过一个实训，了解单片机工作过程和相关存储器的使用。

习　题　2

1. 8051 单片机芯片包含哪些主要逻辑功能部件？各有什么主要功能？
2. MCS-51 单片机的 $\overline{\mathrm{EA}}$ 信号有何功能？在使用 8031 时 $\overline{\mathrm{EA}}$ 信号引脚应如何处理？
3. 请根据控制器的组成，说明执行一条指令的大概过程。
4. 内部 RAM 低 128 单元划分为哪 3 个主要部分？说明各部分的使用特点。
5. 什么是指令周期，机器周期和时钟周期？如何计算机器周期的确切时间？
6. 使单片机复位有几种方法？
7. 堆栈有哪些功能？堆栈指示器(SP)的作用是什么？在程序设计时，为什么要对 SP 重新赋值？
8. MCS-51 的 4 个 I/O 口在使用上有哪些分工和特点？试比较各口的特点。
9. 单片机程序存储器的寻址范围是多少？
10. 位地址有哪些表示方式？字节地址与位地址如何区分？
11. 在 MCS-51 单片机应用系统中，地址总线是如何构成的？

项目3

MCS-51 单片机指令系统

教学目标

通过单片机指令系统的学习，理解指令和程序的概念；要求熟练掌握 MCS-51 单片机指令的使用。

教学要求

能力目标	相关知识	权重	自测分数
理解指令程序的基本概念	指令的格式、分类、符号说明及寻址方式等	10%	
掌握指令系统的操作功能	数据传送类指令、算术运算类指令、逻辑运算及移位类指令、控制转移类指令、布尔变量操作类指令等	80%	
实现流水灯，提高单片机指令的应用能力	左移流水灯的程序编制及相关指令的熟练应用	10%	

项目导读

计算机很“笨”，不告诉它怎么做，它什么也不会做；计算机又很“聪明”，若告诉它怎么做，它就可以做的很好。所以要控制单片机，让它为我们干活，我们就要命令它，这种给计算机的命令就称为指令。

通过前面的学习，我们已经了解了单片机内部的结构，并且已学了几条指令，但很零散，从现在开始，将系统地学习 8051 单片机的指令部分。

3.1　指令系统概述

所谓指令，就是指挥计算机工作的基本操作命令。计算机所能执行的基本操作命令的集合就构成了计算机的指令系统。按照一定目的编写的计算机程序，实际就是各种指令的组合。

单片机的指令系统是由单片机芯片生产厂家提供的，所以不同的单片机具有不同的指令系统，彼此不一定兼容。在本项目将介绍 Intel 公司的 MCS-51 系列单片机的指令系统。

3.1.1　指令的格式

我们知道，计算机只能接收或发出二进制信息，输入给计算机的任何指令，最终都要转变成二进制格式的指令代码，称为机器码，也称机器语言。如：

```
C2H  A0H      ;把 P2.0 输出低电平的机器码
D2H  A0H      ;把 P2.0 输出高电平的机器码
```

指令的这种格式就是机器码格式，但是这种形式实在是太难记了，为了便于人们编写程序，计算机的指令往往允许被编写成具有某种便于记忆的符号形式(也叫助记符)，再经过专门的软件转变为对应的机器码。这种符号形式的指令类似于人们的书写语言，所以也叫做计算机语言。单片机中通常使用由助记符组成的指令格式，属于汇编语言。如：

```
CLR  P2.0           ;把 P2.0 输出低电平的汇编语言
SETB P2.0           ;把 P2.0 输出高电平的汇编语言
```

这两种格式之间有什么关系呢？本质上它们完全等价，只是形式不一样而已。MCS-51 单片机的指令格式由操作码和操作数组成，指令格式如下：

[标号：]　< 操作码　>　[操作数]；　[注释]

1. 标号

也称标识符，由用户自行定义，由 1～8 个字符组成，必须以字母开头，其余字符可以是字母或是数字等。

2. 操作码

也称指令助记符，它规定了指令的功能。

3. 操作数

指令的操作对象，规定了参与操作数据的来源或操作结果存放的地点，大多为 1～2 个，个别指令有 3 个(如 CJNE 等)。

4. 注释

指令语句的说明性文字，必须以“;”开始，其目的是便于编程人员的阅读和交流，它不是指令的功能部分，可以省略。例如：

```
LOOP:MOV A,#05H        ;累加器 A 中送入数据 05H
```

3.1.2 指令系统的符号说明

介绍指令系统之前，先介绍 MCS-51 汇编指令中用到的符号。

Rn(n=0～7)：表示当前选定寄存器组的工作寄存器 R0～R7；

@Ri(i=0, 1)：表示作为间接寻址的地址指针 R0～R1；

#data：表示 8 位立即数，即 00H～FFH；

#data16：表示 16 位立即数，即 0000H～FFFFH；

addr16：表示 16 位地址，用于 64KB 范围内寻址，通常也可以用字符串表示；

addr11：表示 11 位地址，用于 2KB 范围内寻址，通常也可以用字符串表示；

direct：表示 8 位直接地址，可以是内部 RAM 区的某一单元或某一专用寄存器地址；

Rel：表示带符号的 8 位偏移量(-128～+127)，通常也可以用字符串表示；

Bit：表示位寻址区的直接寻址位或者是可位寻址的特殊功能寄存器的位地址；

(X)：表示 X 地址单元中的内容；

((X))：表示将 X 地址单元中的内容作为地址，该地址单元中的内容；

←：表示从箭头右边向左边传送数据；

→：表示从箭头左边向右边传送数据；

ACC：表示直接寻址方式的累加器；

@：表示间接寻址方式中的间接寄存器的前缀；

C：PSW 中的 CY，也可以叫作布尔累加器；

/：加在位地址前面，表示对该位状态取反。

3.1.3 寻址方式

所谓寻址方式就是获得操作数的方式。由于指令给出操作数的方式不同，因此就形成不同的寻址方式。寻址方式越多，操作就越方便，控制就越灵活。寻址方式是看提供操作数中源操作数的性质来看的，与目的操作数无关。MCS-51 单片机指令系统提供 7 种寻址方式。

1. 立即寻址

指令中给出的是操作数本身。在指令格式中有两种形式：即 8 位和 16 位立即数，两种表示方法用“#”作为前缀。例如：

```
MOV   A,#100      ;将立即数 100(64H)送入累加器 A
MOV   R0,#32H     ;将立即数 32H 送入到 R0 中
MOV   30H,#40H    ;将立即数 40H 送入数据存储器 30H 单元中
```

上述三条指令执行完后，累加器 A 中数据为立即数据 64H，R0 寄存器中数据为 32H，数据存储器 30H 单元数据为 40H。

2. 直接寻址

指令中给出的是操作数所在的单元地址，通过单元地址找到这个操作数，这就是直接寻址。寻址范围只限内部 RAM 低 128 单元(即 00H～7FH)和特殊功能寄存器。例如：

```
MOV  A,40H          ;将内部数据存储器 40H 单元中的数据传送到累加器 A 中
MOV  A,P1           ;将特殊功能寄存器 P1 的数据传送到累加器 A 中
```

3. 寄存器寻址

指令中给出的是操作数在一个寄存器中，以寄存器的内容作为操作数，找到了指定的寄存器，就等于找到了操作数，这就是寄存器寻址方式，通用寄存器指 A、B 、DPTR 以及 R0～R7，工作寄存器 R0～R7 常用于寄存器寻址。例如：

```
MOV  A,R0          ;将 R0 中的数据传送到累加器 A 中
```

4. 寄存器间接寻址

指令中给出的是操作数的单元地址，这个单元地址放在一个寄存器中，通过寄存器找到这个操作数，也就是说操作数是通过寄存器间接得到的，所以叫寄存器间接寻址方式。

例：假定寄存器 R0 中的内容是 40H，而内部 RAM 中 40H 单元的内容是 62H，则执行指令‘MOV　A，@R0’后，R0 中内容不变，A 中内容变为 62H，其指令操作过程示意图如图 3.1 所示。

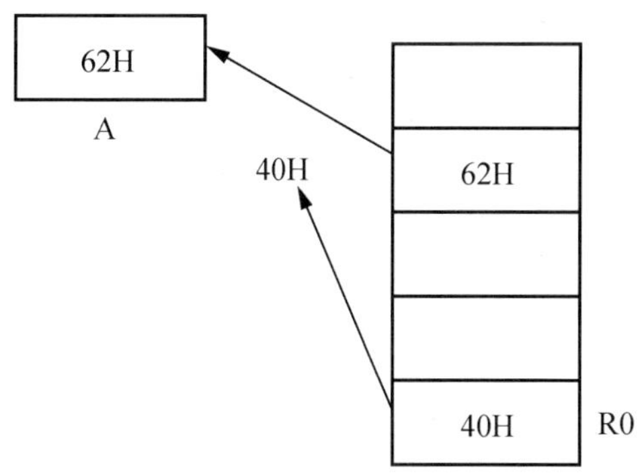

图 3.1　寄存器间接寻址示意图

5. 变址寻址

指令中给出的是操作数的单元的复合地址，即基址寄存器加变址寄存器的间接寻址方式。通常是以数据指针寄存器 DPTR 或者程序计数器 PC 作为基本地址，累加器 A 作为变址，两者的内容相加形成 16 位程序存储器地址。简单的说，指令的立脚点 DPTR 中有一个数，A 中有一个数，执行指令时，将 A 和 DPTR 中的数加起来，就成为要查找单元的地址。

变址寻址方式仅用于程序存储器(ROM)。

例：假定累加器 A 中的内容是 05H，而 DPTR 中的内容是 2100H，程序存储器 2105H 处的内容是 3FH，则执行指令‘MOVC　A，@A+DPTR’后，DPTR 中的内容不变，A 中

的内容变为 3FH，其指令操作过程示意图如图 3.2 所示。

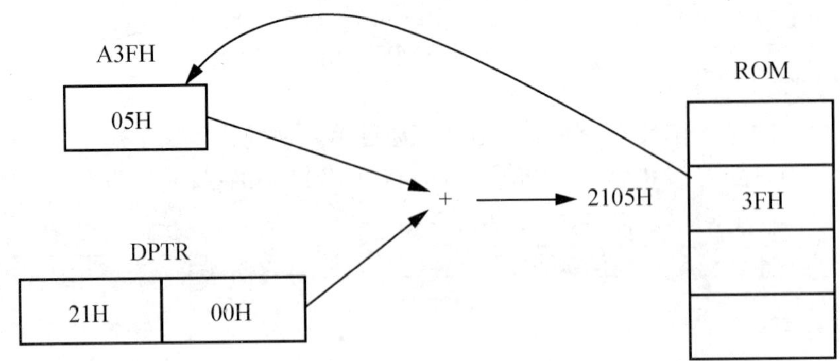

图 3.2 变址寻址示意图

6. 位寻址

MCS-51 单片机具有位寻址功能，即指令给出的不再是单元地址，而是 8 位中的一位地址，这种寻址方式就是位寻址方式。通常位寻址方式中都出现布尔累加器 C。寻址范围包括内部 RAM 20H～2FH 位寻址区中的 128 位和特殊功能寄存器(SFR)中 11 个可以按位寻址的 83 位。

位寻址有 4 种表示方式：

(1) 直接给出位地址。例如：

```
MOV C ,2FH
```

其中 C 是累加位，2FH 是位地址。

(2) 给出单元地址与位地址的组合。例如：

```
MOV C,22H.6
```

其中，22H.6 表示 22H 单元地址中的第 6 位。

(3) 特殊功能寄存器符号与位的组合。例如：

```
MOV C,P1.3
```

其中，P1.3 表示 Pl 口的第 3 位。

(4) 给出特殊功能寄存器中位的符号。例如：

```
MOV  C,AC
```

其中 AC 即程序状态字 PSW 中的 D6 位的专用符号。

7. 相对寻址方式

相对寻址是在相对转移指令中使用的寻址方式。相对转移指令需要人为地改变程序计数器 PC 的值，以改变程序执行的顺序。相对寻址，就是给出相对于 PC 当前所指位置的偏移量，以使程序“跳转”到新的位置执行。

例如，在 1000H 处有这样一种“短转移”指令，rel=05H，则执行指令

```
1000H: SJMP rel
```

然后，程序转移到 1007H 处继续执行。执行该指令前，PC 本来指向该指令的起始地

址 1000H。该指令占两个字节，所以取出指令后，PC 指向 1002H。rel 即相对于此地址的偏移量，其目标地址为 PC+2+rel=1000+2+5=1007H。

3.1.4 单片机指令的分类

MCS-5l 系列单片机指令系统由 111 条指令组成。其中，若按指令机器码的字节数来分，可以分为单字节指令(49 条)、双字节指令(45 条)、3 字节指令(17 条)。

从指令的执行时间(机器周期)来看，单周期指令有 64 条，双周期指令有 45 条，还有 2 条指令(乘、除法运算)是 4 个周期。

根据操作功能的不同，整个指令系统分为 5 大类指令：

(1) 数据传送类指令(28 条)。

(2) 算术运算类指令(24 条)。

(3) 逻辑运算及移位类指令(25 条)。

(4) 控制转移类指令(17 条)。

(5) 布尔变量操作类指令(17 条)。

3.2 数据传送类指令

在 MCS-5l 单片机的指令系统中，数据传送指令是最基本、也是最常用的指令。数据传送指令，包括在累加器、各种存储器以及寄存器之间进行的数据传送和交换操作。

3.2.1 内部 RAM 的数据传送指令

内部 RAM 数据传送，是指单片机内部的各寄存器和存储器之间的数据传送。根据目的操作数的不同，又分为以下几种类型。

1. 以累加器 A 为目的操作数的指令

```
MOV A,Rn                ;(A)←(Rn)
MOV A,direct            ;(A)←(direct)
MOV A,@Ri               ;(A)←((Ri))
MOV A,#data             ;(A)←data
```

这类指令的特点是通过不同的寻址方式，将数据传送到累加器 A 中。例如:

```
MOV A,R1                ;将工作寄存器 R1 中的值送入 A,R1 中的值保持不变
MOV A,30H               ;将内存 30H 单元中的值送入 A,30H 单元中的值保持不变
MOV A,@R1               ;先看 R1 中是什么值,把这个值作为地址,并将这个地址单元中的值
                        送入 A 中。如执行命令前 R1 中的值为 20H,则是将 20H 单元中的值
                        送入 A 中
MOV A,#34H              ;将立即数 34H 送入 A 中,执行完本条指令后,A 中的值是 34H
```

此外，立即数前必须要有“#”号，否则装载的将是地址空间上的数据(直接地址的内容)。立即数也可以是二进制或十进制的形式，例如，以下 3 条指令传送的效果是完全相同的。

```
MOV  A, #0F3H           ;十六进制
MOV  A, #11110011B      ;二进制
MOV  A, #243            ;十进制
```

如果立即数小于 10H，即 0～F，则高位会被系统自动补上 0。例如，指令“MOV　A, #5”，结果累加器 A=05H，系统将向高位自动补 0，这个是计算机的自动操作。

累加器 A 或工作寄存器等一些寄存器加载大于 FFH(255)的立即数将会引发错误，因为这些寄存器的长度只有 1 个字节(8 位)，装不下大于 1 字节的数据。例如：

```
MOV  A, #1F3H            ;是错误的
```

2. 以寄存器 Rn 为目的操作的指令

```
MOV Rn,A                 ;(Rn)←(A)
MOV Rn,direct            ;(Rn)←(direct)
MOV Rn,#data             ;(Rn)←data
```

这组指令功能是把源地址单元中的内容送入工作寄存器，源操作数不变。例如：

```
MOV  R4,A                ;将 A 中的值送入工作寄存器 R4,A 中的值保持不变
MOV  R6,30H              ;将内存 30H 单元中的值送入 R6,30H 单元中的值保持不变
MOV R1,#40H              ;将立即数 40H 送入 A 中,执行完本条指令后,R1 中的值是 40H
```

3. 以直接地址为目的操作数的指令

```
MOV direct,A             ; direct←(A)
MOV direct1,direct2      ; direct1←(direct2)
MOV direct,@Ri           ; direct←((Ri))
MOV direct,#data         ; direct←data
```

这组指令的功能是把源地址单元中的内容送入直接地址所指定的内部 RAM 单元中，源操作数不变。例如：

```
MOV 40H, A               ;将 A 中的值送入 40H 单元中,A 中的值保持不变
MOV 40H,30H              ;将内存 30H 单元中的值送入 40H 单元中,30H 单元中的值不变
MOV 40H,#41H             ;将立即数 41H 送入内存 40H 单元中
```

4. 以间接地址为目的操作数的指令

```
MOV @Ri,A                ; ((Ri))←(A)
MOV @Ri,#data            ; ((Ri))←data
MOV @Ri,direct           ; ((Ri))←(direct)
```

这里不是将源操作数送给 Ri，而是送到以 Ri 的内容为地址的内部 RAM 单元中。例如：

```
MOV @R1,#100            ; 将立即数 100 送入以 R1 内容作为地址的内存单元中。若 R1=32H,
执行完本指令后, R1 值不变,32H 单元的内容变为 100。
```

特别提示

若立即数以 A、B、C、D、E 或 F 开头，需要在前面加上 0，例如 FFH，在指令中应写成 0FFH。

5. 以 DPTR 为目的操作数的指令

```
MOV DPTR，#data16   ；DPTR←data16
```

8051 是一种 8 位机，这是唯一的一条 16 位立即数传递指令，其功能是将一个 16 位的立即数送入 DPTR 中去。其中高 8 位送入 DPH，低 8 位送入 DPL。例如：

```
MOV DPTR,#1234H
```

执行完了该指令之后，DPH 中的值为 12H，DPL 中的值为 34H。反之，如果我们分别向 DPH，DPL 送数，则结果也一样。如有下面两条指令：

```
MOV DPH,#35H
MOV DPL,#12H
```

就相当于执行了 MOV DPTR，#3512H。

应用实例 3.1

分析以下的数据传送指令，给出每条指令执行后的结果

```
MOV 23H,#30H        ;(23H)=30H
MOV 12H,#34H        ;(12H)=34H
MOV R0,#23H         ;(R0)=23H
MOV R7,#22H         ;(R7)=22H
MOV R1,12H          ;(R1)=(12H)
MOV A,@R0           ;(A)=30H
MOV 34H,@R1         ;(34H)=34H
```

应用实例 3.2

分析以下的数据传送指令，给出每条指令执行后的结果。

```
MOV 45H,34H         ;(45H)=(34H)
MOV DPTR,#6712H     ;(DPTR)=6712H
MOV 12H,DPH         ;(12H)=67H
MOV R0,DPL          ;(R0)=12H
MOV A,@R0           ;(A)=67H
```

特别提示

用括号括起来代表内容，如(23H)则代表内部 RAM23H 单元中的值，(A)则代表累加器 A 单元中的值。

应用实例 3.3

试编写程序，使 30H 单元与 40H 单元内容互换。

解：由于 30H 和 40H 单元都有数据，要想将它们内容相互交换，必须使用第三个单元或寄存器，可选用 A。程序分为 3 步，如图 3.3 所示。

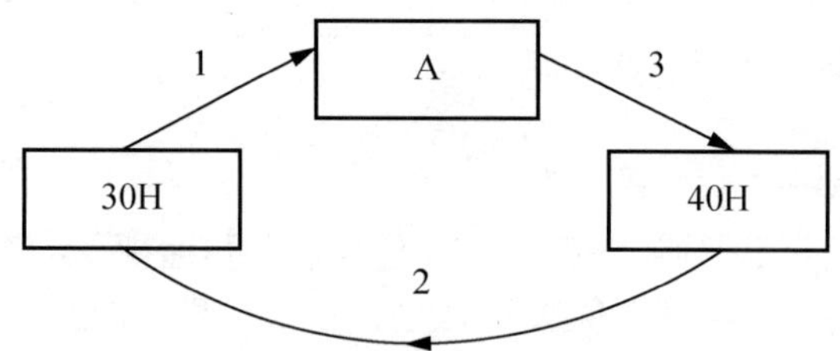

图 3.3　内部 RAM 数据互换示意图

```
MOV  A,30H              ;先将 30H 中的内容放入 A 中
MOV  30H,40H            ;再将 40H 的内容放入 30H 中
MOV  40H,A              ;最后将原 30H 的内容放入 40H 中
```

3.2.2　外部 RAM 的数据传递指令

这类指令是指对单片机外部扩展的 RAM 进行数据存取的指令，而访问外部 RAM 只能使用间接寻址的方式。

特别提示

在 51 单片机中，与外部存储器 RAM 打交道的只可以是累加器 A。所有需要送入外部 RAM 的数据必须要通过 A 送去，而所有要读入的外部 RAM 中的数据也必须通过 A 读入。

另外，在 MOV 指令后面增加了“X”，表示对外部 RAM 的数据传送。

1. 使用 DPTR 间接寻址

```
MOVX  A,@DPTR           ;  (A)←((DPTR))
MOVX  @DPTR,A           ;  ((DPTR))←(A)
```

前一条指令的功能是，将 DPTR 所指的外部 RAM 地址单元内容送给 A；第二条指令的功能则是将 A 的值送到外部 RAM 地址单元中去，由于 DPTR 是 16 位数据指针，所以它的可寻址范围是 2^{16}=64KB(0000H～FFFFH)。

应用实例 3.4

编程实现将外部 RAM 中 0100H 单元的数据送入 0200H 单元中。

解：因为外部 RAM 读写必须通过 A，所以必须先将 0100H 单元中的内容读入 A，然后再送到 0200H 单元中去，要读或写外部的 RAM，当然也必须要知道 RAM 的地址。

```
MOV  DPTR,#0100H        ; DPTR 指向 0100H
MOVX  A,@DPTR           ; 将 0100H 单元内容放入 A 中
MOV  DPTR,#0200H        ; DPTR 指向 0200H
MOV  @DPTR,A            ; 将 A 中内容(原 0100H 单元内容)放入 0200H 单元
```

2. 使用 Ri 间接寻址

```
MOVX  A,@Ri             ;(A)←((Ri))
MOVX  @Ri,A             ;((Ri))←(A)
```

这两条指令与上述使用的 DPTR 间接寻址的指令功能基本相同，不过因为由于 Ri(即R0 或 R1)只是一个 8 位的寄存器，所以只提供低 8 位地址，可寻址的范围仅仅包括外部 RAM 中的低 256 个单元(00H～FFH)。

应用实例 3.5

编程实现将外部 RAM 中 01H 单元的数据与 02H 单元数据互换。

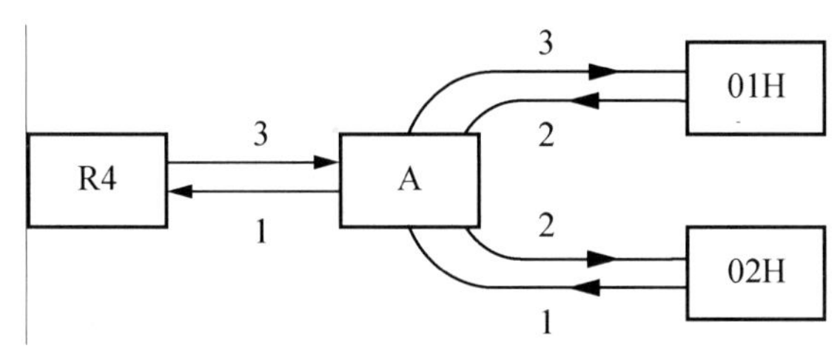

图 3.4　外部 RAM 数据互换示意图

解：和内部 RAM 数据互换不同，外部 RAM 数据实现互换用 A 的同时，也须使用第 3 个单元或寄存器，可选用 R4。外部 RAM 数据互换如图 3.4 所示。

第一步先将 02H 单元内容放入 R4 中：

```
MOV R0,#02H
MOVX A,@R0
MOV R4, A
```

第二步将 01H 单元内容放入 02H 中：

```
MOV R0,#01H
MOVX A,@R0
MOV R0,#02H
MOVX @R0, A
```

第三步将 R4 内容(原 02H 单元内容)放入 01H 中：

```
MOV A,R4
MOV R0,#01H
MOVX @R0, A
```

3.2.3　ROM 的数据传送指令

这里的 ROM(程序存储器)，既包括外部 ROM，也包括内部 ROM，单片机 ROM 统一编址，指令不用加以区分。另外，ROM 只能读不能写，所以数据传送是单向的，即从 ROM 中读取数据，并只能送入累加器 A 中。

```
MOVC A, @A+DPTR      ;(A)←((A)+ (DPTR))
MOVC A, @A+PC        ;(A)←((A)+ (PC))
```

这类指令属于变址寻址方式，使用 DPTR 或 PC 为基址寄存器，寻址范围 64KB，是将 ROM 中的数送入 A 中，所以也被称为查表指令，常用此指令来查一个已做好在 ROM 中的表格。但是，这两条指令在使用上有些区别，当使用 DPTR 作为基址寄存器时，由于事先可以给 DPTR 赋 64KB 范围内的任意值，与 A 相加后的寻址范围可以是整个 ROM 的 64KB 空间，使用很方便；而当使用 PC 作为基址寄存器时，由于 PC 有严格的当前值，A 是 8 位无符号数，只能在当前指令的 256 个单元范围内进行查表。

应用实例 3.6

将 ROM 2000H 单元的数据送到内部 RAM 30H 单元中。

ROM 的性质决定数据的只读特性，故使用 MOVC 指令来完成。

解：

```
MOV    DPTR，#2000H          ；将 2000H 单元的地址送到 DPTR 中
MOV    A，#00H               ；将 00H 单元的地址送到 A
MOVC   A，@A+DPTR            ；通过变址寻址将 2000H 单元内容到 A 中
MOV    30H，A                ；将累加器 A 中数据送到内 RAM 30H 中
```

特别提示

由于程序计数器 PC 不能寻址，故上述例题不能用‘MOVC　A，@A+PC’来完成任务。

应用实例 3.7

已知在 R0 中有一个数，要求用查表的方法确定它的平方值(此数的取值范围是 0～9)，放入 R3 中。

解：首先我们选择 DPTR 作基址寄存器，在 ROM 中编制一个存放 0～9 的平方的数据表，名字叫 TABLE，如：

TABLE：DB 0，1，4，9，16，25，36，49，64，91

然后编制程序，指向表中某个单元，其内容为 A 原值的平方，该表与所编程序都在 ROM 中，程序如下：

```
MOV DPTR,#TABLE
MOV A,R0
MOVC A,@A+DPTR
MOV  R3,A
TABLE: DB 0,1,4,9,16,25,36,49,64,91
```

ORG 说明下面程序段的起始位置，DB 说明后面是一些数据字节，本程序就是设计好的数据表。设 R0 中的值为 2，送入 A 中，而 DPTR 中的值则为 TABLE，则最终确定的 ROM 单元的地址就是 TABLE+2，也就是到这个单元中去取数，取到的是 4，显然它正是 2 的平方。其他数据也可以类推。

程序中，TABLE 是一个标号，我们使用了标号来替代具体的单元地址。事实上，标号的真实含义就是地址数值。在这里它代表了 0，1，4，9，16，25 等这几个数据在 ROM 中存放的起点位置。而在以前我们学过的如 LCALL DELAY 指令中，DELAY 则代表了以 DELAY 为标号的那段程序在 ROM 中存放的起始地址。事实上，CPU 正是通过这个地址才找到这段程序的。

我们可以通过修改以上程序观看标号的具体含义：

```
MOV DPTR,#1000H
MOV A,R0
MOVC A,@A+DPTR
MOV  R3,A
ORG 1000H.
DB 0,1,4,9,16,25,36,49,64,91
```

如果 R0 中的值为 2，则最终地址为 1000H+2 为 1002H，到 1002H 单元中找到的是 4。程序的执行结果是一样的，那为什么不这样写程序，要用标号呢？

如果这样写程序的话，在写程序时，我们就必须确定这张表格在 ROM 中的具体位置，如果写完程序后，又想在这段程序前插入一段程序，那么这张表格的位置就又要变了，要改 ORG 1000H 这句话了，我们是经常需要修改程序的，非常的麻烦，所以就用标号来替代，只要一编译程序，位置就自动发生变化，计算机就会根据标号自动寻找到这段程序。

3.2.4　数据交换指令

数据交换指令是指单片机内部 RAM 单元与累加器 A 的内容进行交换，分为整个字节交换、半个字节交换以及累加器 A 半字节交换等几种。

1. 字节交换指令

```
XCH    A, Rn                ; (A)←→(Rn)
XCH    A, direct            ; (A)←→(direct)
XCH    A, @Ri               ; (A)←→((Ri))
```

以上指令结果影响程序状态字寄存器 PSW 的 P 标志。

应用实例 3.8

已知(A)=20H，(R1)=55H，(55H)=38H，执行指令后，结果有什么变化？

```
XCH  A, @R1
```

结果是(A)=38H，(R1)=55H，(55H)=20H。

2. 半字节交换指令

指的是内部 RAM 单元与 A 之间进行低 4 位数据交换。

```
XCHD  A, @Ri       ; (A)3-0 ←→((Ri))3-0
```

应用实例 3.9

已知(A)=20H，(R1)=55H，(55H)=38H，分析执行指令后的结果。

```
XCHD  A, @R1
```

结果是(A)=28H，(R1)=55H，(55H)=30H。

3.2.5 堆栈指令

堆栈是用户自己设定的内部 RAM 中的一块专用存储区，向栈里存取数据的操作称为堆栈操作。存放数据称为“入栈”，取出数据称为“出栈”。堆栈操作必须是字节操作，且只能直接寻址。

```
PUSH direct    ; (SP)←(SP)+1, (SP)←(direct)
POP direct     ; (direct)←((SP)), (SP)←(SP)-1
```

第一条指令称之为推入，就是将 direct 中的内容送入堆栈中。指令执行分为两步：第一步先将 SP+1，第二步将 direct 中的数据传递到 SP 中的值为地址的 RAM 单元中，所以说，当入栈的数据增多时，SP 永远指向已入栈数据的最高地址处，或是叫做“栈顶”的地方。

应用实例 3.10

执行下列指令，分析执行指令后的结果。

```
MOV SP, #5FH
MOV A, #100
MOV B, #20
PUSH ACC
PUSH B
```

则执行第一条 PUSH ACC 指令是这样的：将 SP 中的值加 1，即变为 60H，然后将 A 中的值送到 60H 单元中，因此执行完本条指令后，内存 60H 单元的值就是 100，同样，执行 PUSH B 时，是将 SP+1，即变为 61H，然后将 B 中的值送入到 61H 单元中，即执行完本条指令后，61H 单元中的值变为 20。

第二条指令称之为弹出，就是将堆栈中内容送回到 direct 中。指令执行也分为两步：第一步先将 SP 中的值为地址的 RAM 单元中的数据传递到 direct 中，第二步将 SP-1。

接上例：

```
POP B
POP ACC
```

则执行过程是：将 SP 中的值(现在是 61H)作为地址，取 61H 单元中的数值(现在是 20)，送到 B 中，所以执行完本条指令后 B 中的值是 20，然后将 SP 减 1，因此本条指令执行完后，SP 的值变为 60H，最后执行 POP ACC，将 SP 中的值(60H)作为地址，从该地址中取数(现在是 100)，并送到 ACC 中，所以执行完本条指令后，ACC 中的值是 100。

这有什么意义呢？ACC 中的值本来就是 100，B 中的值本来就是 20，是的，在本例中，的确没有意义，但在实际工作中，在 PUSH B 后往往要执行其他指令，而且这些指令会把 A 中的值，B 中的值改掉，所以在程序的结束，如果我们要把 A 和 B 中的值恢复原值，那么这些指令就有意义了。

特别提示

累加器 A 极为常用，若要想 A 的值入栈，不可以写成 PUSH A，但是可以写成 PUSH ACC，把 A 当作是 SFR 中的专用寄存器使用。

应用实例 3.11

写出以下程序的运行结果。

```
MOV 30H, #12
MOV 31H, #23
PUSH 30H
PUSH 31H
POP 30H
POP 31H
```

结果是 30H 中的值变为 23，而 31H 中的值则变为 12。也就是两者进行了数据交换。

应用实例 3.12

编程实现将外部 RAM 中 1100H 单元的数据送入 1200H 单元中，并且保留 DPTR 中原来的值不变。

解：对外部 RAM 进行数据传送，必须要用到 DPTR，因此可以先将 DPTR 的值入栈暂存。编写程序如下：

```
MOV SP,#50H            ; 建立堆栈区
PUSH  DPL              ; 将 DPL 入栈
PUSH  DPH              ; 将 DPH 入栈
MOV DPTR,#1100H        ; DPTR 指向 1100H
MOVX A,@DPTR           ; 将 1100H 单元内容放入 A 中
MOV DPTR,#1200H        ; DPTR 指向 1200H
MOV @DPTR,A            ; 将 A 中内容(原 1100H 单元内容)放入 1200H 单元
POP  DPH               ; 将 DPH 出栈
POP  DPL               ; 将 DPL 出栈
```

从上面两个例子可以看出，使用堆栈时，入栈的书写顺序和出栈的书写顺序必须相反，才能保证数据被送回原位，否则就要出错了。也就是说，当入栈的数据较多时，数据的存取顺序是相反的，遵循“先进后出”或“后进先出”的原则。

另外，堆栈使用时一定先设堆栈指针，堆栈指针 SP 确定栈的起始地址，单片机上电复位后，堆栈指针默认为 SP=07H。单片机默认片内数据存储器的 08H～1FH 地址(共 24 个字节)开辟堆栈使用，若程序中需要暂存的数据多于 24 个字节，则需要在用户 RAM 区(30H～7FH)开辟一个更大的堆栈空间。

特别提示

新开辟的空间不要再进行其他访问，否则会破坏堆栈中的数据。

当然，也可以视情况通过指令“MOV SP，#50H”(如应用实训 3.12)来开辟 50H ~ 7FH 为堆栈区，30H ~ 4FH 仍然可以用于直接寻址使用。

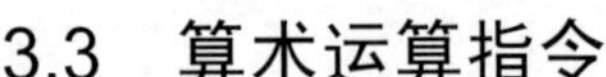

3.3 算术运算指令

MCS-5l 指令系统有丰富的算术运算类指令，算术运算类指令一共有 24 条，可以分为不带进位加法、带进位加法、带借位减法、加 1、减 1、乘、除和十进制调整指令等，主要完成加、减、乘、除四则运算以及增量、减量和十进制调整等操作。同时执行过程中会影响到程序状态字 PSW 中的某些位，例如进位位 CY、辅助进位标志 AC、溢出标志 OV 以及奇偶校验标志位等。

3.3.1 加法指令

加法指令可以归纳为不带进位加法指令、带进位加法指令以及加 1 指令 3 类。

1. 不带进位加法指令(4 条)

```
ADD  A,#data          ;(A)+ data  →(A)
ADD  A,Rn             ;(A)+(R n)→(A)
ADD  A,@Ri            ;(A)+((Ri))→(A)
ADD  A,direct         ;(A)+(direct)→(A)
```

这些指令的基本功能是，将源操作数与累加器 A 中操作数相加，并将相加后的结果送到累加器 A 中。

运算的结果会影响 PSW 标志位，情况如下。

进位标志位 CY：和的 D7 位有进位时，(CY)=l，否则(CY)=0；

辅助进位标志位 AC：和的 D3 位有进位时，(AC)=l，否则(AC)=0；

溢出标志位 OV：和的 D7、D6 位只有一个有进位时，(OV)=1；和的 D7、D6 位同时有进位或同时无进位时，(OV)=0，表示溢出。溢出说明运算的结果超出了数值所允许的范围，如两个正数相加结果为负数或两个负数相加结果为正数时属于错误结果，此时(OV)=1。

奇偶标志位 P：当累加器 ACC 中“1”的个数为奇数时，(P)=1，为偶数时，(P)=0。

应用实例 3.13

设有两个无符号数放在 A 和 R2 中，设(A)= 44H(68)，(R2)= 4DH(77)，执行指令：ADD A，R2 后，试分析运算结果及对标志位的影响。

解：写成竖式

(A)	01000100	132
(R2) +	01001101	+ 141
(A)	0 10010001	272

结果是：(A)= 91H，CY=0，AC=1，OV=0，P=1。

如果：(A)= 84H(132)，(R2)= 8DH(141)，执行指令：ADD　A，R2 后，运算结果及标志位有很大不同。

同样写成竖式

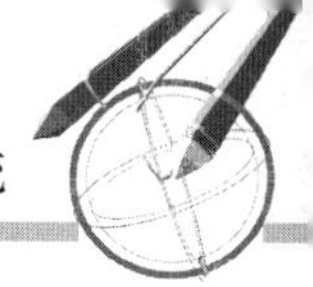

(A)	10000100	132
(R2) +	10001101	+ 141
(A)	1 00010001	272

结果是：(A)= 11H，CY=1，AC=1，OV=1，P=0。

2. 带进位加法指令(4 条)

```
ADDC  A,#data          ;(A)+ data+(CY) →A
ADDC  A,Rn             ;(A)+(Rn)+(CY)→A
ADDC  A,@Ri            ;(A)+((Ri))+(CY)→A
ADDC  A,direct         ;(A)+(direct)+(CY)→A
```

这些指令的基本功能是，将源操作数、累加器 A 中操作数以及进位标志 CY 的值相加，并将相加后的结果送到累加器 A 中。

特别提示

这里所加的进位标志 CY 是指在该指令执行之前就已经存在的进位标志的值，而不是执行该指令过程中产生的进位。

ADDC 指令执行过程中影响 PSW 各标志位的状态，与不带进位的加法相同。使用 ADDC 指令时，如果系统没有特别指出 CY 值时，第一次相加使用 ADD 指令即可。

带进位的加法运算指令常用于多字节的加法运算中。例如两个双字节数的相加运算，当高位字节相加时，就需要考虑低位字节相加后可能产生的进位。

应用实例 3.14

编程实现 218AH 与 3C90H 相加。

解：这是两个双字节数，需要将低字节相加后，再把进位与高字节相加。令 A 中存放被加数，R0 中存放加数，和的低位字节放在 40H 单元，高位字节放在 41H 单元。编制程序如下：

```
MOV  A，#8AH          ；取被加数低位
MOV  R0，#90H         ；取加数低位
ADD  A，R0            ；低位相加
MOV  30H，A           ；存放和的低位
MOV  A，#21H          ；取被加数高位
MOV  R0，#3CH         ；取加数高位
ADDC A，R0            ；高位带进位相加
MOV  31H，A           ；存放和的高位
```

应用实例 3.15

设有两个 16 位无符号数，被加数存放在内部 RAM 的 30H(低位字节)和 31H(高位字节)中，加数存放在 40H(低位字节)和 41H(高位字节)中。试写出求两数之和，并把结果存放在

30H和31H单元中的程序。

解：这两个无符号数没有具体数值，只是对其所在的单元操作。参考程序如下：

```
MOV  R0，#30H        ；地址指针R0赋值
MOV  R1，#40H        ；地址指针R1赋值
MOV  A，@R0          ；被加数的低8位送A
ADD  A，@R1          ；被加数与加数的低8位相加，和送A，并影响CY标志
MOV  @R0，A          ；和的低8位存30H单元
INC   R0             ；修改地址指针R0
INC    R1            ；修改地址指针R1
MOV  A，@R0          ；被加数的高8位送A
ADDC  A，@R1         ；被加数和加数的高8位与CY相加，和送A
MOV  @R0，A          ；和的高8位存31H单元
```

3. 加1指令(5条)

```
INC  A               ;(A)←(A)+1
INC  Rn              ;(Rn)←(Rn)+1
INC  direct          ;(direct)←(direct)+1
INC  @Ri             ;((Ri))←((Ri))+1
INC DPTR             ;(DPTR)←(DPTR)+1
```

这组指令的功能是使源操作数的值加1，并且将结果送回原来的单元。加1指令比较简单，执行比较快，只有INC A影响PSW的奇偶校验位，其余指令不影响标志位的状态。例如，(A)=0FFH，执行指令INC A后，变为00H，但是溢出标志位没有变化。

3.3.2 减法指令

减法指令包括带借位减法指令和减1指令两类。

1. 带借位减法指令(4条)

```
SUBB A, Rn           ;(A)←(A)-(Rn)-(CY)
SUBB A, direct       ;(A)←(A)-(direct)-(CY)
SUBB A, @Ri          ;(A)←(A)-((Ri))-(CY)
SUBB A, #data        ;(A)←(A)-  data -(CY)
```

这些指令的功能是将A中的值减去其后面的值，再减上CY的值，最终结果送回到A中。

减法指令只有带借位的减法，没有不带借位的减法，如果进行不带借位的减法运算，可以先输入一条指令“CLR　C”，将CY清零。在使用SUBB指令时，如果系统没有特别指出CY值时，第一次相减时一定要清零借位标志位CY，即“CLR C”。

特别提示

SUBB中的CY是指令执行前的借位标志，而不是相减以后产生的借位标志CY。同时SUBB指令影响PSW的相关标志位，即CY、AC、OV和P的值。

应用实例 3.16

在 A 和 R3 中存有两个无符号数，设(A)=98H，(R3)=6AH，CY=1，执行指令 'SUBB A，R3' 后，分析执行结果及对标志位的影响

解：写成竖式

(A)	10011000	98H
(R3)	− 01101010	6AH
CY	− 1	− 1
(A)	00101101	2DH

结果是：(A)=2DH，CY=0，AC=1，OV=1，P=0。

2. 减 1 指令(4 条)

```
DEC   A           ;(A)←(A)-1
DEC   Rn          ;(Rn)←(Rn)-1
DEC  direct       ;(direct)←(direct)-1
DEC  @Ri          ;(Ri)←((Ri))-1
```

这组指令的功能是使源操作数的值减 1，并且将结果送回原来的单元。与加 1 指令一样，只有 DEC A 影响 PSW 的奇偶校验位，其余指令不影响标志位的状态。

3.3.3　乘除法指令

乘除法指令执行时需要 4 个机器周期，是指令系统中执行时间最长的指令。

1. 乘法指令

```
MUL  AB           ; BA←(A)×(B)
```

指令的功能是把累加器 A 和寄存器 B 中两个 8 位无符号整数相乘，并把乘积的高 8 位存于寄存器 B 中，低 8 位存于累加器 A 中。

乘法运算指令执行时会对标志位产生影响：CY 标志总是被清 0，即 CY=0；OV 标志则反映乘积的位数，若 OV=1，表示乘积为 16 位数(即乘积的结果大于 FFH，B 中的内容不为 0)；若 OV=0，表示乘积为 8 位数。

例如，若(A)=50H，(B)=05H，则执行指令 MUL　AB 后，(A)=90H，(B)=01H，表明乘积的结果 0190H。

2. 除法指令

```
DIV   AB           ;(A)商，(B)余←(A)÷(B)
```

指令的功能是把累加器 A 和寄存器 B 中的两个 8 位无符号整数相除，所得商的整数部分存于累加器 A 中，余数存于 B 中。

除法指令执行过程对标志位的影响：CY 位总是被清 0，OV 标志位的状态反映寄存器 B 中的除数情况，若除数为 0，则 OV=1，表示本次运算无意义，否则，OV=0。

例如，若(A)=51H，(B)=05H，则执行指令 DIV　AB 后，(A)=10H(商)，(B)=01H(余数)。

3.3.4　十进制调整指令

这是一条专用指令，用于对 BCD 码十进制加法运算的结果进行修正。

```
DA    A
```

特别提示

ADD 或 ADDC 指令的结果是二进制数之和，而 DA 指令的结果是 BCD 码之和。此外，十进制调整指令执行时会对 CY 位产生影响。

应用实例 3.17

编程进行 BCD 码运算，75+69=?

解：编制程序如下：

```
MOV    A, #75H
MOV    R3,#69H
ADD    A,R3              ;(A)=DEH, CY=0
MOV    B,A               ;(B)= DEH
DA     A                 ;(A)=44H, CY=1
```

写成竖式

```
      75H
 +    69H
 ──────────────
      DEH
 +    06H(低四位调整)
 ──────────────
      E4H
 +    60H(高四位调整)
 ──────────────
CY←1  44BCD
```

由于最高位有进位，所以(CY)=1，运算结果为 BCD 码 144。

3.4　逻辑操作与运算指令

在 MCS-51 指令系统中，逻辑运算类指令有 25 条，可实现与、或、异或等逻辑运算操作。这类指令有可能会影响 CY 和 P 标志位的状态。

3.4.1　累加器 A 的逻辑操作指令

1. 累加器 A 清 0

```
CLR  A          ;(A)←00H
```

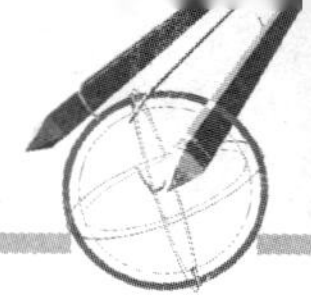

2. 累加器 A 取反

```
CPL  A     ;(A)←(Ā)
```

上面两条指令的功能是，对累加器 A 清零或取反后，结果仍存入 A 中。

3. 累加器 A 循环左移

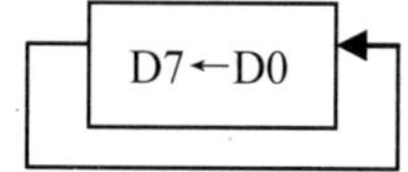

RL　　A

利用左移指令，可实现对 A 中的无符号数乘 2 的目的。

应用实例 3.18

执行下列指令后，A 中的内容如何变化？

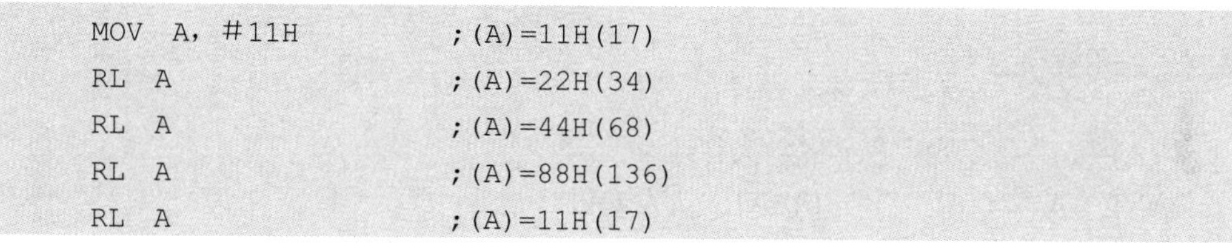

```
MOV  A, #11H          ;(A)=11H(17)
RL   A                ;(A)=22H(34)
RL   A                ;(A)=44H(68)
RL   A                ;(A)=88H(136)
RL   A                ;(A)=11H(17)
```

4. 累加器 A 带进位循环左移

CY ← D7←D0

RLC　　A

5. 累加器 A 循环右移

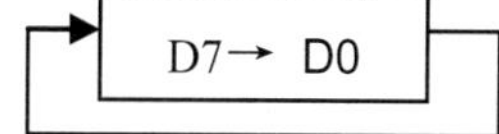

RR　A

对累加器 A 进行的循环右移，可实现对 A 中无符号数的除 2 运算。

6. 累加器 A 带进位循环右移

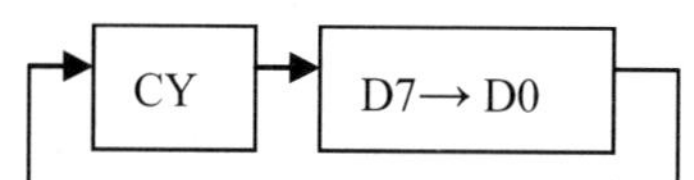

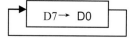

RRC　A

7. 累加器 A 半字节交换

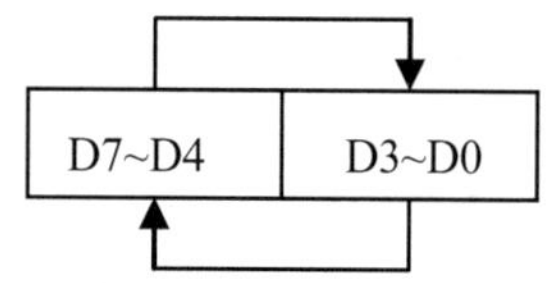

SWAP　　A

功能是将累加器 A 中内容的高 4 位与低 4 位互换。

例如，设(A)=63H，执行指令“SWAP A”后，结果(A)=36H。

3.4.2 逻辑运算指令

1. 逻辑与指令(6 条)

```
ANL  A, Rn            ;(A)←(A)∧(Rn)
ANL  A, direct        ;(A)←(A)∧(direct )
ANL  A, @Ri           ;(A)←(A)∧((Ri))
ANL   A, #data        ;(A)←(A)∧ data
ANL  direct, A        ;(direct)←(direct)∧(A)
ANL  direct, #data    ;(direct)←(direct)∧ data
```

这些指令的功能是将目的操作数和源操作数按位进行逻辑与操作，结果送目的操作数。

在程序设计中，逻辑与指令主要用于对目的操作数中的某些位进行屏蔽(清 0)。方法是：将需屏蔽的位与“0”相与，其余位与“1”相与即可。

应用实例 3.19

已知(A)=36H，试分析下面指令执行结果。

(a) ANL　A，#00H　　　(b)ANL　A，#0FH

(c) ANL　A，#0F0H　　(d)ANL　A，#0FFH

分析：由“与”指令的真值表：有 0 出 0，全 1 出 1 可得出：

(a) (A)= 00H　　(b)(A)= 06H　　(c)(A)= 30H　　(d)(A)= 36H

由例题可知，逻辑“与”可以实现清零与保留功能。方法是：需要清零的位与“0”相与，就把该位清 0；需要保留的位与“1”相与，就保留 1 以外的那一位数据。

2. 逻辑或指令(6 条)

```
ORL  A, Rn            ; (A)←(A)∨(Rn)
ORL  A, direct        ; (A)←(A)∨(direct)
ORL  A, @Ri           ; (A)←(A)∨((Ri))
ORL   A, #data        ; (A)←(A)∨ #data
ORL  direct, A        ; (direct)←(direct)∨(A)
ORL  direct, #data    ; (direct)←(direct)∨ #data
```

这些指令的功能是将目的操作数和源操作数按位进行逻辑或操作，结果送目的操作数。

逻辑或指令可对目的操作数的某些位进行置位。方法是：将需置位的位与“1”相或，其余位与“0”相或即可，常用于组合数据。

应用实例 3.20

将工作寄存器 R2 中数据的高 4 位和 R3 中的低 4 位拼成一个数，并将该数存入 30H。

解： 编程思路是，设法保留 R2 中的高 4 位和 R3 中的低 4 位，而且将不用的位的内容清零，编制程序如下：

```
MOV   R0, #30H              ; R0 作地址指针
MOV   A, R2
```

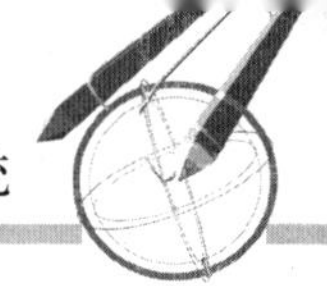

```
ANL   A, #0F0H                  ; 屏蔽低 4 位
MOV   B, A                      ; 中间结果存 B 寄存器
MOV    A, R3
ANL A, #0FH                     ; 屏蔽高 4 位
ORL   A, B                      ; 组合数据
MOV   @R0, A                    ; 结果存 30H 单元。
```

3. 逻辑异或指令(6 条)

```
XRL  A, Rn                      ; (A)←(A) ⊕ (Rn)
XRL  A, direct                  ; (A)←(A) ⊕ (direct)
XRL  A, @Ri                     ; (A)←(A) ⊕ ((Ri))
XRL  A, #data                   ; (A)←(A) ⊕  #data
XRL  direct, A                  ; direct ←(direct) ⊕ (A)
XRL  direct, #data              ; direct ←(direct) ⊕ data
```

这些指令的功能是将目的操作数和源操作数按位进行逻辑异或操作，结果送目的操作数。

逻辑异或指令可用于对目的操作数的某些位取反，而其余位不变。方法是：将要取反的这些位和“1”异或，其余位则和“0”异或即可。

应用实例 3.21

分析下列程序的执行结果。

```
MOV  A, #77H                    ;(A)=77H
XRL   A, #0FFH                  ;(A)= 77H⊕FFH = 88H
ANL   A, #0FH                   ;(A)=88H ∧ 0FH = 08H
MOV   P1, #64H                  ;(P1)=64H
ANL   P1, #0F0H                 ;(P1)=64H∧F0H = 60H
ORL   A, P1                     ;(A)= 08H∨60H=68H
```

3.5　控制转移指令

在很多情况下，程序需要循环、分支或调用子程序等，这都要人为的改变程序的执行顺序，利用控制转移指令就可以达到这样的目的。

控制转移指令分为无条件转移、条件转移及子程序调用与返回指令等。

3.5.1　无条件转移指令

没有规定转移条件的指令称无条件转移指令，MCS-51 单片机有 4 条无条件转移指令。

1. 长转移指令

```
LJMP   addr16  ; addr16→PC
```

该指令的功能是，将指令码中的 16 位地址送入程序计数器 PC 中，使程序跳转到 addr16 目的地址的地方执行。addr16 表示 16 位目的地址，通常用标号代替。

特别提示

LJMP 为长转移指令，寻址范围是 ROM 的 64KB(0000H～FFFFH)全程空间，即标号放在 ROM 的任何地方，LJMP 都是可以寻址的。

应用实例 3.22

已知单片机在 7800H 处有一段监控程序，如何实现在单片机开机后自动进入监控程序？

解：单片机上电复位后，程序总是从 0000H 处执行，编写程序如下：

```
ORG   0000H
LJMP  7800H
ORG   7800H
......(监控程序)
```

这样，开机后程序无条件的转移到 7800H 处执行监控程序。

2. 绝对转移指令

```
AJMP   addr11 ;   (PC)+2→(PC), addr11→PC10～PC0
```

这里的 addr11 是 11 位的绝对地址，其最小值是 0000H，最大值是 07FFH，所以寻址范围是 2KB。该指令的功能是，程序跳转到 addr11 目的地址的地方执行，通常用标号代替。

特别提示

AJMP 为绝对转移指令，寻址范围是本指令执行结束后开始的 ROM 的 2KB 空间，即字符串可以放在 ROM 的本指令执行结束后 2KB 范围内，AJMP 都是可以寻址的。

3. 相对转移指令

```
SJMP   rel ;   (PC)+2+rel→(PC)
```

该指令的功能是，程序跳转到 rel 为目的地址的地方执行。rel 表示 8 位目的地址，通常用标号代替。

特别提示

SJMP 为相对转移指令，寻址范围为向前 128 个字节，向后 127 个字节。向前就是跳转到比当前程序计数器 PC 所指的地址要小的地址上去执行，向后则相反，跳转到比当前 PC 所指的地址要大的地址上去执行。

上面的三条指令，如果要仔细分析的话，区别较大，但初学时，可不理会这么多，统统理解成跳转到一个标号处。事实上，LJMP 标号，在前面的实例中我们已接触过，并且也知道如何来使用了。而 AJMP 和 SJMP 也是一样。那么它们的区别何在呢？在于跳转的

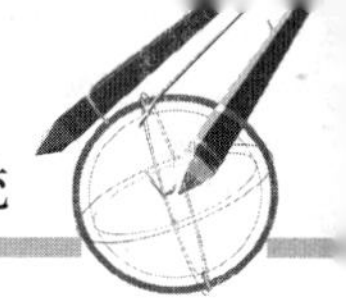

范围不一样。好比跳远，LJMP 一下就能跳 64KB 这么远(当然近了更没关系了)。而 AJMP 最多只能跳 2KB 距离，而 SJMP 则最多只能跳 256B 这么远。原则上，所有用 SJMP 或 AJMP 的地方都可以用 LJMP 来替代。因此对于初学者，在程序需要跳转时可以全部使用 LJMP。

4. 散转指令

```
JMP  @A+DPTR                 ;  (A)+(DPTR) →(PC)
```

该指令的功能是，程序跳转到(A+DPTR)为目的地址的地方执行。由于累加器 A 和数据指针 DPTR 都可以赋值，因此使用很灵活，其中，DPTR 的内容可以作为基地址，是一个相对固定的值，以 A 的内容作为变址，根据 A 的不同值，可使程序转移到不同的地方。

该指令一般用于多分支场合，通常做按键处理程序。在单片机开发中，经常要用到键盘。我们的要求是：当按下功能键 A、B、C、D 时去完成不同的功能。这用程序设计的语言来表达的话，就是按下不同的键去执行不同的程序段，以完成不同的功能。怎么样来实现呢？

前面的程序读入的是按键的值，如按下 A 键后获得的键值是 0，按下 B 键后获得的值是 1，等等。然后根据不同的值进行跳转，如键值为 0 就转到 S0 执行，为 1 就转到 S1 执行等，如何来实现这一功能呢？我们看下面实例。

应用实例 3.23

假设 R1 是由按键处理程序获得的键值，在 R1=0、1、2 或 3 时，编写能够分别执行 S0、S1、S2 和 S3 处的程序。

解：可以利用变址散转移指令，令 DPTR 为基地址，A 为变址。

```
        ORG  0000H
        LJMP  MAIN
        ORG  0100H
MAIN:   MOV  DPTR,#TAB
        MOV A,R1                ; 在 R1 中取数
        MOV  B,#03H
        MUL  AB                 ;A 乘以 3
        JMP  @A+DPTR            ;转移到不同的分支程序
        SJMP  $
TAB:    LJMP  S0
        LJMP  S1
        LJMP  S2
        LJMP  S3
```

我们首先从程序的下面看起，是若干个 LJMP 语句，这若干个 LJMP 语句最后存放在存储器中，每个 LJMP 语句都占用了三个存储器的空间，并且是连续存放的。而 LJMP S0 存放的地址是 TAB。

下面我们来看这段程序的执行过程。

在 MAIN 中，第一句 MOV DPTR，#TAB 执行完了之后，DPTR 中的值就是 TAB；

第二句是 MOV A，R1，我们假设 R1 是由按键处理程序获得的键值，比如按下 A 键，

R1 中的值是 0，按下 B 键，R1 中的值是 1，依次类推。现在我们假设按下的是 B 键，则执行完第二条指令后，A 中的值就是 1。并且根据我们的分析，按下 B 后应当执行 S1 这段程序，让我们来看一看是否是这样呢？

第三条、第四条指令是将 A 中的值乘 3，即执行完第 4 条指令后 A 中的值是 3。

下面就执行 JMP @A+DPTR 了，现在 DPTR 中的值是 TAB，而 A+DPTR 后就是 TAB+3，因此，执行此句程序后，将会跳到 TAB+3 这个地址继续执行。看一看在 TAB+3 这个地址里面放的是什么？就是 LJMP S1 这条指令。因此，马上又执行 LJMP S1 指令，程序将跳到 S1 处往下执行，这与我们的要求相符合。

由于 LJMP 为三字节指令，所以上面程序中令 A×3，就可以转移到恰当的分支，若把程序下面的所有指令换成 AJMP，即：AJMP S0，AJMP S1……这段程序就不能正确的执行，因为 AJMP 是二字节指令，就应该令 A×2。

3.5.2 条件转移指令

条件转移指令是指，当程序在处理这类命令时，需要判断是否要满足某个条件，若条件满足就转移，条件不满足就不转移，仍按顺序执行程序。

1. 累加器判零转移

这类指令是判断 A 内容是否为 0 作为转移的条件。

```
JZ rel        ;若(A)= 0，则(PC)←(PC)+2+ rel
JNZ rel       ;若(A)≠0，则(PC)←(PC)+2+ rel
```

第一指令的功能是：如果(A)=0，则转移，否则顺序执行(执行本指令的下一条指令)。转移到什么地方去呢？我们可以这样理解：JZ 标号，即转移到标号处。

应用实例 3.24

以 R0 为 0 和 1 两种情况，执行下列程序，分析程序执行后的结果。

```
         MOV A,R0
         JZ  LOOP1
         MOV R1,#00H
         AJMP LOOP2
LOOP1:   MOV R1,#0FFH
LOOP2:   sSJMP LOOP2
         END
```

解：如果 R0 中的值是 0 的话，就转移到 LOOP1 执行，因此最终的执行结果是 R1 中的值为 0FFH。

如果 R0 中的值不等于 0，则顺序执行，也就是执行 MOV R1，#00H 指令。最终的执行结果是 R1 中的值等于 0。

第一条指令的功能清楚了，第二条当然就好理解了，其功能正好与第一条相反，如果 A 中的值不等于 0，就转移，否则顺序执行程序。

这类指令是相对转移指令，编程时 rel 常常用标号代替，如上例所示。

2. 比较转移指令

数值比较转移指令是将两个操作数进行比较，以比较的结果作为是否转移的条件。

```
CJNE A,#data,rel          ;若(A)≠data，则(PC)←(PC)+3+ rel
CJNE A,direct,rel         ;若(A)≠direct，则(PC)←(PC)+3+ rel
CJNE Rn,#data,rel         ;若(Rn)≠data，则(PC)←(PC)+3+ rel
CJNE @Ri,#data,rel        ;若((Ri))≠data，则(PC)←(PC)+3+ rel
```

第一条指令的功能是将 A 中的值和立即数 data 比较，如果两者相等，就顺序执行(执行本指令的下一条指令)，如果不相等，就转移。同样地，我们可以将 rel 理解成标号，即：CJNE A，#data，标号。编程时 rel 常常用标号代替。

利用这条指令，我们就可以判断两数是否相等，这在很多场合是非常有用的。另外，该指令还知道这两个操作数的大小，如果两数不相等，则 CPU 还会反映出哪个数大，哪个数小，这是用 CY(进位位)来实现的。若指令左边的操作数大于或等于右边的操作数，则 CY=0，否则 CY=1。

应用实例 3.25

以 A 的值为 00H、10H 和 20H 三种情况，分析程序执行后的结果。

```
        CJNE A,#10H,LOOP1
        MOV R1,#00H
        AJMP LOOP3
LOOP1:  JC LOOP2
        MOV R1,#0AAH
        AJMP LOOP3
LOOP2:  MOV R1,#0FFH
LOOP3:  SJMP LOOP3
```

上面的程序中有一条指令我们还没学过，即 JC，这条指令的原型是 JC rel，作用和上面的 JZ 类似，但是它是判 CY 是 0，还是 1 进行转移，如果 CY=1，则转移到 JC 后面的标号处执行，如果 CY=0 则顺序执行(执行它的下面一条指令)。

解：如果(A)=10H，则顺序执行，即(R1)=00H;

如果(A)=20H>10H，则转到 LOOP1 处继续执行，在 LOOP1 处，再次进行判断，此时左边的操作数>右边的操作数，则 CY=0，程序将顺序执行，即执行 MOV R1，#0AAH 指令，(R1)=0AAH;

如果(A)=00H<10H，则转到 LOOP1 处继续执行，在 LOOP1 处，再次进行判断，此时左边的操作数<右边的操作数，则 CY=1，程序将转移到 LOOP2 处执行，即执行 MOV R1，#0AAH 指令，(R1)=0FFH;

这条指令的功能清楚了，其他的几条就类似了，第二条是把 A 中的值和直接地址中的值比较，第三条则是将直接地址中的值和立即数比较，第四条是将间址寻址得到的数和立即数比较。

3. 循环转移指令

循环转移指令又叫减 1 条件转移指令，常用于控制程序的转移次数。

```
DJNZ Rn,rel        ;(Rn)-1→(Rn),
                   ;若(Rn)≠0，则(PC)+2+rel→(PC)，转移执行
                   ;若(Rn)=0，则(PC)+2→(PC)，顺序执行
DJNZ direct,rel ;(direct)-1→(Rn),
                   ;若(direct)≠0，则(PC)+2+rel→(PC),转移执行
                   ;若(direct)=0，则(PC)+2→(PC),顺序执行
```

该指令的功能，是先将操作数(Rn 或者 direct)的内容减 1，并保存减 1 的结果，如果减 1 后的结果不为 0 就转移，否则就顺序执行。

3.5.3 子程序调用返回指令

1. 子程序的概念

举个例子，我们数据老师布置了 10 道算术题，经过观察，每一道题中都包含一个(3×5+2)×3 的运算。我们可以有两种选择，第一种，每做一道题，都把这个算式算一遍；第二种选择，我们可以先把这个结果算出来，也就是 51，放在一边，然后要用到这个算式时就将 51 代进去。这两种方法哪种更好呢？不必多言。设计程序时也是这样，有时一个功能会在程序的不同地方反复使用，我们就可以把这个功能做成一段程序，每次需要用到这个功能时就“调用”一下。

所以我们通常把能完成一定功能的且能被调用执行并能返回调用程序的程序叫子程序。调用子程序的程序叫主程序，被调用的叫子程序。在 MCS-51 系统中，子程序和主程序是相对的两个概念。主程序调用了子程序，子程序执行完之后必须再回到主程序继续执行，不能“一去不回头”，那么回到什么地方呢？是回到调用子程序的下面一条指令地址处(称为断点地址)继续执行，此外子程序本身也可以调用另外的子程序，称为子程序嵌套，如图 3.5 所示。

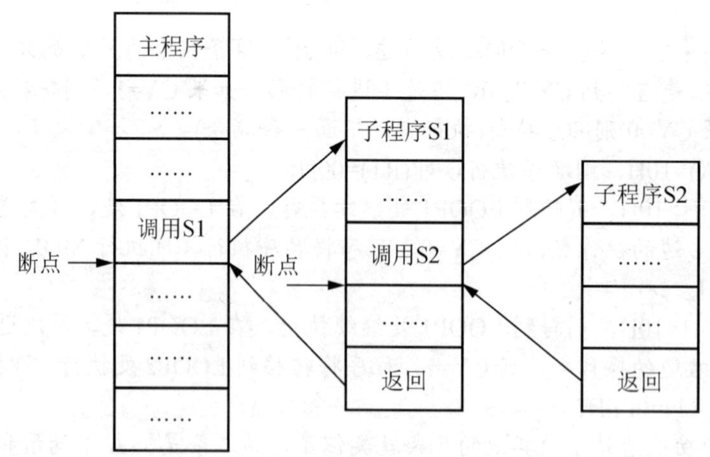

图 3.5　子程序调用与返回指令示意图

2. 子程序调用指令

有两种调用指令，即绝对调用指令和长调用指令。

```
LCALL  addr16          ;长调用指令
ACALL  addr11          ;短调用指令
```

这两条指令的区别在于调用子程序的目标地址范围不同，长调用指令的寻址范围是 64KB，短调用的寻址范围是 2KB，addr16 和 addr11 都可以用标号代替。

应用实例 3.26

分析以下程序段，看看 LCALL 是如何调用子程序的。

```
         ORG  0000H
LOOP:    CPL  P1.0
         LCALL  DELAY
         LJMP  LOOP
         ORG  4000H
DELAY:   MOV  R7,#200
   D1:   DJNZ D1,D1
         RET
         END
```

解：主程序被伪指令“ORG　0000H”定义在以 0000H 开始的程序存储空间中，而子程序 DELAY 被“ORG　4000H”定义在以 4000H 为开始的程序存储空间中。那么，要调用跨度达 4000H 的目标子程序 DELAY，就必须用长调用指令 LCALL。

3. 返回指令

有两种返回指令，即子程序返回指令和中断返回指令。

```
RET       ;子程序返回指令
```

这是子程序的最后一条指令。该指令的功能是恢复调用子程序时的断点地址，以便从子程序返回主程序继续执行。

```
RETI      ;中断返回指令
```

这也是子程序的最后一条指令，不过只是用于中断服务程序的末尾，以便从中断程序返回主程序继续执行。

3.5.4　空操作指令

```
NOP       ;(PC)←(PC)+1
```

这条指令不产生任何控制操作，只是将程序计数器 PC 的内容加 1。该指令在执行时间上要消耗 1 个机器周期，在存储空间上可以占用一个字节，常用来实现较短时间的延时。

3.6　位操作指令

位操作与字节操作不同，它是以位(bit)为单位进行的运算和操作，位操作指令的操作数是 1“位”数据，其取值只能是 0 或 1，故又称之为布尔变量操作指令。

位操作指令的操作对象是片内 RAM 的位寻址区(即 20H～2FH)的 128 位和特殊功能寄存器 SFR 中的 11 个可位寻址的寄存器。MCS-51 单片机的位操作指令可分为位传送、位置

位与位清零、位逻辑运算和位的控制转移等。

3.6.1 位传送指令

```
MOV  C, bit      ;(bit)→CY
MOV  bit, C      ;(CY)→bit
```

指令中的 C 即 CY。前一条指令的功能是，将位地址 bit 中的内容出送给 PSW 中的进位位 CY，后一条指令的位传送方向正好相反。

位传送指令和字节传送指令是不同的两类指令，尽管都写成 MOV，但是它们的操作数完全不同。例如“MOV A，30H”与“MOV C，30H”两条指令，前者 A 是 8 位累加器，30H 是单元地址，是字节操作；后者 C 是进位，30H 是位地址，是位操作。

特别提示

MCS-51 指令系统中并没有在两个位地址间直接传送数据的指令，要进行两个位地址间的信息传送，必须通过累加位 CY。

应用实例 3.27

编程实现将位地址 20H 和 60H 的内容互换。

解：要进行两个位地址间的信息传送，必须通过累加位 CY，所以还需要另外一个位地址作为中间寄存器，如位地址 30H。程序如下：

```
MOV  C,20H     ; 取 20H 位内容
MOV  30H,C     ; 暂存 30H 位
MOV  C,60H     ; 取 60H 位内容
MOV  20H,C     ; 存入 20H 位
MOV  C,30H     ; 取原 20H 位内容
MOV  60H,C     ; 存入 60H 位
SJMP   $
```

3.6.2 位状态设置指令

这类指令很简单，可以实现清零、置一等操作，操作数可以是进位位 CY，或是可以位寻址的位。

```
SETB   C          ; 1→CY
SETB   bit        ; 1→bit
CLR    C          ; 0→CY
CLR    bit        ; 0→bit
```

3.6.3 位运算指令

位运算就是进行逻辑运算，有与、或、非三种。

```
ANL  C, bit    ; CY∧ bit→CY
```

ANL　C, /bit　　; CY $\wedge$ $\overline{\text{(bit)}}$ → CY

ORL　C, bit　　; CY $\vee$ bit → CY

ORL　C, /bit　　; CY $\vee$ $\overline{\text{(bit)}}$ → CY

CPL　C　　; $\overline{\text{(CY)}}$ → CY

CPL　bit　　; $\overline{\text{(bit)}}$ → bit

3.6.4　位控制转移指令

```
JC     rel            ; 若(CY)=1，则(PC)+2+rel→(PC)，程序转移执行
                      ; 若(CY)=0，则(PC)+2→(PC)，程序顺序执行
JNC    rel            ; 若(CY)=0，则(PC)+2+rel→(PC)，程序转移执行
                      ; 若(CY)=1，则(PC)+2→(PC)，程序顺序执行
```

以上两条指令都是两个字节的相对转移指令，而且都是以 CY 为转移的条件，前一条指令，若(CY)=1，则程序转移执行，否则程序顺序执行。

```
JB  bit,rel           ; 若(bit)=1，则(PC)+3+rel→(PC)，程序转移执行
                      ; 若(bit)=0，则(PC)+3→(PC)，程序顺序执行
JNB  bit,rel          ; 若(bit)=0，则(PC)+3+rel→(PC)，程序转移执行
                      ; 若(bit)=1，则(PC)+3→(PC)，程序顺序执行
JBC  bit,rel          ; 若(bit)=1，则(PC)+3+rel→(PC)，程序转移执行 且 0→bit
```

这三条指令都是 3 字节的相对转移指令，第一条和第三条指令的基本功能相同，但是，后者在执行转移后还将 bit 位清零。

应用实例 3.28

假设单片机的 P1.1 口实时测量一个电烤箱的温度，如果 P1.1 口出现高电平，说明温度过高，此时从 P1.3 口输出一个下降沿脉冲，触发警铃。

解：

```
.......
LOOP:    JNB  P1.1,LOOP      ;若 P1.1=0 程序转移，否则顺序执行
         SETB  P1.3          ;P1.3 置 1 后清 0，产生下降沿脉冲
         NOP
         NOP
         CLR  P1.3
         LJMP  LOOP          ;循环
         .......
```

实训 3　流　水　灯

1. 实训目的

(1) 掌握指令的格式及表示方法；

(2) 了解寻址方式的概念；

(3) 掌握常用指令的功能及应用；

(4) 可以调试实现轮流点亮发光二极管，产生流水的效果。

2. 实训设备

单片机开发系统辅助软件及计算机一台。

3. 实训步骤

(1) 连接电路。在 Proteus 中找到单片机 AT89C51、发光二极管 LED、电阻 RES、按键 BUTTON、电容 CAP，晶振 CRYSTAL 等，并且按照图示 3-6 电路连接起来。

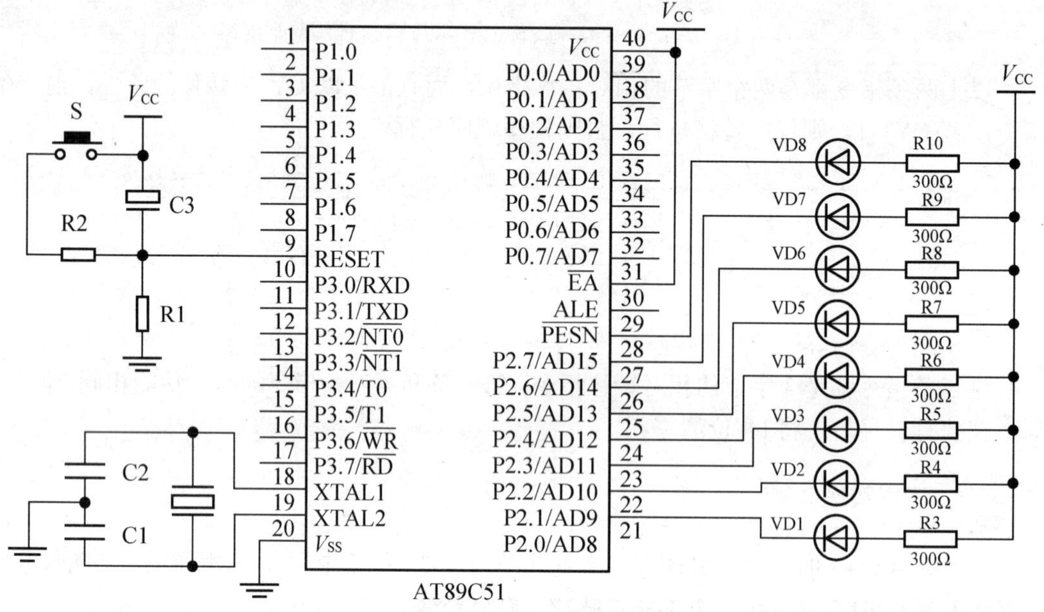

图 3.6 实训 3 电路图

(2) 运行程序 1，观察发光二极管状态。

① 源程序 1：发光二极管顺序点亮。

```
        ORG    0000H
        LJMP   MAIN                    ;长转移
        ORG    0100H
MAIN:   MOV  A,#0FEH                   ;送显示模式字
LOOP:   MOV  P2,A                      ;点亮 P2.0 连接的发光二极管
        LCALL  DELAY                   ;调用延时子程序
        RL   A
        LJMP    LOOP
DELAY:  MOV   R7,#200                  ;延时 50ms 子程序
    D1: MOV   R6,#123
        NOP
    D2: DJNZ   R6,D2
```

```
            DJNZ   R7,D1
            RET
            END
```

② 源程序 2：位控制发光二极管状态。

```
            ORG    0000H
            LJMP   MAIN                  ;长转移
            ORG    0100H
    MAIN:   MOV  A,#0FEH                 ;送显示模式字
    LOOP:   MOV    P2,A                  ;点亮 P2.0 连接的发光二极管
            LCALL DELAY                  ;调用延时子程序
            RLC    A
            JC   LOOP
            MOV  P2,#00H                 ;点亮所有发光二极管
            SJMP $
    DELAY:  略
            END
```

(3) 运行及调试。在 Keil 中编译源程序生成 HEX 文件后，把该文件添加到 Proteus 构建的系统电路中，运行程序，观察运行结果。

4. 实训总结与分析

(1) 程序 1 的运行结果是：8 个发光二极管不停的按顺序点亮。

程序 1 中，把显示模式字#0FEH 送到 A 中，这种数据传送方式，称为立即寻址。51 单片机有 7 种寻址方式，包括立即寻址、直接寻址、寄存器寻址、寄存器间接寻址、变址寻址、相对寻址及位寻址等。

程序 1 的执行过程说明，通过数据传送指令、移位指令、控制转移指令、子程序的调用与返回指令等指令的运用，可以实现 8 个发光二极管的顺序点亮。

(2) 程序 2 的运行结果是：8 个发光二极管按顺序点亮以后停止在全亮状态。

程序 2 中使用了位控制转移指令 JC，通过判断进位位 C 的值，改变 8 个发光二极管的状态。51 单片机的位控制指令共有 17 条，包括位传送、位状态设置、位运算和位控制转移等。

项 目 小 结

程序是由指令组成，指令系统的强弱决定了计算机性能的高低，指令系统的符号指令通常由操作助记符、目的操作数、源操作数以及指令的注释等几部分组成。

寻找操作数地址的方式称为寻址方式，MCS-51 单片机共有 7 种寻址方式，包括立即数寻址、直接寻址、寄存器寻址、寄存器间接寻址、变址寻址、相对寻址和位寻址等。

8051 单片机系统共有 111 条指令，包括数据传送类指令(29 条)、算术运算类指令(24 条)、逻辑运算指令(24 条)、控制转移指令(17 条)和位操作指令(17 条)。本项目对每一条指令都做了简单的介绍。

习　题　3

1. MCS-51 单片机有哪几种寻址方式?
2. 说明下列指令属于何种寻址方式。

```
MOV  R2, #65H                       MOV   A ,@R0
SJMP  $                             MOV  A, R3
MOV  C,30H                           MOV   40H,50H
MOV  A,@A+DPTR
```

3. 访问外部程序存储器可以采用哪些寻址方式?
4. 访问外部 RAM 单元可以采用哪些寻址方式?
5. 将外部数据存储单元的内容传送到累加器 A 中的指令有哪些?
6. 分别写出下列每条指令的执行结果。

```
MOV   60H,#2Fh
MOV  40H,#3DH
MOV   R1,#40H
MOV  P1,#60H
MOV  A,@R1
MOV  DPTR,#1100H
MOVX  @DPTR,A
SJMP  $
```

7. 若(R1)=30H，(A)=40H，(30H)=60H，(40H)=09H。试分析执行下列指令后，上述单元内容的变化。

```
MOV A,@R1
MOV @R1,40H
MOV 40H,A
MOV R1,#7FH
```

8. 已知存储器中(33H)=60H，(60H)=4AH，(4AH)=0FH，且(P1)=05H。当执行了以下程序后，(A)=______，(R0)=______，(R1)=______，(P1)=______。

```
MOV  R0, #33H
MOV  A,@R0
MOV  R1, A
MOV  P1, @R1
MOV  A,P1
SJMP  $
```

9. 假定(A)=83H，(R0)=17H，(17H)=34H，执行以下程序段后，(A)=______。

```
ANL A,#17H
ORL 17H,A
XRL A,@R0
CPL A
```

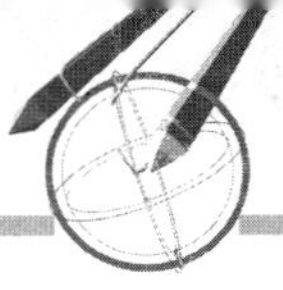

10. 若(50H)=40H，试写出执行下列指令后，累加器 A、寄存器 R0 以及内部 RAM 的 40H、41H 和 42H 单元中的内容各是多少。

```
MOV  A,50H
MOV  R0,A
MOV  A,#00H
MOV  @R0,A
MOV  A,3BH
MOV  41H,A
MOV  42H,41H
```

11. 若(CY)=1，(P1)=0A3H，(P2)=6CH，下程序段后，(CY)=______，(P1)=______，(P2)=______。

```
MOV  P1.3,C
MOV  P1.4,C
MOV  C,P1.6
MOV  P2.6,C
MOV  C,P1.0
MOC  P2.4,C
```

12. 试编一段程序，使内部 40H 内容与外部 1100H 单元内容互换。

13. 已知 X=5，试编程计算(X+10)×20，并将计算结果存入到内部 RAM 中的 40H 单元内，低字节在前，高字节在后。

14. 试编一段程序，使内部 30H 开始的 10 个单元内容传送到 50H 开始的 10 个单元中去。

15. 试编写程序，将内部 RAM 的 20H 和 21H 单元的两个无符号数相乘，结果存放在 R2 和 R3 中，R3 中存放高 8 位，R2 中存放低 8 位。

16. 试编一段程序，使 P1 口交替出现高、低电平，中间有一定的延时，并不断的循环。要求延时部分作为子程序。

17. 试编一段程序，要求从 P1.0～P1.7 依次输出高电平，中间有一定的延时，并不断的循环。要求延时部分作为子程序。

18. 已知在内部 RAM 30H～34H 中存放着 5 个无符号数，试编一段程序，找出其中的最大值，存在 35H 处。

项目4

汇编语言程序设计

教学目标

通过汇编语言程序设计的学习，掌握汇编语言源程序格式和伪指令，掌握汇编语言的基本结构，了解汇编语言程序设计的技巧和思路。

教学要求

能力目标	相关知识	权重	自测分数
掌握汇编语言源程序格式和伪指令	汇编语言源程序的格式、源程序的汇编以及伪指令的应用	20%	
了解汇编语言程序设计的基本方法和思路	程序设计步骤、程序设计技巧以及模块化编程思想	10%	
掌握汇编语言的基本结构	汇编语言的基本结构，包括顺序结构、循环结构、分支结构以及子程序等	60%	
实现花式流水灯，提高编程能力和编程技巧	花式流水灯的程序编制及相关指令的应用	10%	

项目导读

什么是程序设计？程序设计=结构+算法。

程序设计就像盖房子，数据结构就像砖、瓦，而算法就是设计图纸。你若想盖房子首先必须有原料(数据结构)，但是这些原料不能自动地盖起你想要的房子；你必须按照设计图纸(算法)上的说明一砖一瓦地去砌。这样你才能拥有你想要的房子。程序设计也一样，程序设计时你得按照程序规定的功能去编写，而程序的功能就是算法的具体体现。所以通俗地说：程序设计就是必须按照特定的规则，把特定的功能语句和基本结构按照特定的顺序排列起来，形成一个有特定功能的程序，这就是：程序设计=结构+算法。

再打个比方，结构是人体的各种组织、器官，算法则是人的思想。你可以用你的思想去支配你身体的各个可以运动的器官随意运动。如果，你想去取一个苹果，你可以走过去，也可以跑过去，只要你想，你甚至可以爬过去。但是无论如何，你的器官还是你的器官(没有变)，目的还是同一个目的(取苹果)，而方式却是随心所欲！这就是算法的灵活性，不固定性。因此可以这样说：结构是死的，而算法是活的！

在项目 3 我们学习了单片机的指令系统，知道每一条指令都具有完成特定操作的功能。我们在进行程序设计的时候，就是按照给定的任务要求，编写出完整的计算机程序。要完成同样的任务，使用的方法或程序并不是唯一的。因此，程序设计的质量将直接影响到计算机系统的工作效率、运行可靠性、人机对话的效果以及系统的存储容量等。

一般说来，计算机程序设计语言种类很多，不仅有机器语言和汇编语言，还有很多高级语言。对单片机而言，通常使用汇编语言或 C 语言进行程序设计，程序较大时一般采用 C 语言编写，但用汇编语言编写的程序执行的效率较高。程序设计完成后，然后利用计算机或人工方法将汇编语言或 C 语言程序转化为单片机可以执行的机器语言。转换前的汇编语言或 C 语言程序被称为源程序，转换后的机器语言程序被称为目标程序，转换过程也叫汇编过程，通过计算机或人工转换的方法又被称为计算机汇编或手工汇编。计算机汇编要使用专门的软件，称汇编软件。

汇编语言是面向机器的语言，对单片机的硬件资源操作直接方便、概念清晰，对于学习和掌握单片机的硬件结构非常有利。这里，我们仅对汇编语言进行介绍。

4.1　源程序的编制

单片机与一般集成电路的区别在于可以编制源程序，程序是单片机应用系统的灵魂。下面我们来看源程序是如何编制的。

4.1.1　程序设计步骤

在对单片机系统进行程序设计时，必须考虑硬件资源的配置，当硬件系统设计完成后，可以按照以下步骤进行程序设计。

1. 预完成任务的分析

首先，要对单片机应用系统预完成的任务进行深入的分析，知道在程序设计时“做什么”，明确系统的设计任务、功能要求和技术指标。其次，要对系统的硬件资源和工作环境

进行分析。这是单片机应用系统程序设计的基础和条件。

2. 进行算法的优化

算法是解决具体问题的方法，解决“怎么做”的问题。一个应用系统经过分析、研究和明确规定后，根据实际问题的要求、实际条件及特点，对应实现的功能和技术指标可以利用严密的数学方法或数学模型来描述，从而把一个实际问题转化成由计算机进行处理的问题。同一个问题的算法可以有多种，结果也可能不尽相同，所以，应对各种算法进行分析比较，并进行合理的优化。比如，用迭代法解微分方程，需要考虑收敛速度的快慢(即在一定的时间里能否达到精度要求)。而有的问题则受内存容量的限制而对时间要求并不苛刻，对于后一种情况，速度不快但节省内存的算法则应是首选。

3. 绘制程序流程图

经过任务分析、算法优化后，就可以进行程序的总体构思，确定程序的结构和数据形式等。然后根据程序运行的过程，勾画出程序执行的逻辑顺序，用图形符号将总体设计思路及程序流向绘制在平面图上。从而使程序的结构关系直观明了，便于检查和修改，它直观清晰的体现了程序的设计思路，是程序设计的依据。

通常，应用程序依功能可以分为若干部分，通过流程图可以将具有一定功能的各部分有机地联系起来，并由此抓住程序的基本线索，对全局有一个完整的了解。清晰正确的流程图是编制正确无误的应用程序的基础和条件，所以，绘制一个好的流程图，是程序设计的一项重要内容。

流程图可以分为总流程图和局部流程图。总流程图侧重反映程序的逻辑结构和各程序模块之间的相互关系。局部流程图反映程序模块的具体实施细节。对于简单的应用程序，可以不画流程图。但当程序较为复杂时，绘制流程图是一个良好的编程习惯。绘制流程图时，首先画出简单的功能流程图粗框图，再对功能流程图进行扩充和具体化，即对存储器标志位等单元做具体的分配和说明，把功能图上的每一个粗框图转化为具体的存储器或地址单元，从而绘制出详细的程序流程图。

常用的流程图符号有开始和结束符号、工作任务符号、判断分支符号、程序连接符号、程序流向符号等，如图 4.1 所示。

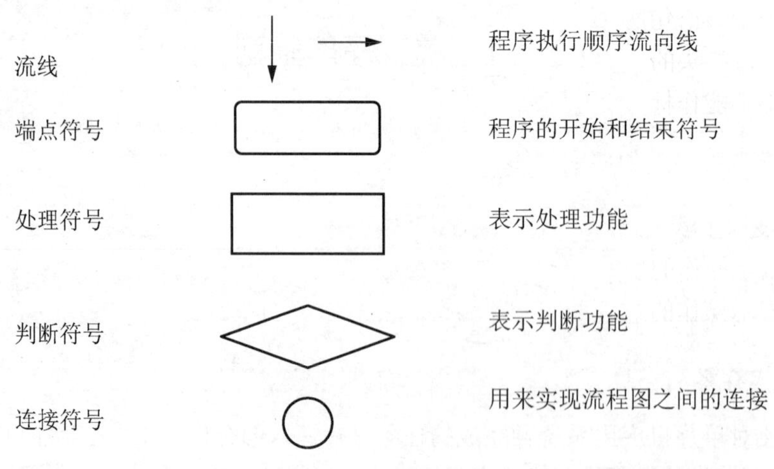

图 4.1　流程图符号

4. 分配资源

根据算法的要求合理的分配系统的资源，如存储器分配、输入输出接口的分配等。

5. 编写源程序

设计流程图后，程序设计思路就比较清楚了，接下来的任务就是选用合适的汇编语言指令来实现流程图中每一框内的要求，从而编制出一个有序的指令流，这就是源程序设计。

将源程序输入计算机并进行修改的过程叫做编辑。在通用微型计算机上编辑工作一般利用各种编辑软件完成，编辑完成后，生成一个由汇编指令和伪指令共同组成的 ASCII 码文件，其扩展名为．ASM。

6. 程序优化

程序优化的目的是缩短程序的长度，加快运算速度和节省存储单元。如恰当地使用循环程序和子程序结构，通过改进算法和正确使用指令来节省工作单元及减少程序执行的时间。

7. 编译，调试，修改和最后确定源程序

编译软件通常具有对指令的错误识别和提示能力，在编译过程中，可以发现源程序中的语法错误和一般性的逻辑错误，如果发现错误，编译软件会报告错误所在位置及错误类型，程序错误被纠正后，要重新编译直至无误为止。编译后生成两种格式的目标文件：二进制格式．BIN 目标文件和英特尔格式.HEX 目标文件。

编译软件不能检查程序结构上的错误，只有得出正确结果的程序，才能认为是正确的程序。对于单片机来说，没有自开发的功能，需要使用仿真器或利用仿真软件进行仿真调试，修改源程序中的错误，直至正确为止。

4.1.2　汇编语言源程序的格式

汇编语言源程序是由若干语句组成的，每一语句可由 4 个部分组成：标号、操作码、操作数及注释。每一部分间以不同的分隔符分隔，语句格式如下：

[标号]:　操作码　[目的操作数]　[源操作数] ；[注释]

其中[　]项为可选项，视具体的指令选用。

标号是表示该语句所在地址的标志符号，使用标号可方便程序中的其他语句访问该语句。标号由字母打头的 1-8 个字母数字串组成，但指令保留符、寄存器名、位址记忆符、伪指令符等都不能作标号使用。一条语句可以有标号，也可以没有标号，标号的有无取决于程序中的其他语句是否需要访问这条语句，标号后面必须跟以冒号。例如：“START：LOOP：　TAB1：　SUB-ADD”中均为正确的标号。

“3B：　B+C：(不能用“+”) END ：”中均为不正确的标号。

操作码表示操作的性质，它是汇编指令中唯一不能缺少的部分。

操作数表示操作的对象，在一条语句中，操作数可能是空白或以逗号分开的几个。它可由立即数、寄存器、直接地址、寄存器间址等方式实现。立即数既可是十六进制数，后缀用“H”表示；可以是二进制数，后缀用“B”表示；也可以是十进制数，没有后缀。在进行汇编时，立即数均应汇编成十六进制数，第一位如果是字母 A～F，则字母前加“0”。

注释是对语句或程序段功能的解释说明，有助于阅读和维护。

4.1.3 汇编语言源程序的汇编

将汇编语言源程序“翻译”成机器语言目标程序的过程称为汇编，对单片机助记符的汇编有两种方法：人工汇编和机器汇编。

人工汇编是用人工查表法将源程序译成机器码。一般分为两步进行。第一步将源程序中的指令逐条译成目标码，指令中的标号地址待求。第二步由伪指令求出标号所代表的具体地址，进行有关程序存储区的数据操作并进行偏移量的计算。

机器汇编是将源程序输入计算机后，由汇编程序实现翻译工作，产生相应的机器码。这是一种非常高效和方便的方法。

4.1.4 伪指令

在机器汇编时，对汇编过程进行控制和指导的指令称为伪指令。在汇编过程中，伪指令供汇编程序识别和执行但不产生可执行的目标代码。如规定汇编生成的目标代码在ROM中的存放区域，给源程序符号、标号赋值，指示汇编结束等。每种汇编程序都有自己的伪指令，标准的MCS-51单片机定义的伪指令常用的有以下7条。

1. 汇编其始地址伪指令——ORG(Origin)

格式：ORG　16位地址

功能：规定该指令后的下一段源程序经汇编后生成的代码存放的起始地址。

例如：

```
ORG  0500H
START: MOV  A,R0
……
END
```

ORG 0500H伪指令既规定了标号START的地址是0500H，又指定了汇编后第一条指令及后续指令的机器码从0500H单元开始依次存放。

ORG伪指令总是出现在每段源程序或数据块的开始，汇编语言源程序中多处使用ORG指令，可使程序员把子程序、数据块存放在ROM的任何位置。每当ORG出现时，下条指令的存放地址由此重新定位，所以ORG定义地址的顺序应有小到大，且不能重叠。

2. 汇编结束伪指令—END(End of Assembly)

指令格式：[标号]：END

功能：结束汇编语言源程序的操作。

在源程序中只能有一条END，END后所写的指令，汇编程序不予处理。

3. 符号赋值伪指令—EQU(Equate)

指令格式：字符名称　EQU　数或汇编符号

功能：将一个数或特定的汇编符号赋给指定的字符名称。

字符名称为一自定的符号，而不是标号，字符名称后无“：”。字符名称可用来作数据地址，立即数，位地址或者是一代码地址，其值可以是一个8位数，也可以是16位数。例如：

```
TEST  EQU  20H
MOV  A,TEST
```

这里字符名称 TEST 就代表了内部 RAM 20H 地址单元。又例如：

```
A1    EQU   10H
MOV   A,A1
```

这里 A1 代表片内 RAM 的直接地址单元 10H。使用 EQU 伪指令可以把抽象的数字地址表示成有一定意义的符号，增强程序的可读性。

4. 定义数据字节伪指令—DB(Define Byte)

格式：[标号：]　DB　＜项或项表＞

项或项表是指一个字节，逗号隔开的 8 位二进制的数或字符串，或单引号括起来的 ASCII 字符串。

功能：从标号指定的地址单元开始，在程序存储器中存入一组 8 位二进制数，或者将一个数据表格存入程序存储器。这条伪指令汇编后影响程序存储器的内容。

例如：

```
          ORG  2000H
TAB:      DB  01H,04H,09H,10H
          DB  00001111B,'1','A','BC'
```

以上伪指令经汇编后，将对程序存储器从 2000H 开始的以下 9 个单元赋值为：

```
(2000H)=01H        (2001)=04H
(2002H)=09H        (2003)=31H
(2004H)=0FH        (2005)=04H
(2006H)=41H        (2001)=42H
(2007H)=43H
```

5. 定义数据字命令—DW(Define Word)

格式：[标号：]　DW　＜项或项表＞

功能：DW 的功能和 DB 类似，DW 是从标号指定的地址开始存放 16 位而非 8 位二进制数，存放时，数据字的高 8 位在前(低地址)，低 8 位在后(高地址)。

例如：

```
          ORG  5000H
          MOV  A,#30H
          …
          ORG  5020H
ADDTAB:   DW   1234H,100H, 10
          …
          END
```

以上伪指令经汇编后，程序存储器从 5020H 单元开始的内容为：

```
(5020H)=12H      (5021H)=34H
(5022H)=01H      (5023H)=00H
(5024H)=00H      (5025H)=0AH
```

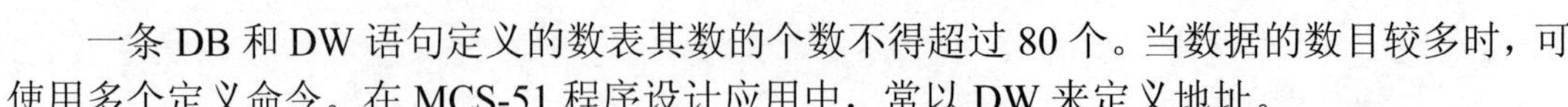

一条 DB 和 DW 语句定义的数表其数的个数不得超过 80 个。当数据的数目较多时，可使用多个定义命令。在 MCS-51 程序设计应用中，常以 DW 来定义地址。

6. 预留存储区伪指令—DS(Define Storage)

格式：[标号：]　DS　＜表达式＞

功能：本命令用于从指定地址开始，保留 DS 之后表达式的值所需数目的字节单元作为存储区以备后用。汇编时，对这些单元不赋值。

例如：

```
                ORG 0100H
                MOV  A,#50H
                …
    ADDRTABL:   DS   05H
                DB   20H
                END
```

从标号 ADDRTABL 代表的地址开始，保留 5 个连续的 ROM 地址单元，第 6 个单元存放 20H。

特别提示

对 MCS-51 单片机来说，DB、DW、DS 伪指令只能对程序存储器使用，而不能对数据存储器进行初始化。

7. 位地址赋值伪指令—BIT

格式：[字符名称]　BIT　＜位地址＞

功能：本命令用于给字符名称赋以位地址。

其中＜位地址＞可以是绝对地址，也可以是符号地址(即位符号名称)。

例如：

```
        AQ      BIT   P1.0
        A2      BIT   07H
```

这两条指令分别把 P1.0 的位地址赋给变量 AQ，位地址 07H 赋给符号 A2，在其后的编程中 AQ 和 A2 就可以作为位地址使用。

4.1.5　程序设计技巧

1. 模块化程序设计方法

单片机应用系统的程序一般由包含多个模块的主程序和各种子程序组成。每一程序模块都要完成一个明确的任务，实现某个具体的功能，如发送、接收、延时、打印、显示等。采用模块化的程序设计方法，就是将这些不同的具体功能程序进行独立的设计和分别调试，最后将这些模块程序装配成整体程序并进行联调。

把一个多功能的、复杂的程序划分为若干个简单的、功能单一的程序模块的设计方法具有明显的优点：

(1) 单个模块结构的程序功能单一，易于设计、编写、调试及修改。

(2) 有利于程序的优化和分工，从而可使多个程序员同时进行程序的编写和调试，加快软件研制进度。

(3) 提高了程序的阅读性和可靠性，使程序的结构层次一目了然，同时对程序的修改可局部进行，其他部分可以保持不变，便于功能扩充和版本升级。

(4) 对于使用频繁的子程序可以建立子程序库，便于多个模块调用。

所以，进行程序设计的学习，首先要树立起模块化的程序设计思想。在进行模块划分时，应首先弄清楚每个模块的功能，确定其数据结构以及与其他模块的关系；其次是对主要任务进一步细化，把一些专用的子任务交由下一级即第二级子模块完成，这时也需要弄清楚它们之间的相互关系。按这种方法一直细分成易于理解和实现的小模块为止。

模块的划分有很大的灵活性，但也不能随意划分。划分时应遵循下述原则。

(1) 每个模块应具有独立的功能，能产生一个明确的结果，这就是单模块的功能高内聚性。

(2) 模块之间的控制耦合应尽量简单，数据耦合应尽量少，这就是模块间的低耦合性。控制耦合是指模块进入和退出的条件及方式，数据耦合是指模块间的信息交换(传递)方式、交换量的多少及交换的频繁程度。

(3) 模块长度适中。模块语句的长度通常在 20～100 条的范围内较合适。模块过长，分析和调试比较困难，失去了模块化程序结构的优越性；模块过短，则连接太复杂，信息交换太频繁，因而也不合适。

2. 程序设计技巧

在进行程序设计时，应注意以下事项及技巧。

(1) 尽量采用循环结构和子程序。采用循环结构和子程序可以使程序的长度减少，占用内存空间减少。这样可以提高程序的效率，节省内存。在多重循环时，要注意各重循环的初值和循环结束条件，避免出现程序无休止循环的“死循环”现象。

(2) 尽量少用无条件转移指令。这样可以使程序条理更加清楚，从而减少错误。

(3) 对于通用的子程序，考虑到其通用性，除了用于存放子程序入口参数的寄存器外，子程序中用到的其他寄存器的内容应压入堆栈(返回前再弹出) 进行现场保护，并要特别注意堆栈操作的压入和弹出的平衡，一般不必把标志寄存器压入堆栈。

(4) 对于中断处理子程序除了要保护程序中用到的寄存器外，还应保护标志寄存器。这是由于在中断处理过程中难免对标志寄存器中的内容产生影响，而中断处理结束后返回主程序则可能会遇到以中断前的状态标志为依据的条件转移指令，如果标志位被破坏，则程序的运行就会发生混乱。

(5) 累加器是信息传递的枢纽。用累加器传递入口参数或返回参数比较方便，即在调用子程序时，通过累加器传递程序的入口参数，或反过来，通过累加器向主程序传递返回参数。所以，在子程序中，一般不必把累加器内容压入堆栈。

4.2　程 序 结 构

程序按其执行顺序或者进行路线可以分为顺序、分支、循环和子程序四种结构。无论程序多么庞大和复杂，基本都可以看成是由这 4 种结构组合而成。

4.2.1 顺序程序

顺序结构是按照逻辑操作顺序，从某一条指令开始逐条顺序执行，直至某一条指令为止，无分支，也无循环。顺序结构是所有程序设计中最基本、最单纯的程序结构形式，在程序设计中使用最多，因而是一种最简单且应用最普遍的程序结构。一般实际应用程序远比顺序结构复杂得多，但它是组成复杂程序的基础和主干。

应用实例 4.1

将两个半字节数合并成一个一字节数。

设内部 RAM 40H、41H 单元中分别存放着 8 位二进制数。要求取出两个单元的低半字节，合并成一个字节后，存入 42H 单元。

解： 流程图如图 4.2 所示。

程序如下。

```
        ORG 0000H
LOOP:   MOV A,40H    ; 取第一个字节
        ANL A,#0FH   ; 屏蔽高 4 位
        SWAP  A
        MOV  R1,A    ; 暂存 R1 中
        MOV A,41H    ; 取第二个字节
        ANL  A,#0FH
        ORL  A,R1    ; 合并成一个字节
        MOV 42H,A    ; 存放结果
        RET
        END
```

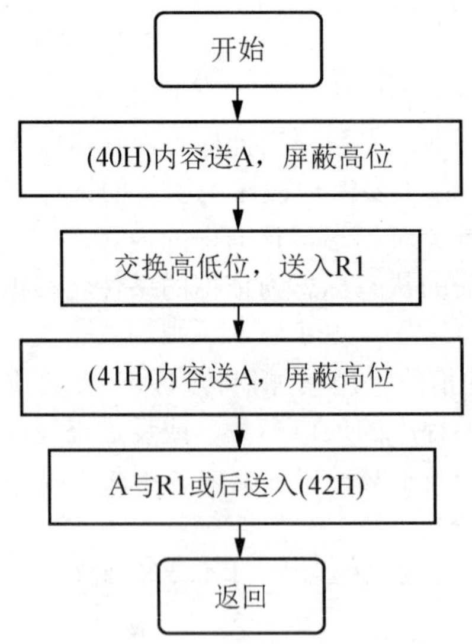

图 4.2　应用实例 4.1 程序流程图

要检查上面程序的正确性，可以在 RAM 的 40H、41H 单元中输入两个数，例如输入

28H 和 16H，再看结果 42H 中是不是 86H。

上面程序的编制方式移植性不强，若数值存放单元改为 30H、31H，程序需要修改的地方比较多，所以可采用寄存器间接寻址的方式编程。程序如下：

```
        ORG 0000H
LOOP:   MOV R0,#40H
        MOV A,@R0          ；取第一个字节
        ANL A,#0FH         ；屏蔽高 4 位
        SWAP  A
        MOV  R1,A          ；暂存 R1 中
        INC R0
        MOV  A,@R0         ；取第二个字节
        ANL  A,#0FH
        ORL  A,R1          ；合并成一个字节，放在 A 中
        INC R0
        MOV @R0,A          ；存放结果
        RET
        END
```

应用实例 4.2

用顺序结构程序编写三字节无符号数的加法程序。

设被加数存放在：40H(高字节)，41H(中字节)，42H(低字节)

加数存放在： 43H(高字节)，44H(中字节)，45H(低字节)

运算结果仍存在被加数单元中。

解： 流程图如图 4.3 所示。

程序如下。

```
        ORG 0000H
LOOP:   MOV  R0,#42H ；指向被加数
        MOV  R1,#45H ；指向加数
        MOV  A,@R0   ；取被加数低字节
        ADD  A,@R1   ；与加数低字节相加
        MOV  @R0,A   ；结果回存入被加数单元
        DEC  R0      ；指向被加数中字节
        DEC  R1      ；指向加数中字节
        MOV  A,@R0   ；取被加数中字节
        ADDC A,@R1   ；与加数中字节及进位位 ；相加,如果再有进位 CY=1,否则 CY=0
        MOV  @R0,A   ；结果回存入被加数单元
        DEC  R0      ；指向被加数高字节
        DEC  R1      ；指向加数高字节
        MOV  A,@R0   ；取被加数高字节
        ADDC A,@R1   ；与加数高字节及进位位相加
        MOV  @R0,A   ；结果回存入被加数单元
```

```
        RET
        END
```

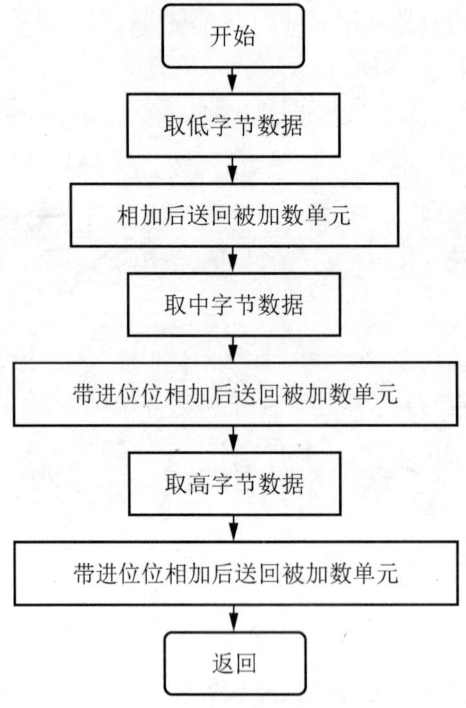

图 4.3　应用实例 4.2 程序流程图

4.2.2　分支程序

通常，单纯的顺序结构程序只能解决一些简单的算术、逻辑运算，或者简单的查表、传送操作等。实际问题一般都是比较复杂的，总是伴随有逻辑判断或条件选择，要求计算机能根据给定的条件进行判断，选择不同的处理路径，从而表现出某种智能。

根据程序要求改变程序执行顺序，即程序的流向有两个或两个以上的出口，根据指定的条件选择程序流向的程序结构我们称为分支程序结构。

通常根据分支程序中出口的个数分为单分支结构程序(两个出口)和多分支结构程序(3 个或 3 个以上出口)。

在 MCS-51 指令系统中，通过条件判断实现单分支程序转移的指令有 JZ、JNZ、CJNE 和 DJNZ 等。此外，还有以位状态为条件，进行程序分支的指令 JC、JNC、JB、JNB 和 JBC 等。使用这些指令，可以完成或为 0、1，或为正、为负，以及相等、不相等各种条件判断，以实现程序有条件地转移。

1. 两分支程序设计

应用实例 4.3

两个无符号数比较(两分支)。内部 RAM 的 30H 单元和 31H 单元各存放了一个 8 位无符号数，请比较这两个数的大小，大数放在 32H 中。

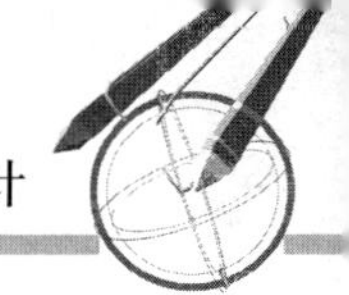

解：本例是典型的分支程序，根据两个无符号数的比较结果(判断条件)，程序可以选择两个流向之中的某一个：

若(30H)⩾(31H)，将 30H 单元的内容送入到 32H 中；

若(30H)<(31H)，将 31H 单元的内容送入到 32H 中。

比较两个无符号数常用的方法是将两个数相减 X-Y，然后判断有否借位 CY，若 CY=0，无借位，X⩾Y；若 CY=1，有借位，X<Y。程序的流程图如图 4.4 所示。

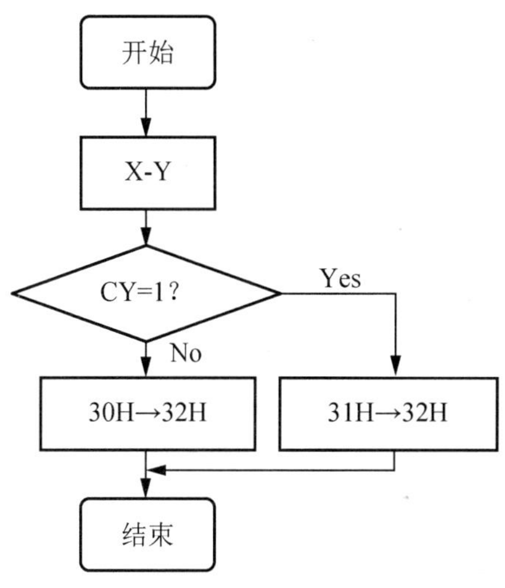

图 4.4　两数比较流程图

程序如下。

```
        X  EQU  30H          ;数据地址赋值伪指令 DATA
        Y  EQU  31H
        ORG   0000H
LOOP:   MOV  A,X             ; (X) →(A)
        CLR  C               ; CY=0
        SUBB A,Y             ; 带借位减法，A-(Y)-Cy→A
        JC    LOOP1          ; CY=1，转移到 LOOP1
        MOV  32H,31H         ; CY=0，(30H)⩾ (31H)，将 30H 单元的内容送入到 32H 中
        SJMPFINISH           ; 直接跳转到结束等待
LOOP1:  MOV  32H,31H         ;(30H)<(31H)，将 31H 单元的内容送入到 32H 中
FINISH: SJMP$
        END
```

2. 三分支程序设计

应用实例 4.4

两个无符号数比较(三分支程序)。内部 RAM 的 20H 单元和 30H 单元各存放了一个 8 位有符号数，根据下列条件编程点亮相应的发光二极管，电路如图 4.5 所示。

若(20H)=(30H)，则 P2.0 引脚连接的黄色 LED 发光；

若(20H)>(30H)，则 P2.1 引脚连接的绿色 LED 发光；

若(20H)<(30H)，则 P2.2 引脚连接的红色 LED 发光。

解： 本例是一个三分支程序，根据两个无符号数的大小，有三种比较结果(判断条件)，通常程序先判断两数是否相等，再进一步判断大小，P2.0 为低电平时灯亮，高电平时灯灭，其他同理。程序流程图如图 4.6 所示。

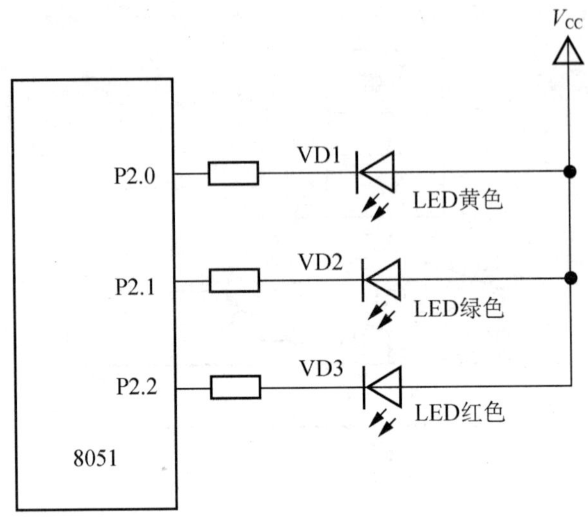

图 4.5　例 4.4 电路

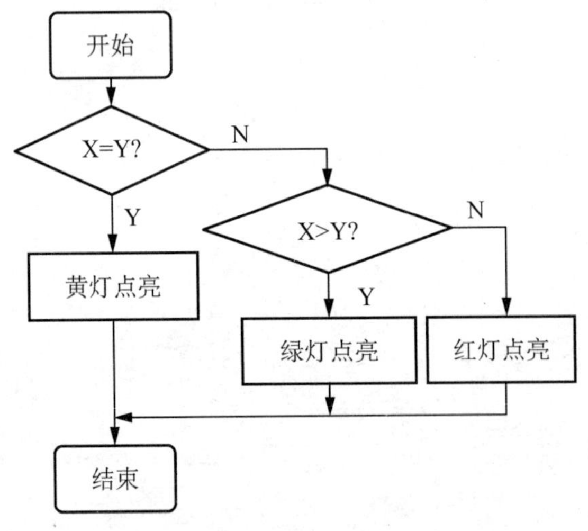

图 4.6　例 4.4 流程图

汇编语言源程序如下。

```
          X     EQU   20H
          Y     EQU   30H
          ORG    0000H
LOOP:     MOV    A,X
          CJNE  A,Y,PDUAN               ;(X)≠(Y)，转移到 PDUAN
          CLR   P2.0                    ;(X)=(Y)，点亮 P2.0 连接的黄灯
```

```
        SJMP  FINISH
PDUAN:  JC  XXY                    ; 判断CY，如果(X)<(Y)，转移到XXY
        CLR  P2.1                  ; 否则，(X)>(Y)，点亮P2.1连接的绿灯
        SJMP  FINISH
XXY:    CLR  P2.2                  ;(X)<(Y)，点亮P2.2连接的红灯
        SJMP FINISH
FINISH: SJMP$
        END
```

3. 散转程序

散转程序是指经过某个条件判断之后，程序有多个流向(3个以上)。MCS-51单片机指令系统中专门提供了散转指令，使得散转程序的编制更加简洁。

应用实例4.5

在应用实例4.4的电路的基础上加两个开关组成简单的信号灯电路，如图4.7所示，试编程实现以下功能。

K0	K1	
0	0	都按下，红黄绿灯全亮(状态1)
0	1	K0单独按下，红灯亮(状态2)
1	0	K1单独按下，绿灯亮(状态3)
1	1	都未按下，黄灯亮(状态4)

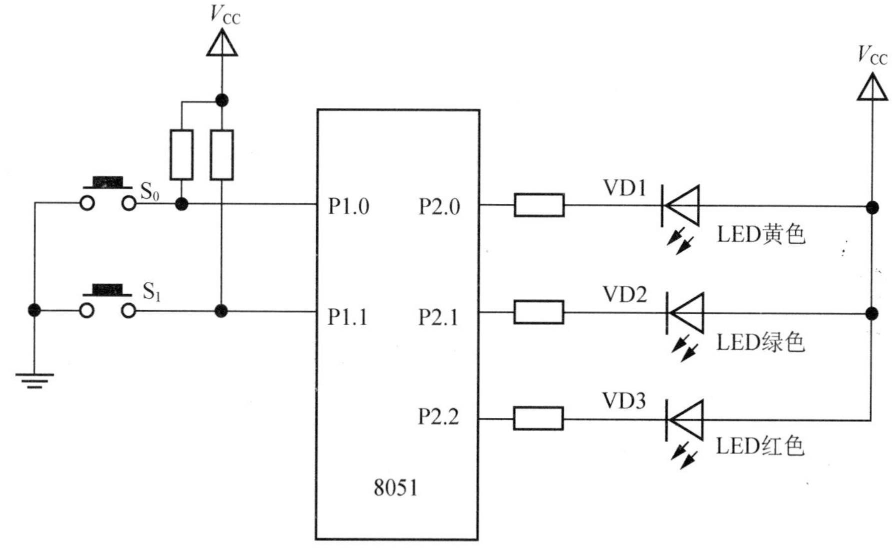

图4.7 信号灯电路

解： S_0按下时，P1.0为低电平，未按下为高电平；P2.0为低电平时灯亮，高电平时灯灭，其他同理。我们利用散转指令向各分支程序的转移实现要求的功能，程序流程图如图4.8所示。

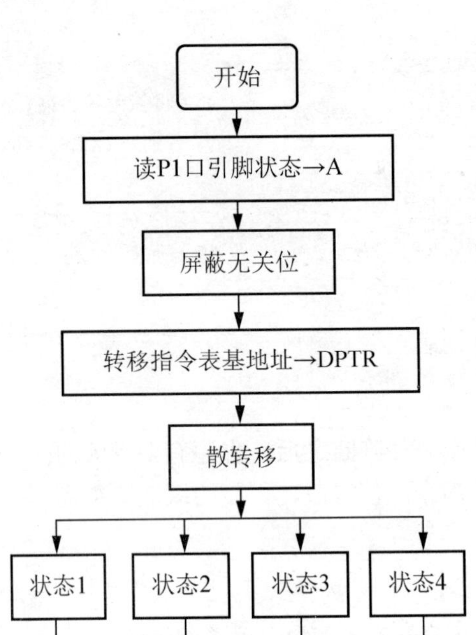

图 4.8　散转程序流程图

汇编语言源程序如下。

```
        ORG   0000H
LOOP:   MOV   P1,#11111111B       ; 用作输入口,4 个 I/O 口应向其端口写'1'(置位)
        MOV   A,P1                ; 读 P1 口相应引脚线信号
        ANL   A,#00000011B        ; 逻辑"与"操作，屏蔽掉无关位
        MOV   B,#2
        MUL   AB                  ; A×2→A
        MOV   DPTR,#TABLE         ; 转移指令表的基地址送数据指针 DPTR
        JMP   @A+DPTR             ; 散转指令
ONE:    CLR    P2.0               ; 第一种显示方式，S0通，S1通
        CLR    P2.1
        CLR    P2.2
        SJMP    $
TWO:    SETB   P2.0               ; 第二种显示方式，S0断，S1通
        SETB   P2.1
        CLR    P2.2
        SJMP    $
THREE:  SETB   P2.0               ; 第三种显示方式，S0通，S1断
        CLR    P2.1
        SETB   P2.2
        SJMP    $
FOUR:   CLR    P2.0               ; 第四种显示方式，S0断，S1断
        SETB   P2.1
```

```
        SETB   P2.2
        SJMP   $
TABLE:  AJMP   ONE                 ; 转移指令表
        AJMP  TWO
        AJMP  THREE
        AJMPFOUR
        END
```

4.2.3　循环程序

循环结构程序是把需要多次重复使用的程序段，利用转移指令反复转向该程序段，从而大大缩短程序代码，减少程序占用空间，程序结构也大大优化。循环程序可以分为单重循环和多重循环，通常有两种编制方法：一种是先执行后判断，另一种是先判断后执行。如图 4.9 所示。

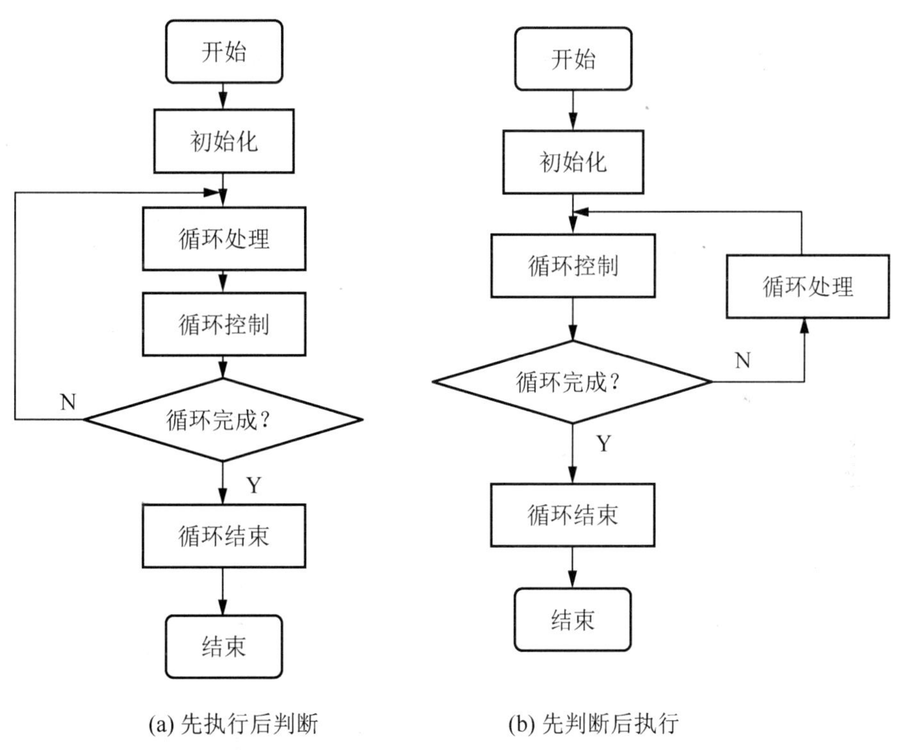

图 4.9　循环程序的两种基本结构

1. 单重循环程序设计

应用实例 4.6

数据极值查找程序。设内部 RAM 从 30H 单元开始存放有 8 个数，找出其中最大的数，放到 60H 单元。

解：极值查找操作的主要内容是进行数值大小比较。假定在比较过程中，以 A 存放大数，与之逐个比较的另一个数放在 50H 单元。采用先执行后判断的结构，首先设定比较次数，在比较结束后，把查找到的最大数送到 60H 单元。程序流程图如图 4.10 所示。

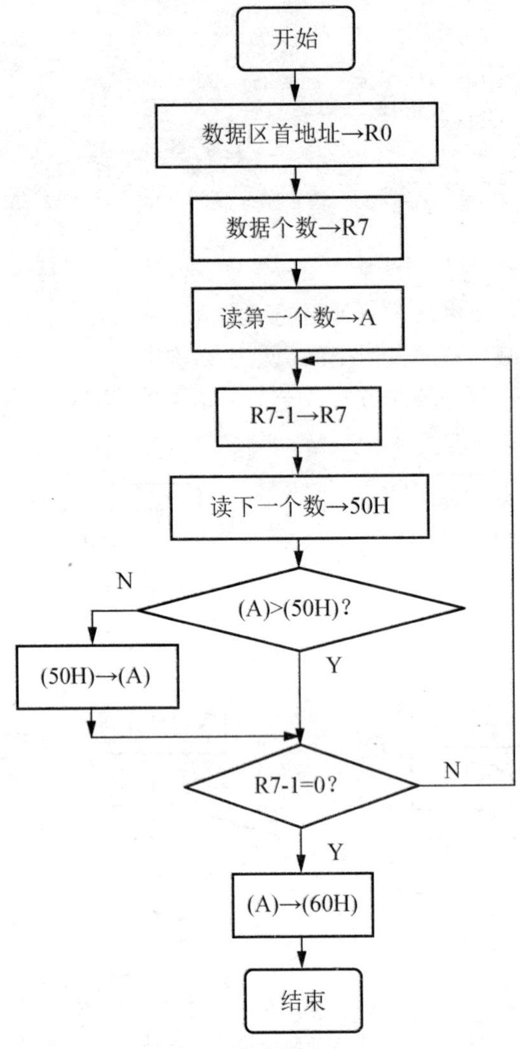

图 4.10　极值查找程序流程图

汇编语言源程序如下。

```
        ORG 0000H
START:  MOV   R0,#30H          ; 数据区首址
        MOV   R7,#08H          ; 数据区长度
        MOV   A,@R0            ; 读第一个数
        DEC   R7
LOOP:   INC   R0
        MOV   50H,@R0          ; 读下一个数
        CLR   C
        CJNE  A,50H,COMP       ; 数值比较
COMP:   JNC   LOOP1            ; 若 A 值大跳转 LOOP1
        MOV   A,@R0            ; 若 A 值小，则将较大数送 A
```

```
LOOP1:   DJNZ  R7,LOOP          ; 继续
         MOV   60H,A            ; 极值送 60H 单元
HERE:    AJMP  HERE             ; 停止
         END
```

应用实例 4.7

将内部 RAM 中 30H 单元开始的数据传送到外部 RAM 1 200H 开始的存储空间内，直到发现数据“100”停止传送。

解：由于循环次数事先不知道，但是循环条件可以测试到，可以采用先判断后执行的程序结构。流程图如图 4.11 所示。

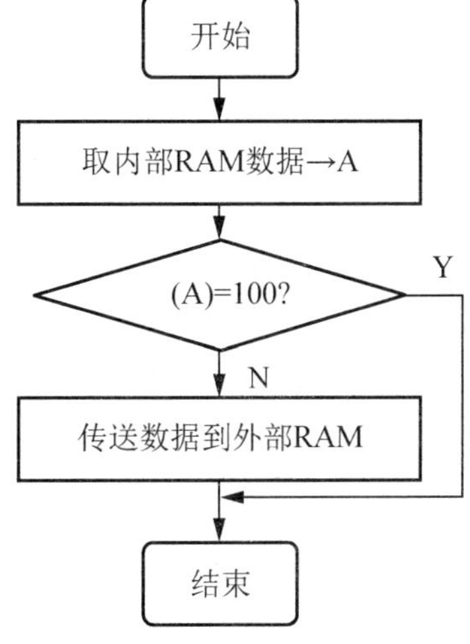

图 4.11　例 4.7 流程图

程序如下。

```
         ORG 0000H
LOOP:    MOV R0,#30H
         MOV DPTR,#1200H
LOOP0:   MOV A,@R0
         CJNE A,#100,LOOP1          ; 判断是否为"100"
         SJMP LOOP2                 ; 是，转结束
LOOP1:   MOVX @DPTR,A               ; 不是，继续传送
         INC  R0
         INC  DPTR
         SJMP  LOOP0
LOOP2:   SJMP $
         END
```

2. 多重循环程序设计——定时程序

在循环内套循环的程序结构称多重循环，或称循环嵌套。若把每重循环的内部看作一

个整体，则多重循环的结构与单重循环的结构是一样的，也由 4 部分组成。

多重循环的执行过程是从内向外逐层展开的。内层执行完全部循环后，外层则完成一次循环，逐次类推。因此，每执行一次外层循环，内层必须重新设置初值，故每层均包含完整的循环程序结构。层次必须分明，层次之间不能有交叉；否则，将产生错误。

定时程序是一种很典型的多重循环程序，其在单片机汇编语言程序设计中使用非常广泛，例如定时检测、定时扫描、定时中断等。所谓定时就是让 CPU 做一些与主程序功能无关的操作(例如将一个数字逐次减 1 直到为 0)来空耗掉 CPU 的时间来达到延时的目的。由于我们知道 CPU 执行每条指令的准确时间，因此执行整个延时程序的时间也可以精确计算出来。也就是说，我们可以写出延时长度任意而且精度相当高的延时程序。

应用实例 4.8

设计一个延时 50ms 的程序，设单片机时钟晶振频率为 f_{osc}=12MHz。

解：延时程序一般采用循环程序结构编程，通过确定循环程序中的循环次数和循环程序段两个因素来确定延时时间。题目给定 f_{osc}=12MHz，那么机器周期的计算方法：$T_{机器}=12T_{时钟}=12\times(1/12\text{MHz})=1\mu s$。

下面就是一个最简单的单循环定时程序。

```
         MOV  R7,#TIME
LOOP:    NOP
         NOP
         DJNZ  R7,LOOP
```

NOP 指令的机器周期为 1，用来提高定时精度，DJNZ 指令的机器周期为 2，故一次循环共 4 个机器周期。一个机器周期是 1μs，则一次循环的延迟时间为 4μs。上面程序总的延迟时间为 4×TIME(μs)。本程序的实际延迟时间取决于装入寄存器 R7 的定时时间常数 TIME。R7 是 8 位寄存器，故这个程序的最长定时时间为 256×4=1 024(μs)，即定时范围是 4～1024μs。可见单循环定时程序的时间延迟较小。

为了加长定时时间，通常采用多重循环方法。流程图如图 4.12 所示。

程序如下。

```
         MOV   R7，#TIME1
LOOP2：  MOV   R6，#TIME2
LOOP1：  NOP
         DJNZ   R6，LOOP1
         DJNZ   R7，LOOP2
         RET
```

最大定时时间计算公式为：

$$(256\times2+2+2)\times256+1=132\ 097(\mu s)$$

若定时 50ms，采取合适的 TIME1 和 TIME2 即可，如 TIME1=200 和 TIME2=123。

从以上循环程序实例中，我们看到循环程序的特点是程序中含有可以重复执行的程序段。循环程序由以下 4 部分组成。

(1) 初始化部分：程序在进入循环处理之前必须先设立初值，例如循环次数计数器、

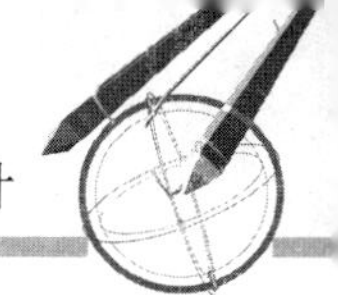

工作寄存器以及其他变量的初始值等，为进入循环做准备。

(2) 循环体：循环体也称为循环处理部分，是循环程序的核心。循环体用于处理实际的数据，是重复执行部分。

(3) 循环控制：在重复执行循环体的过程中，不断修改和判别循环变量，直到符合循环结束条件。一般情况下，循环控制有以下几种方式。

① 计数循环——如果循环次数已知，用计数器计数来控制循环次数，这种控制方式用得比较多。循环次数要在初始化部分预置，在控制部分修改，每循环一次计数器内容减 1。

② 条件控制循环——在循环次数未知的情况下，一般通过设立结束条件来控制循环的结束。

③ 循环结束处理：这部分程序用于存放执行循环程序所得结果以及恢复各工作单元的初值等。

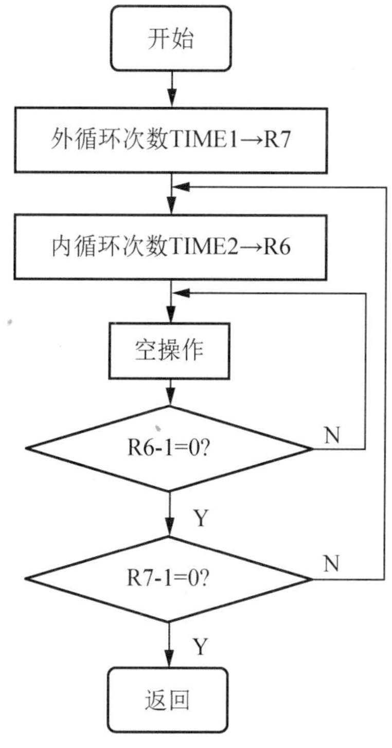

图 4.12　多重循环流程图

4.2.4　查表程序

在微型机控制系统中，有些参数的计算是非常复杂的，用计算法计算不仅程序长，难计算，而且需要耗费大量时间。还有一些非线性参数，它们不是用一般算术运算就可以计算出来，而是要涉及指数、对数、三角函数，以及积分、微分等运算。所有这些运算用汇编语言编程计算都比较复杂，有些甚至无法建立相应的数学模型。为了解决这些问题，可以采用查表法。

所谓查表法，就是把事先计算或测得的数据按一定顺序编制成表格，查表程序的任务就是根据被测参数的值或者中间结果，查出最终所需要的结果。它具有程序简单，执行速度快等优点。

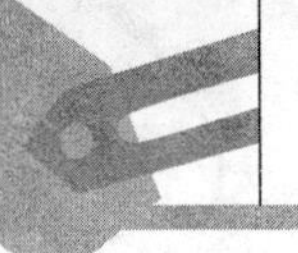

查表程序在微型机控制系统中应用非常广泛。例如，在键盘处理程序中，查找按键相应的命令处理子程序的入口地址；在 LED 显示程序中，获得 LED 数码管的显示代码；在一些快速计算的场合，根据自变量的值，从函数表上查找出相应的函数值以及实现非线性修正、代码转换等。所有这些应用，都需采用查表技术。

在 MCS-51 系列单片机中，设有专门的查表指令，因此，查表程序的设计比较简单。具体来讲，该系列单片机的查表指令有两种：MOVC A，@A+PC 和 MOVC A，@A+DPTR，如应用实例 3.5。

应用实例 4.9

查表 4-1 计算函数 $Y=X!$（$X=0$，1，2，…，7)的值

表 4-1　N！表格

X	Y 值	Y 地址
0	00	TABLE
	00	TABLE+1
1	01	TABLE+2
	00	TABLE+3
2	02	TABLE+4
	00	TABLE+5
3	06	TABLE+6
	00	TABLE+7
4	24	TABLE+8
	00	TABLE+9
5	20	TABLE+A
	01	TABLE+B
6	20	TABLE+C
	07	TABLE+D
7	40	TABLE+E
	50	TABLE+F

分析：如果用汇编程序求阶乘的运算，程序非常复杂，若将函数值列成如下的表格，并用查表方法编程求解十分方便和简洁。设自变量 X 存放在 VAR 单元，Y 值存放在 R2、R3 中查表计算程序段如下。

```
VAR   EQU  30H
MOV  A, VAR         ;取 X
RL    A             ;X×2→A
MOV  R3,A           ;保存 A
ADD   A ,#08H       ;计算偏移量,使下条 MOVC 跳过它后面 7 个字节的指令查表
MOVC  A ,@A+PC      ;取 Y 值低位字节
XCH   A ,R3         ;交换并存 Y 值
INC  A              ;指向表的下一字节
```

```
        ADD  A,#03H       ;计算偏移量，使下条 MOVC 跳过它后面 4 字节的指令查表
        MOVC  A,@A+PC     ;取 Y 值高位字节
        MOV   R2, A
        SJMP  $
TAB:    DB  00,00,01,00
        DB  02,00,06,00
        DB  24,00,20,01
        DB  20,07,40,50
```

4.2.5　子程序

在实际的程序设计中，常会遇到多次应用的、完成相同的某种基本运算或操作的程序段。如果每用一次都从头编写一次，这不仅麻烦，使程序冗长，而且浪费存储空间，还使程序的出错率增加，给程序的调试带来困难。

所以，在实际的程序设计中，将那些需多次应用的、完成相同的某种基本运算或操作的程序段从整个程序中独立出来，单独编制成一个程序段，尽量使其标准化，并存放于某一存储区域；需要时通过调用指令进行调用。这样的程序段，称为子程序，如我们在实训 3 中的延时子程序。

在实际的单片机应用系统软件设计中，为了程序结构更加清晰，易于设计、易于修改，增强程序可读性，基本上都要使用子程序结构。子程序作为一个具有独立功能的程序段，编程时需遵循以下原则。

(1) 子程序的第一条指令必须有标号，明确子程序入口地址。

(2) 以返回指令 RET 结束子程序。

(3) 简明扼要的子程序说明部分。

(4) 较强的通用性和可浮动性，尽可能避免使用具体的内存单元和绝对转移地址等。

(5) 注意保护现场和恢复现场。

另外，在编制子程序前，最好以程序注释的形式对子程序进行说明，说明内容如下。

(1) 子程序名：提供给主程序调用的名字。

(2) 子程序功能：简要说明子程序能完成的主要功能。

(3) 入口参数：主程序需要向子程序提供的参数。

(4) 出口参数：子程序执行完之后向主程序返回的参数。

(5) 占用资源：该子程序中使用了那些存储单元、寄存器等。

应用实例 4.10

查表子程序。假设 a、b 均小于 10，计算 $c=a^2+b^2$，其中 a 事先存在内部 RAM 的 31H 单元，b 事先存在 32H 单元，把 c 存入 33H 单元。

解：(1) 题意分析。

本例两次使用平方的计算，在前例中已经编过查平方表得到平方值的程序，在此我们采用把求平方编为子程序的方法。

(2) 汇编语言源程序。

```
        ORG     0000H               ;主程序
        MOV     SP,#40H             ;设置栈底
        MOV     A,31H               ;取数 a 存放到累加器 A 中作为入口参数
        LCALL   SQR
        MOV     R1,A                ;出口参数——平方值存放在 A 中
        MOV     A,32H
        LCALL   SQR
        ADD     A,R1
        MOV     33H,A
        SJMP$
                                    ;子 程 序：SQR
                                    ;功    能：通过查表求出平方值 y=x^2
                                    ;入口参数：x 存放在累加器 A 中
                                    ;出口参数：求得的平方值 y 存放在 A 中
                                    ;占用资源：累加器 A，数据指针 DPTR
SQR:    PUSHDPH                     ;保护现场，将主程序中 DPTR 的高八位放入堆栈
        PUSHDPL                     ;保护现场，将主程序中 DPTR 的低八位放入堆栈
        MOV     DPTR,#TABLE         ;在子程序中重新使用 DPTR,表首地址→DPTR
        MOVCA,@A+DPTR               ;查表
        POP     DPL                 ;恢复现场,将主程序中 DPTR 的低 8 位从堆栈中弹出
        POP     DPH                 ;恢复现场,将主程序中 DPTR 的高 8 位从堆栈中弹出
        RET
TABLE:  DB  0,1,4,9,16,25,36,49,64,81
```

(3) 执行程序。

在运行程序之前，利用单片机开发系统先往内部 RAM 的 31H、32H 存放两个小于 10 的数，执行完之后结果在 33H 单元。

应用实例 4.11

查找无符号数据块中的最大值。

内部 RAM 有一无符号数据块，工作寄存器 R1 指向数据块的首地址，其长度存放在工作寄存器 R2 中，求出数据块中最大值，并存入累加器 A 中。

解： (1) 题意分析。本题采用比较交换法求最大值。比较交换法先使累加器 A 清零，然后把它和数据块中每个数逐一进行比较，只要累加器中的数比数据块中的某个数大就进行下一个数的比较，否则把数据块中的大数传送到 A 中，再进行下一个数的比较，直到 A 与数据块中的每个数都比较完，此时 A 中便可得到最大值。程序流程图如图 4.13 所示。

(2) 汇编语言源程序。

```
                ; 程 序 名：MAX
                ; 功    能：查找内部 RAM 中无符号数据块的最大值
                ; 入口参数：R1 指向数据块的首地址，数据块长度存放在工作寄存器 R2 中
                ; 出口参数：最大值存放在累加器 A 中
                ; 占用资源：R1,R2,A,PSW
```

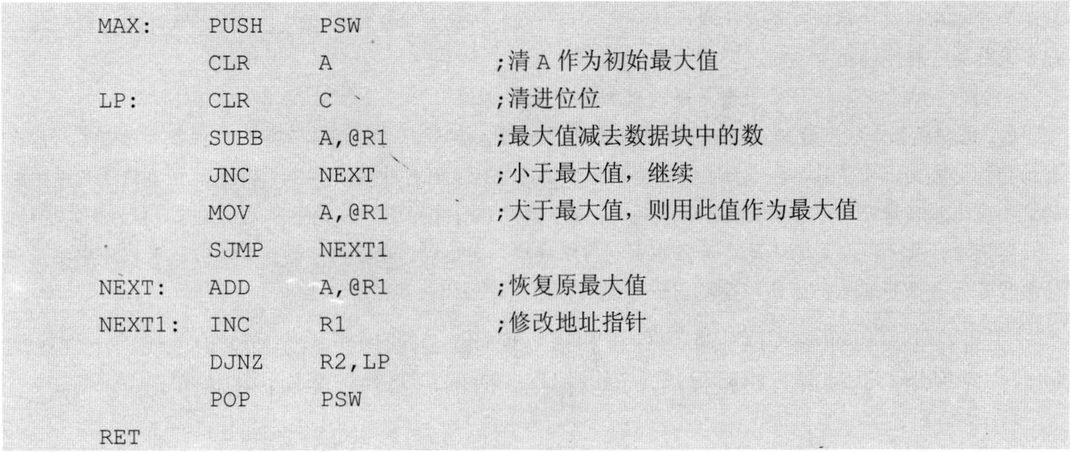

```
MAX:    PUSH    PSW
        CLR     A               ;清 A 作为初始最大值
LP:     CLR     C               ;清进位位
        SUBB    A,@R1           ;最大值减去数据块中的数
        JNC     NEXT            ;小于最大值，继续
        MOV     A,@R1           ;大于最大值，则用此值作为最大值
        SJMP    NEXT1
NEXT:   ADD     A,@R1           ;恢复原最大值
NEXT1:  INC     R1              ;修改地址指针
        DJNZ    R2,LP
        POP     PSW
RET
```

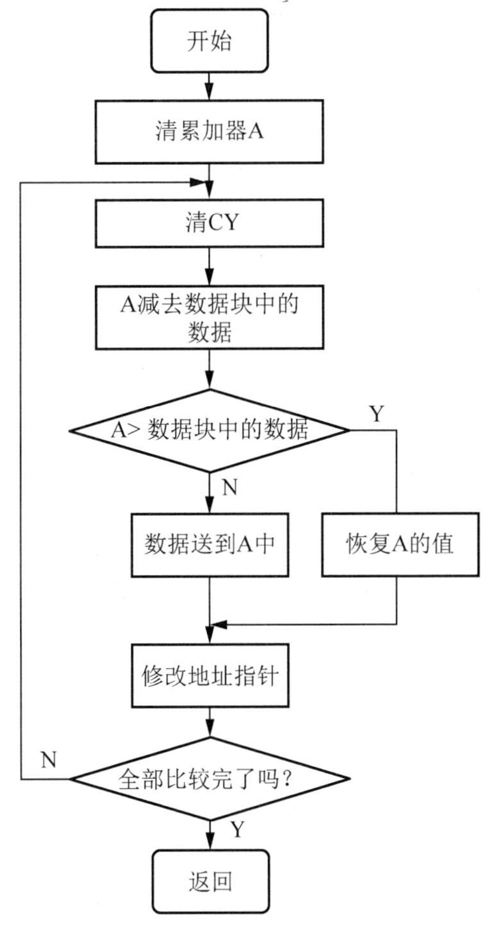

图 4.13　查找无符号数据块中的最大值流程图

特别提示

在子程序的编制过程中一定要注意两点：

(1) 参数传递。主程序调用查表子程序时，子程序需要从主程序中得到一个参数—已知数 X，这个参

数称为子程序的入口参数。查表子程序执行完以后，必须将结果传送给子程序，这个子程序向主程序传递的参数称为子程序的出口参数。

本例中入口参数和出口参数都是通过累加器 A 来传送的。

(2) 保护现场和恢复现场。子程序在编制过程中经常会用到一些通用单元，如工作寄存器、累加器、数据指针 DPTR 以及 PSW 等。而这些工作单元在调用它的主程序中也会用到，为此，需要将子程序用到的这些通用编程资源加以保护，称为保护现场。在子程序执行完后需恢复这些单元的内容，称为恢复现场。

本例中，保护和恢复现场是在子程序中利用堆栈操作实现的，在子程序的开始部分把子程序中要用到的编程资源都保护起来，返回指令之前恢复现场，这是一种比较规范的方法。

另外，也可以在主程序中实现保护和恢复现场。在调用子程序前保护现场，子程序返回后恢复现场，这种方式比较灵活，可以根据当时的需要确定要保护的内容。

4.3 程序设计举例

应用实例 4.12

BCD 码转换为二进制数：把累加器 A 中的 BCD 码转换成二进制数，结果仍存放在累加器 A 中。

解：(1)题意分析

A 中存放的 BCD 码数的范围是 0 ~ 99，转换成二进制数后是 00H ~ 63H，所以仍然可以存放在累加器 A 中。本例采用将 A 中的高半字节(十位)乘以 10，再加上 A 的低半个字节(个位)的方法，计算公式是 7 ~ A4*10+3 ~ A0。

(2) 汇编语言源程序

```
                                   ;程 序 名: BCDBIN
                                   ;功    能: BCD 码转换为二进制数
                                   ;入口参数: 要转换的 BCD 码存在累加器 A 中
                                   ;出口参数: 转换后的二进制数存放在累加器 A 中
                                   ;占用资源: 寄存器 B
BCDBIN: PUSHB                      ;保护现场
        PUSHPSW
        PUSH    ACC                ;暂存 A 的内容
        ANL     A,#0F0H            ;屏蔽掉低 4 位
        SWAPA                      ;将 A 的高 4 位与低 4 位交换
        MOV     B,#10
        MUL     AB                 ;乘法指令，(A)×(B)→(B)(A)，A 中高半字节乘以 10
        MOV     B,A                ;乘积不会超过 256，因此乘积在 A 中，暂存到 B
        POP     ACC                ;取原 BCD 数
        ANL     A,#0FH             ;屏蔽掉高 4 位
        ADD     A,B                ;个位数与十位数相加
        POP     PSW
        POP     B                  ;恢复现场
        RET
```

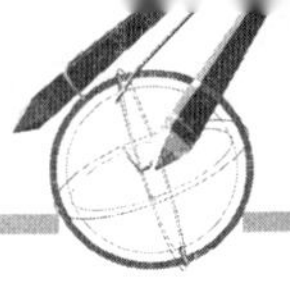

应用实例 4.13

片内 RAM 中数据块排序程序

内部 RAM 有一无符号数据块，工作寄存器 R0 指向数据块的首地址，其长度存放在工作寄存器 R2 中，请将它们按照从大到小顺序排列。

解：(1) 题意分析。

排序程序一般采用冒泡排序法，又称两两比较法。程序流程图如图 4.14 所示。

(2) 汇编语言源程序

```
                        ; 程 序 名: BUBBLE
                        ; 功  能: 片内 RAM 中数据块排序程序
                        ; 入口参数: R0 指向数据块的首地址，数据块长度存放在工作寄存器 R2 中
                        ; 出口参数: 排序后数据仍存放在原来位置
                        ; 占用资源: R0,R1,R2,R3,R5,A,PSW 位单元 00H 作为交换标志存放单元
BUBBLE: MOV     A,R0
        MOV     R1,A            ;把 R0 暂存到 R1 中
        MOV     A,R2
        MOV     R5,A            ;把 R2 暂存到 R5 中
BUBB1:  CLR     00H             ;交换标志单元清 0
        DEC     R5              ;个数减 1
        MOV     A,@R1
BUB1:   INC     R1
        CLR     C
        SUBBA,@R1               ;相邻的两个数比较
        JNC     BUB2            ;前一个数大，转移到 BUB2
        SETB    00H             ;否则，交换标志置位
        XCH     A,@R1           ;两数交换
BUB2:   DEC     R1
        XCH     A,@R1
        INC     R1
        MOV     A,@R1
        DJNZR5,BUB1             ;没有比较完，转向 BUB1
        INC     R0
        MOV     R1,R0
        DEC     R2
        MOV     R5,R2
JB      00H,BUBB1               ;交换标志为 1，继续下一轮两两比较
        RET
        END
```

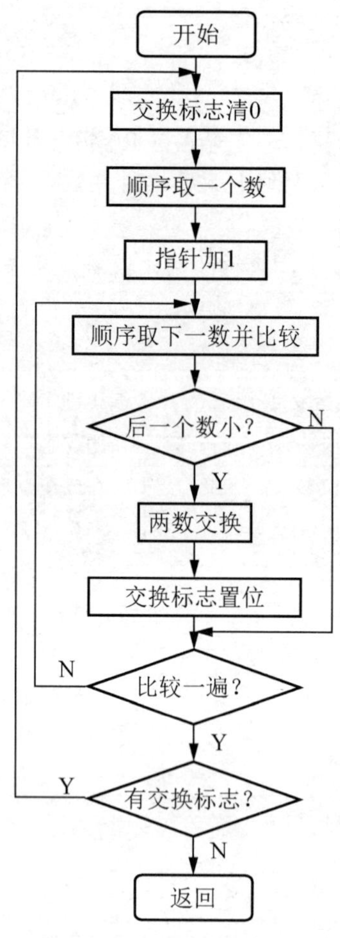

图 4.14　冒泡排序法程序流程图

实训 4　花式流水灯

1. 实训目的

(1) 汇编语言的的基本结构；

(2) 了解汇编语言设计的基本方法和思路；

(3) 可以调试实现花式流水灯。

2. 实训设备

单片机开发系统辅助软件及计算机一台。

3. 实训步骤

(1) 连接电路。在 Proteus 中找到单片机 AT89C51、发光二极管 LED、电阻 RES、按键 BUTTON、电容 CAP，晶振 CRYSTAL 等，并且按照图 4.15 所示电路连接起来。

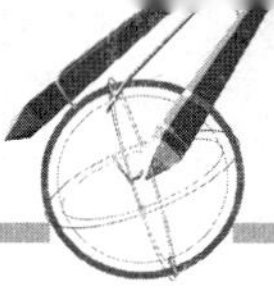

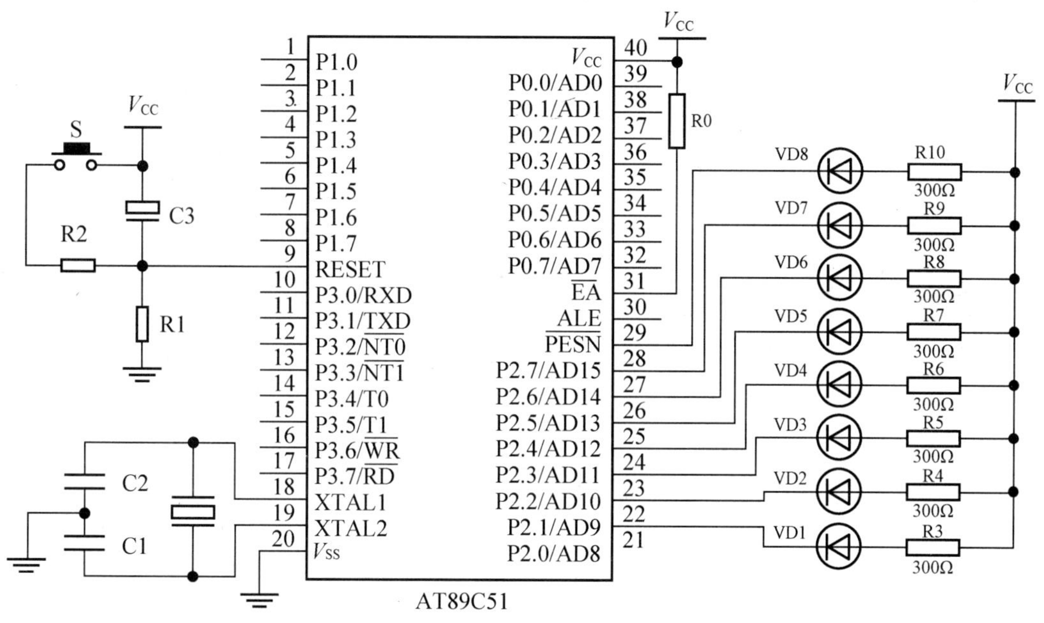

图 4.15　实训 4 电路图

(2) 运行程序，观察发光二极管状态。

① 源程序 1：正反点亮发光二极管。

```
        ORG    0000H
        LJMP   MAIN              ;长转移
        ORG    0100H
MAIN:   MOV  A,#0FEH             ;送显示模式字
        MOV  R1,#8               ;设置流水位数
LOOP:   MOV  P2,A                ;点亮 P2.0 连接的发光二极管
        LCALL  DELAY             ;调用延时子程序
        RL   A
        DJNZ R1,LOOP
                                 ;--------------------
        MOV P2,#0FFH             ;熄灭所有发光二极管
        LCALL  DELAY
                                 ;--------------------
STAR:   MOV  A,#7FH              ;送显示模式字
        MOV  R1,#8               ;设置流水位数
LOOP1:  MOV  P2,A                ;点亮第一位发光二极管
        LCALL  DELAY
        RR   A
        DJNZ R1,LOOP1
                                 ;--------------------
        MOV P2,#0FFH             ;熄灭所有发光二极管
```

```
        LCALL   DELAY
                                ;---------------------
        LJMP  MAIN
DELAY:  略                      ;延时子程序
        END
```

② 源程序 2：花式流水灯。

```
        ORG   0000H
        LJMP  MAIN
        ORG   01000H
MAIN:   MOV   R0,#00H               ;初始化
LOOP:   MOV   A,R0
        MOV   DPTR,#TAB             ;指向表格首地址
        MOVC  A,@A+DPTR
        MOV   P2,A                  ;把 A 的内容移入 P2 中
        LCALL DELAY                 ;延时
        INC   R0                    ;加 1 取下一个显示值
        CJNE R0,#32,LOOP            ;此数字(56)为表格数值个数，自己定
        LJMP  MAIN
DELAY:  略
TAB:                                ;显示字表
        DB 01111111B,10111111B,11011111B,11101111B,11110111B,
           11111011B,11111101B,11111110B
        DB 00000000B,11111111B,00000000B,11111111B,11111110B,
           11111101B,11111011B,11110111B
        DB 11101111B,11011111B,10111111B,01111111B,00000000B,
           11111111B,00000000B,11111111B
        DB 01111111B,00111111B,00011111B,00001111B,00000111B,
           00000011B,00000001B,00000000B
        END
```

(3) 运行及调试。在 Keil 中编译源程序生成 HEX 文件后，把该文件添加到 Proteus 构建的系统电路中，运行程序，观察运行结果。

4. 实训总结与分析

(1) 程序 1 的运行结果是：8 个发光二极管按正反顺序循环点亮。

该程序是一个双重嵌套循环，而且属于循环程序中的计数循环，其特点是：发光二极管点亮顺序左移“点亮—延时—移位”循环 8 次，然后右移“点亮—延时—移位”循环 8 次，如此反复循环，出现花式效果，程序流程图如图 4.16 所示。

(2) 程序 2 的运行结果是：8 个发光二极管循环花式点亮。

程序 2 是查表程序和循环程序的联合使用，程序中有一个表格，表格中的显示字提前做好，通过查表指令将显示字查到后送 P2 口显示，直到显示字全部显示完后，返回重新开始循环，如此反复，实现花式流水灯的效果，程序流程图如图 4.17 所示。

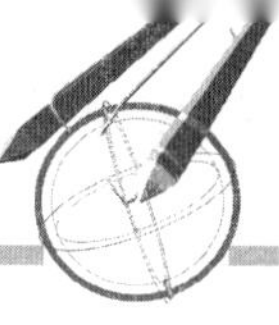

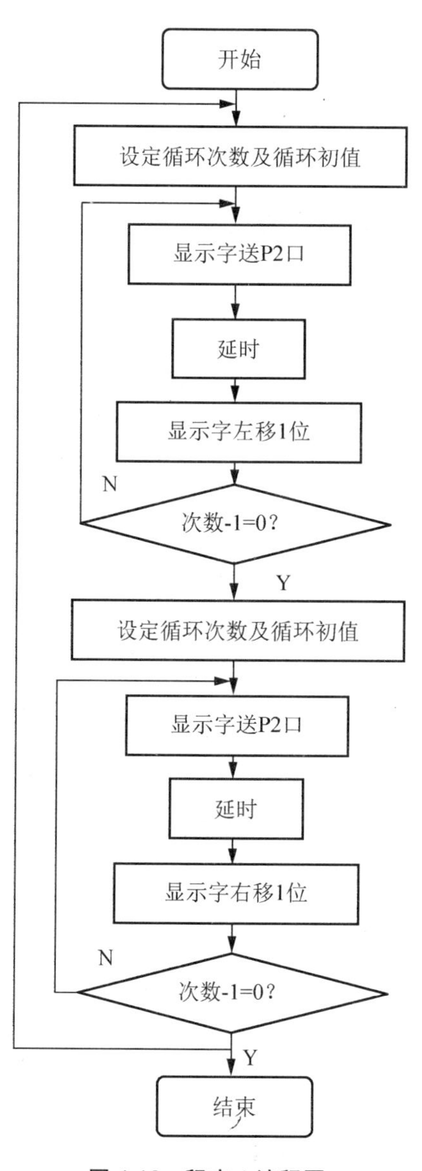

图 4.16　程序 1 流程图

开始

设定计数初值

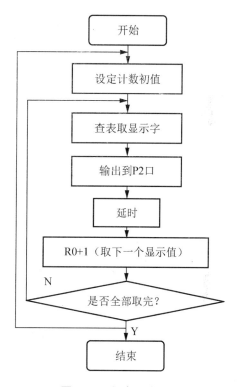

查表取显示字

输出到P2口

延时

R0+1（取下一个显示值）

N

是否全部取完？

Y

结束

图 4.17　程序 2 流程图

项 目 小 结

在进行单片机程序设计时，首先要对单片机应用系统的任务要求进行深入的分析和了解，明确系统的设计任务、设计要求以及技术指标，然后通过一些算法对其进行描述，把一个实际问题转化成由计算机进行处理的问题。

本项目主要介绍了汇编语言的基本结构，包括顺序结构、分支结构、循环结构和子程序结构等。在程序设计时，注意使用模块化编程的思想，提高程序的执行效率，同时还要注意单片机资源的分配，包括内部 RAM、工作寄存器、堆栈、位寻址区等。

习　题　4

1. 阅读并分析下列程序，画出程序流程图。

```
ORG   0000H
MOV   R0,#30H
MOV   R1,#40H
MOV   R2,#04H
CLR   C
LOOP: MOV   A,@R0
ADDC  A,@R1
MOV   @R1,A
INC   R0
INC   R1
DJNZ  R2,LOOP
SJMP  $
END
```

2. 分析下面程序的功能。

```
X    DATA 30H
Y    DATA 32H
MOV  A,X
JNB  ACC.7,LOOP
CPL  A
ADD  A,#01H
LOOP: MOV  Y,A
SJMP  $
END
```

3. 已知(40H)=85H，(41H)=99H，执行下列程序段后，(30H)=______。

```
MOV 30H,40H
ANL 30H,#1FH
MOV A,41H
SWAP A
RL  A
ANL A,#0E0H
ORL 30H,A
```

4. 下面是一段查表程序，可根据内部RAM 30H单元中的数值，在60H中填入相应数值。读懂下面程序，并分析当(30H)=2时，程序执行后，60H的内容是多少？

```
ORG  0100H
MOV  A,30H
RL   A
MOV  DPTR,#1000H
MOV  A,@A+DPTR
```

```
          ORG  1000H
          SJMP  LOOP1
          SJMP  LOOP2
          SJMP  LOOP3
          SJMP  LOOP4
LOOP1:    MOV  60H,#0AH
          SJMP  $
LOOP2:    MOV  60H,#0BH
          SJMP  $
LOOP3:    MOV  60H,#0CH
          SJMP  $
LOOP4:    MOV  60H,#0DH
          SJMP  $
```

5. 编程将外部 RAM 的 0000H～000FH 清零。

6. 编程实现将片内 RAM 的 35H～39H 单元内容送到外部 RAM 以 1100H 开始的存储单元。

7. 试编一段程序，使 P1 口交替出现高、低电平，中间有一定的延时，并不断的循环。要求延时部分作为子程序。

8. 试编一段程序，将存在与外部 RAM1100H 单元起的 10 个无符号数相加，并将结果存放在内部 RAM 的 40H 和 41H 单元中。

9. 两个无符号数比较(三分支程序)。内部 RAM 的 20H 单元和 30H 单元各存放了一个 8 位有符号数，请编程比较这两个数的大小。

10. 已知在内部 RAM 40H～47H 中存放着 8 个无符号数，试编一段程序，找出其中的最大值，存在 50H 处。

项目5

显示器及键盘

教学目标

通过常用显示器及键盘的学习，掌握常用显示器的结构、工作原理以及与单片机的接口技术；掌握常用键盘的结构、工作原理以及与单片机的接口技术。

教学要求

能力目标	相关知识	权重	自测分数
掌握常用显示器的结构、工作原理、与单片机的接口技术及程序设计	常用显示器的结构、工作原理以及与单片机的接口技术，静态显示及动态显示相关概念	40%	
掌握常用键盘的结构、工作原理、与单片机的接口技术及程序设计	独立式按键和矩阵键盘的工作原理和单片机的接口技术	60%	

项目导读

在单片机的实际应用系统中，常需连接键盘、显示器、打印机等外部设备，实现与外部信息的交换，如实现人机对话、数据和控制信号的输入输出、系统的状态监视等。其中显示器和键盘是使用最频繁的外设，它们是构成人机对话的一种基本方式。本项目将介绍显示器和键盘的基本结构、工作原理以及它们与单片机的接口和信息传送技术。

5.1　LED 显示器及接口技术

在单片机系统中，为了方便人们观察和监视系统的运行情况，通常需要用显示器显示运行的状态和结果等信息，所以显示器也是不可缺少的外围设备之一。显示器的种类很多，LED(发光二极管显示器)、LCD(液晶显示器)和 CRT 显示器都可以作为单片机的显示设备，但通常用 LED 数码显示器来显示各种数字或符号。由于它具有显示清晰、亮度高、使用电压低、寿命长的特点，因此使用非常广泛。

5.1.1　LED 显示器结构与工作原理

1. LED 内部结构

通常所说的 LED 显示器，俗称数码管，由 7 个发光二极管组成，因此又称之为七段 LED 显示器，其排列形状如图 5.1 所示。

实际上，显示器中还有一个圆点型发光二极管(在图中以 dp 表示)，用于显示小数点。通过 7 个发光二极管构成“日”，一个构成小数点，故也称为八段显示器，通过发光二极管亮暗的不同组合，可以显示多种数字、字母以及其他符号。

LED 显示器中的发光二极管共有两种连接方法。

一种是把发光二极管的阳极连在一起构成公共阳极。使用时公共阳极接+5V，这样阴极端输入低电平的段发光二极管就导通点亮，而输入高电平的则不点亮。

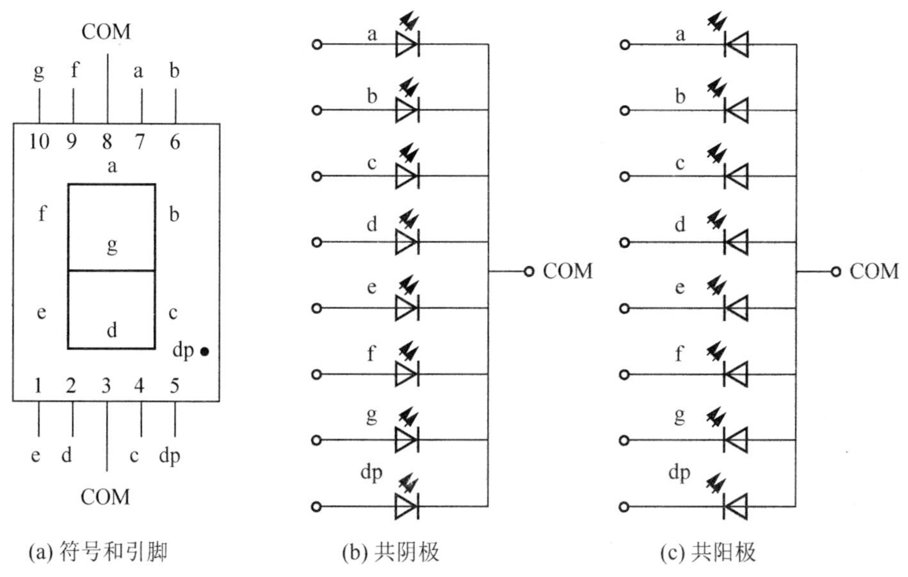

(a) 符号和引脚　(b) 共阴极　(c) 共阳极

图 5.1　七段 LED 显示器

另外一种是把发光二极管的阴极连在一起构成公共阴极。使用时公共阴极接地，这样阳极端输入高电平的段发光二极管就导通点亮，而输入低电平的则不点亮。

2. LED 工作原理

使用 LED 显示器时要注意区分这两种不同的接法。以共阳极数码管为例，如图 5.2 所示。共阳极数码管的 8 个发光二极管的阳极(二极管正端)连接在一起，通常接高电平(一般接电源)，其他引脚接段驱动电路输出端。当某段驱动电路的输出端为低电平时，则该端所连接的字段导通并点亮，根据发光字段的不同组合可显示出各种数字或字符。此时，要求段驱动电路能吸收额定的段导通电流，还需根据外接电源及额定段导通电流来确定相应的限流电阻(额定字段导通电流一般为 5～20 mA)。

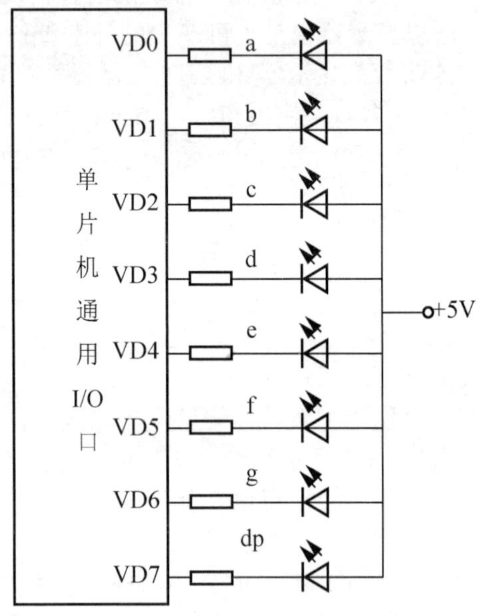

图 5.2　共阳极 LED 显示器

为了显示数字或符号，要为 LED 显示器提供代码。因为这些代码是为显示字形的，因此称之为字形代码。七段发光二极管，再加上一个小数点位，共计八段，因此提供给 LED 显示器的字形代码正好一个字节。各代码位的对应关系见表 5-9。

表 5-1　各代码位的对应关系

代码位	D7	D6	D5	D4	D3	D2	D1	D0
显示段	dp	g	f	e	d	c	b	a

显然，由于共阳极和共阴极显示器的控制电平正好相反，故字段码也不一样，表 5-2 列出了一些常用字符所对应的字段码。

表 5-2　十六进制数的字形代码表

字型	共阳极代码	共阴极代码	字型	共阳极代码	共阴极代码
0	C0H	3FH	9	90H	6FH
1	F9H	06H	A	88H	77H

续表

字型	共阳极代码	共阴极代码	字型	共阳极代码	共阴极代码
2	A4H	5BH	b	83H	7CH
3	B0H	4FH	C	C6H	39H
4	99H	66H	d	A1H	5EH
5	92H	6DH	E	86H	79H
6	82H	7DH	F	8EH	71H
7	F8H	07H	—	BFH	40H
8	80H	7FH	灭	FFH	00H

5.1.2　LED 显示器与单片机接口技术

在单片机应用系统中，显示器显示常用两种方法：静态显示和动态扫描显示。

1. 静态 LED 显示接口

所谓静态显示，就是每一个显示器都要占用单独的具有锁存功能的 I/O 接口用于笔划段字形代码。这样单片机只要把要显示的字形代码发送到接口电路，就不用管它了，直到要显示新的数据时，再发送新的字形码。这种显示方式的各位数码管相互独立，公共端恒定接地(共阴极)或接正电源(共阳极)，显示器的每一个字段都分别与一位 I/O 口线相连，一位 LED 显示器需要一个 8 位的并行 I/O 口，如图 5.3 所示。

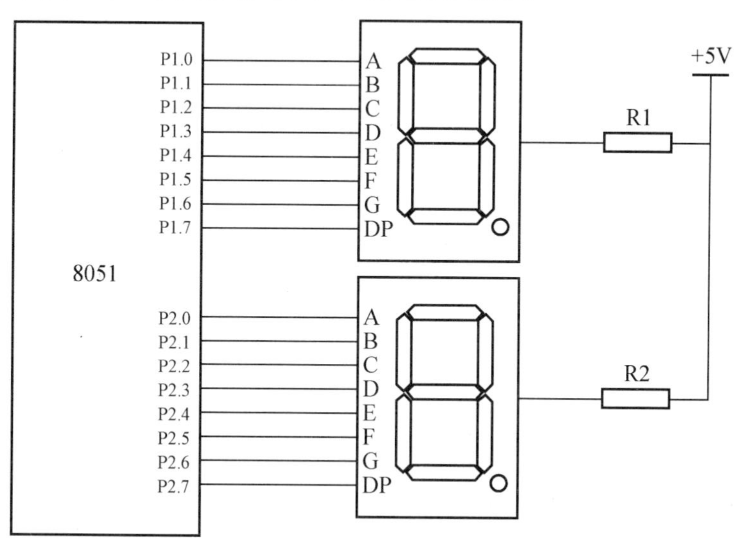

图 5.3　两位 LED 数码管静态显示示意图

这种方式占用单片机中 CPU 的时间少，显示程序简单，显示亮度高且稳定，缺点是显示位数较多时占用较多的 I/O 口线，故静态显示一般用于显示位数较少的系统中。

2. 动态 LED 显示接口

动态显示是一位一位地轮流点亮各位数码管。通常，各位数码管的段选线相应并联在一起，由一个 8 位的 I/O 口控制；各位的位选线(公共阴极或阳极)由另外的 I/O 口线控制。

动态方式显示时，各数码管分时轮流选通，即在某一时刻只选通一位数码管，并送出相应的段码，在另一时刻选通另一位数码管，并送出相应的段码，依此规律循环，即可使各位数码管显示将要显示的字符，虽然这些字符是在不同的时刻分别显示，但由于人眼存在视觉暂留效应，只要每位显示间隔足够短就可以给人同时显示的感觉。当然，如果时间间隔拉长，显示字符将会感觉闪动，在实际使用中调整时间间隔，达到满意为止。

图 5.4 所示的单片机动态显示连接图中，数码管采用共阳极 LED，P0 口接数码管的各段，P2 口接公共端，在 P0 口线输出低电平，P2 口线输出高电平时，选通相应位的数码管发光。

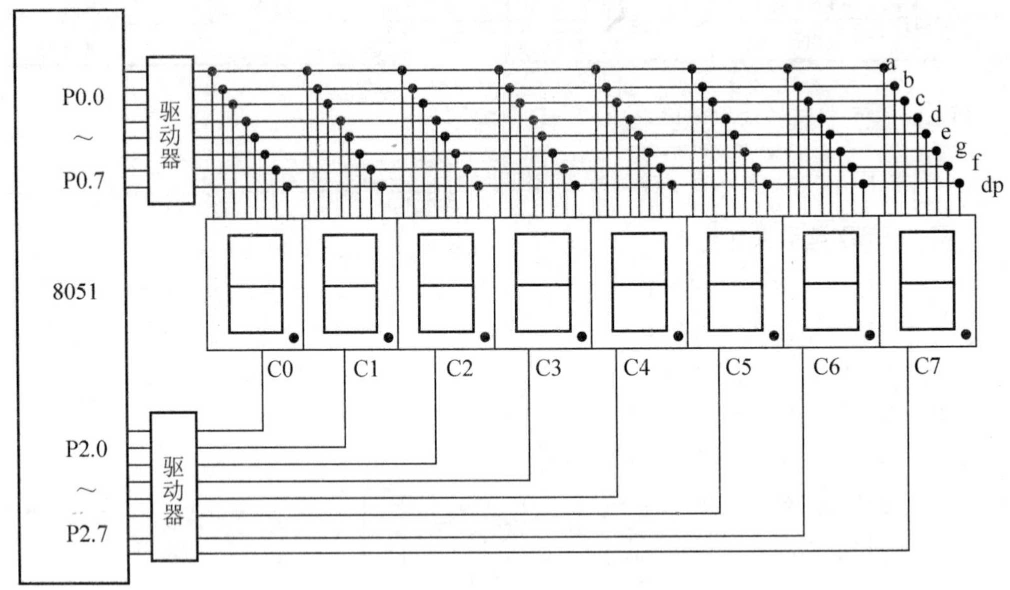

图 5.4　8 位 LED 数码管动态显示示意图

采用动态显示比较节省 I/O 口线，硬件电路也比较简单，但是其亮度不如静态显示方式，而且在显示位数较多时，CPU 要依次扫描，占用较多 CPU 的时间。

实训 5　数码管动态显示实验

1. 实训目的

(1) 掌握 LED 显示器(数码管)的结构和工作原理；

(2) 掌握 MCS-51 单片机与 LED 显示器的接口技术；

(3) 掌握 LED 动态显示的控制过程。

2. 实训设备

单片机开发系统辅助软件及计算机一台。

3. 实训步骤

(1) 要求。单片机控制 8 个 LED 显示器动态显示 0～7。

(2) 实验电路。实验电路如图 5.5 所示。8 个 LED 显示器段选段并联在一起，通过 300 Ω 的限流电阻与单片机的 P0 口连接；单片机的 P2 口与 8 个 PNP 型三极管的基极连接，通过控制三极管来驱动 LED 显示器的位选端。LED 为共阳极数码管，显示方式为动态显示。

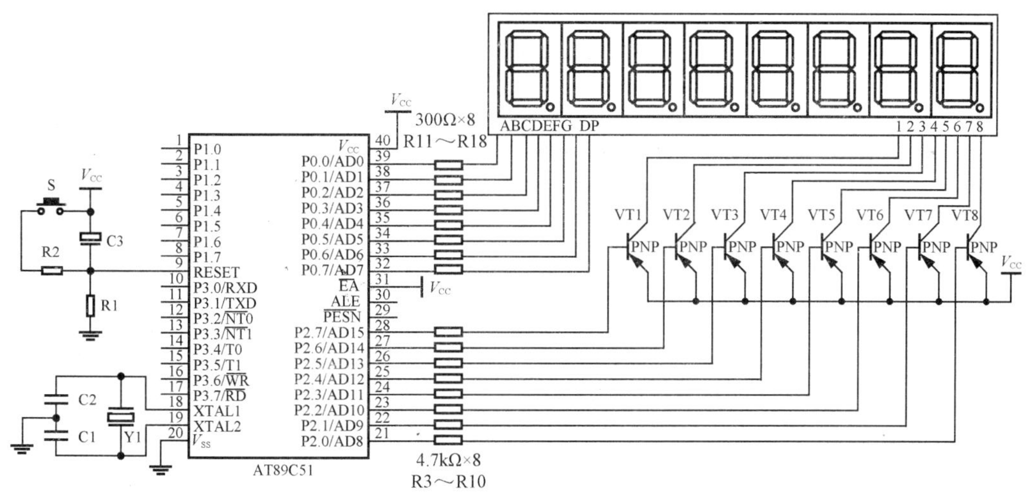

图 5.5　动态显示电路图

(3) 连接电路。在 Proteus 中找到单片机 AT89C51、发光二极管 LED、电阻 RES、按键 BUTTON、电容 CAP，晶振 CRYSTAL，七段数码管 7SEG-MPX8-CA 等，并且按照图示电路连接起来。

(4) 程序设计。单片机的 P0 口输出段码，P2 口输出位码，每位显示持续时间 1ms，通过不断的循环动态显示 8 位数据。程序流程图如图 5.6 所示。

根据流程图，编制源程序如下。

```
        ORG   00H
        LJMP  MAIN
        ORG   0100H
MAIN:   MOV   R0,#00H              ;显示值
        MOV   R1, #0FEH            ;位码初值
        MOV   R2, #8               ;待显示位数
LOOP:   MOV   A,R0                 ;待显示数送 A
        MOV   DPTR,#TAB            ;指向段码表首地址
        MOVC  A,@A+DPTR            ;查表取得段码
        MOV   P0,#0FFH             ;共阳极数码管关显示
        MOV   P0,A                 ;段码送到 P0 口
        MOV   P2,R1                ;位码送 P2 口
        LCALL DELAY                ;延时 1ms
        MOV   A,R1                 ;取位码字
        RL    A                    ;移位
        MOV   R1,A                 ;更新后再送 R1 中
        INC   R0
        DJNZ  R2,LOOP              ;未显示完，继续显示
        LJMP  MAIN
TAB:    DB  0C0H,0F9H,0A4H,0B0H    ;共阳极数码管段码表
        DB  099H,092H,082H,0F8H
```

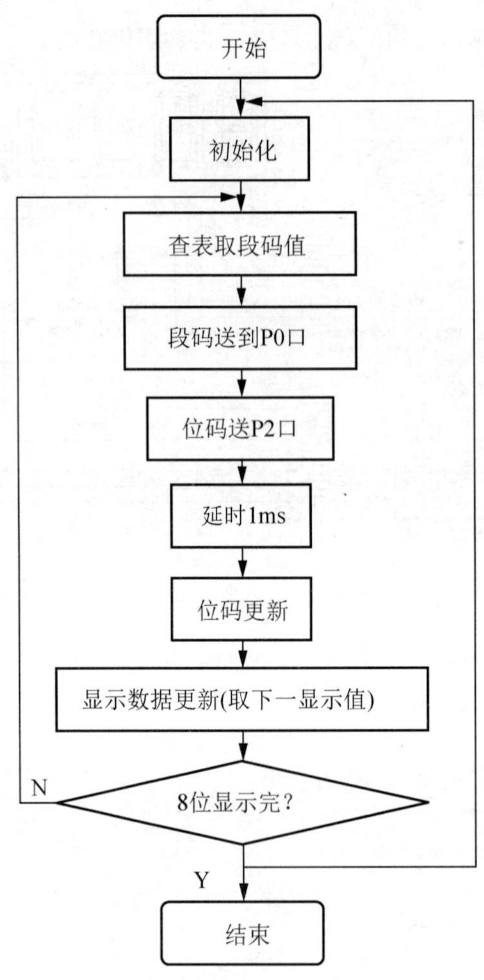

图 5.6　动态显示程序流程图

```
DELAY:  MOV  R7,#4;延时 1ms 子程序
   D1:  MOV  R6,#123
        NOP
   D2:  DJNZ  R6,D2
        DJNZ  R7,D1
        RET
        END
```

(5) 运行及调试。在 Keil 中编译源程序生成 HEX 文件后，把该文件添加到 Proteus 构建的系统电路中，运行程序，观察运行结果。

4. 实训总结与分析

(1) 程序 1 的运行结果是：8 个 LED 显示器同时显示数字 0～7。

(2) 动态显示时，各数码管分时轮流选通，即在某一时刻只选通一位数码管，并送出相应的段码，在下一时刻，选通另一位数码管，并送出相应的段码，以此规律循环，即可使各位数码管显示待要显示的字符，这是动态显示的本质。

(3) 因为单片机 I/O 口的驱动能力很弱，端口只能接受几毫安的输出电流，所以在驱动晶体管时，需在端口与晶体管基极之间串联一个限流电阻。

5. 思考

(1) 增加延时时间，会有什么变化？
(2) 若要改变数字的显示方向，程序如何修改？

5.2　键盘输入接口

键盘在单片机系统中使用非常的普遍，使用人员可以通过键盘的操作输入各种数据和命令，使 CPU 完成某些指定的功能。实际的应用中，键盘的结构形式通常可以分为独立式键盘和矩阵键盘，我们分别来看。

5.2.1　按键的特性

按键按照结构原理可分为两类，一类是触点式开关按键，如常见的机械式开关等；另一类是无触点开关按键，如常见的电气式按键、磁感应按键等。前者造价低，后者寿命长。目前，单片机系统中最常见的是触点式开关按键。

按键按照接口原理可分为编码键盘与非编码键盘两类，这两类键盘的主要区别是识别键符及给出相应键码的方法不同。编码键盘主要是用硬件来实现对键的识别，非编码键盘主要是由软件来实现键盘的定义与识别。由于非编码键盘经济实用，较多地应用于单片机系统中。

单片机系统键盘通常使用机械触点式按键开关，如图 5.7 所示，单片机的一个 I/O 口外接一个按键的电路。按键没有闭合，I/O 口外接上拉电阻为高电平，按下按键则 I/O 口为低电平，松开按键则 I/O 又回到高电平。理想的情况，每按一次按键，I/O 口电平的变化应稳定的高→低→高。

但是实际上机械式按键按下或释放时，由于机械弹性作用的影响，通常伴随有一定时间的触点机械抖动，然后其触点才稳定下来。其抖动过程如图 5.8 所示，抖动时间的长短与开关的机械特性有关，一般为 5～10ms。

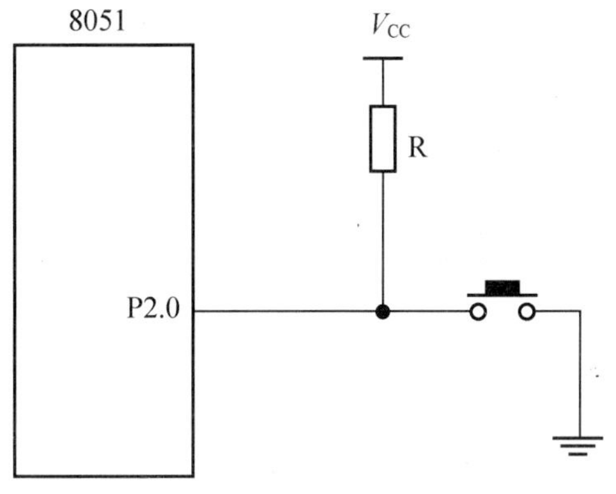

图 5.7　按键电路

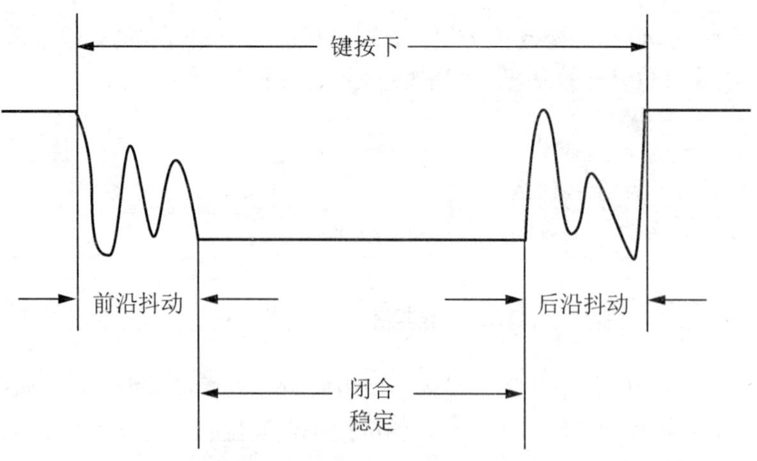

图 5.8　按键触点的机械抖动

在触点抖动期间检测按键的通与断状态，可能导致判断出错。即按键一次按下或释放被错误地认为是多次操作，这种情况是不允许出现的。为了克服按键触点机械抖动所致的检测误判，必须采取去抖动措施，去抖的办法有硬件、软件两种。在键数较少时，可采用硬件去抖，而当键数较多时，采用软件去抖。

在硬件上可采用在键输出端加RS触发器(双稳态触发器)或单稳态触发器构成去抖动电路，图 5.9 所示是一种由 RS 触发器构成的去抖动电路，当触发器一旦翻转，触点抖动不会对其产生任何影响。

电路工作过程如下：按键未按下时，a=0，b=1，输出 Q=1，按键按下时，因按键的机械弹性作用的影响，使按键产生抖动，当开关没有稳定到达 b 端时，因与非门 2 输出为 0 反馈到与非门 1 的输入端，封锁了与非门 1，双稳态电路的状态不会改变，输出保持为 1，输出 Q 不会产生抖动的波形。当开关稳定到达 b 端时，因 a=1，b=0，使 Q=0，双稳态电路状态发生翻转。当释放按键时，在开关未稳定到达 a 端时，因 Q=0，封锁了与非门 2，双稳态电路的状态不变，输出 Q 保持不变，消除了后沿的抖动波形。当开关稳定到达 b 端时，因 a=0，b=0，使 Q=1，双稳态电路状态发生翻转，输出 Q 重新返回原状态。由此可见，键盘输出经双稳态电路之后，输出已变为规范的矩形方波。

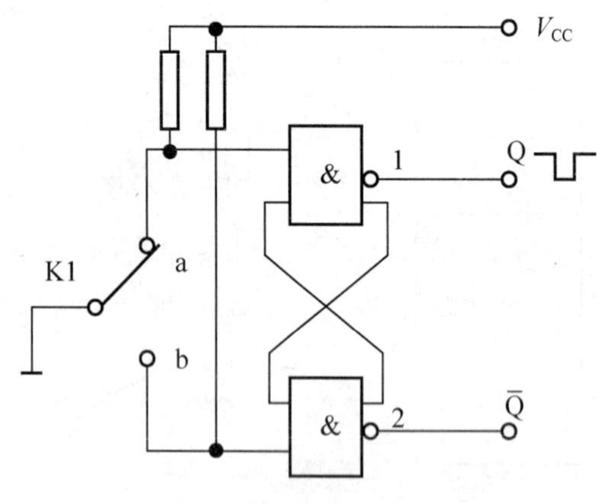

图 5.9　双稳态去抖电路

软件上采取的措施是：在检测到有按键按下时，执行一个 10ms 左右(具体时间应视所使用的按键进行调整)的延时程序避开前沿抖动，再检测该键电平是否仍保持闭合状态电平，若仍保持闭合状态电平，则确认该键处于闭合状态；同理，在检测到该键释放后，也应采用相同的步骤进行避开后沿抖动，确认按键释放后再进行处理。不过一般情况下，我们通常不对按键释放的后沿进行处理，实践证明，也能满足一定的要求。当然，实际应用中，对按键的要求也是千差万别，要根据不同的需要来编制处理程序。

5.2.2　独立式按键接口

1. 独立式按键结构及接口

单片机控制系统中，往往只需要几个功能键，此时，可采用独立式按键结构。独立式按键是直接用 I/O 口线构成的单个按键电路，其特点是每个按键单独占用一根 I/O 口线，每个按键的工作不会影响其他 I/O 口线的状态。独立式按键的典型应用如图 5.10 所示。

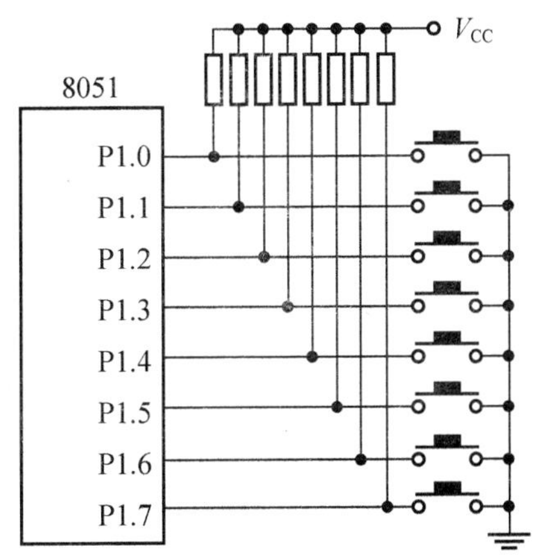

图 5.10　独立式按键电路

独立式按键电路配置灵活，软件结构简单，但每个按键必须占用一根 I/O 口线，因此，在按键较多时，I/O 口线浪费较大，不宜采用。因此独立式按键仅适合按键数目不多的场合。

图 5.10 是一种典型的独立式按键与单片机的接口电路，电路中按键输入均采用低电平有效，此外，上拉电阻保证了按键断开时，I/O 口线有确定的高电平。如果单片机 I/O 口线内部有上拉电阻时，外电路可不接上拉电阻。

2. 独立式按键的软件设计

独立式按键软件设计常采用查询式结构。先逐位查询每根 I/O 口线的输入状态，如某一根 I/O 口线输入为低电平，则可确认该 I/O 口线所对应的按键已按下，然后，再转向该键的功能处理程序。我们通过一个实例来了解独立式按键的软件设计。

应用实例 5.1

在实例 4.5 的电路的基础上稍微改变组成三开关信号灯电路，如图 5.11 所示，试编程实现以下功能。

K0	K1	K2	
0	1	1	K0 单独按下，黄灯亮
1	0	1	K1 单独按下，绿灯亮
1	1	0	K2 单独按下，红灯亮

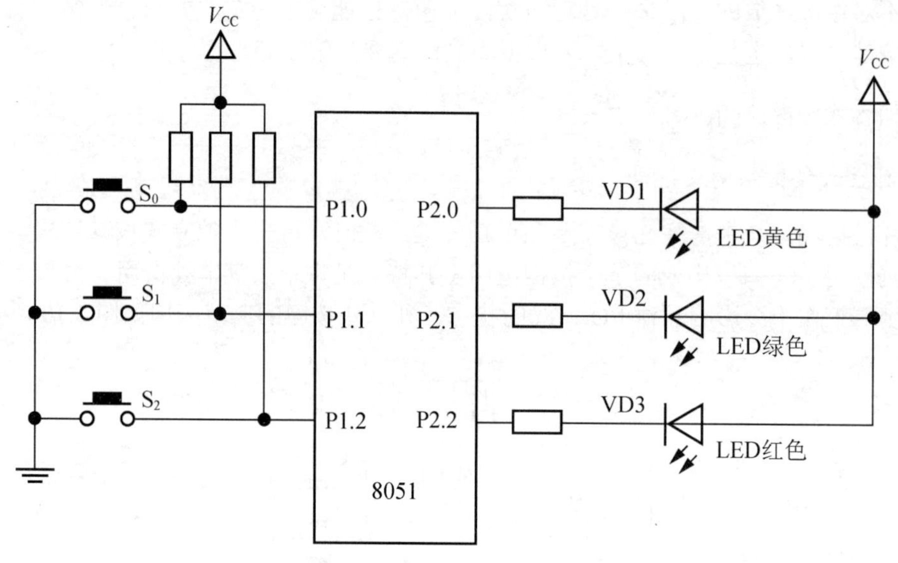

图 5.11　信号灯电路

解：(1) 题意分析。

S_0按下时，P1.0 为低电平，未按下为高电平；P2.0 为低电平时灯亮，高电平时灯灭，其他同理。我们利用查询的方式对按键的输入进行扫描，去抖动后转入相应的按键处理程序，实现要求的功能，程序流程图如图 5.12 所示。

(2) 参考程序。

汇编语言源程序如下。

```
        ORG 0000H
LOOP:   MOV P1,#11111111B           ; 向 P1 口输出“1”，置 P1 口为输入口
        MOV    A,P1                 ; 输入 P1 口状态
        CPL    A                    ; 取反，无键按下则 P1.0～P1.3 变为“0”
        ANL    A,#00000111B         ; 逻辑“与”操作，屏蔽掉无关位
        JZ     LOOP                 ; (A)=0，表明无键按下，返回重新检测
        LCALL  DELAY10MS            ; 延时 10ms
        MOV    A,P1                 ; 再次输入 P1 口状态
        CPL    A
        ANL    A,#00000111B
        JZ     LOOP                 ;无键按下，重新检测
        JB     ACC.0,ZERO           ;转 0 号键处理
        JB     ACC.1,ONE            ;转 1 号键处理
        JB     ACC.2,TWO            ;转 2 号键处理
        AJMP   LOOP
```

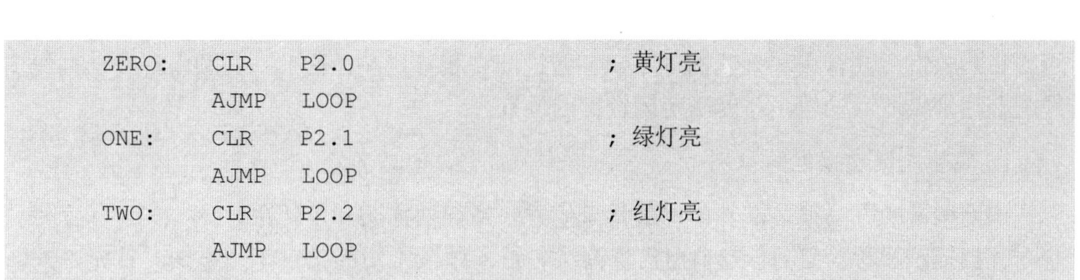

```
ZERO:   CLR   P2.0                 ; 黄灯亮
        AJMP  LOOP
ONE:    CLR   P2.1                 ; 绿灯亮
        AJMP  LOOP
TWO:    CLR   P2.2                 ; 红灯亮
        AJMP  LOOP
        END
```

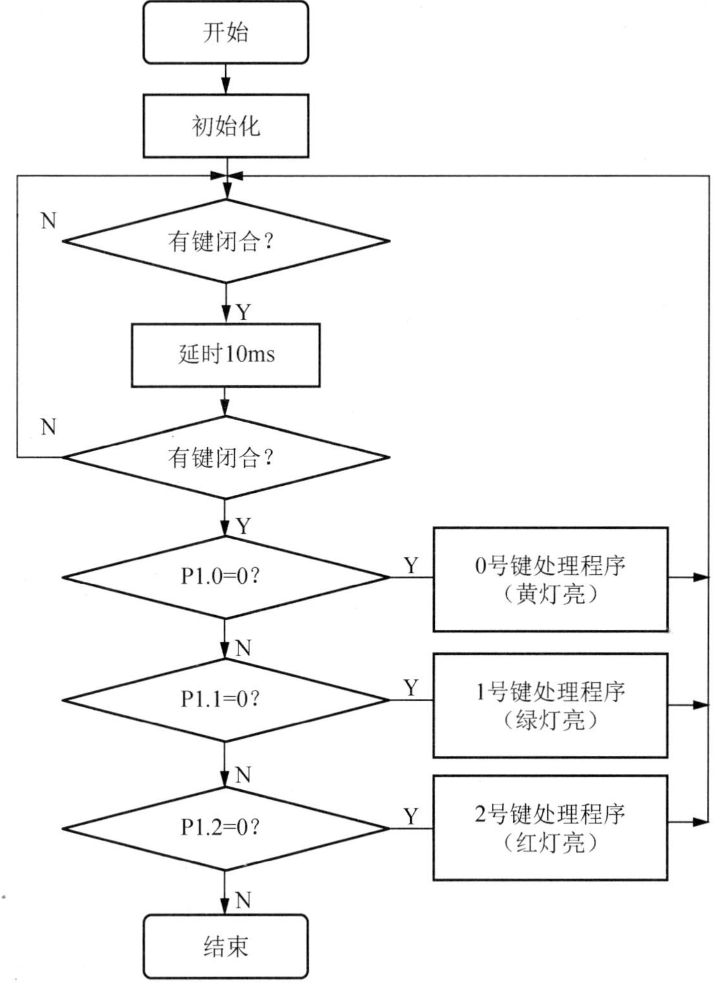

图 5.12　独立式按键应用程序流程图

5.2.3　矩阵式按键工作原理及接口

矩阵式键盘中，行、列线分别连接到按键开关的两端，行线通过上拉电阻接到+5V 上。并将行线所接的单片机的 I/O 口作为输入端，而列线所接的 I/O 口则作为输出端。

编程使所有列线输出低电平“0”，当无键按下时，行线处于高电平状态；当有键按下时，行、列线将导通，此时，行线电平将被列线电平拉低。这样，通过读入输入线的状态就可得知是否有键按下了。然而，矩阵键盘中的行线、列线和多个键相连，各按键按下与否均影响该键所在行线和列线的电平，各按键间将相互影响，因此，必须将行线、列线信号配合起来做适当处理，才能确定闭合键的位置。

1. 矩阵式键盘按键的识别

识别按键的方法很多，其中，最常见的方法是行扫描法和反转法。

行扫描法又称为逐行(或列)扫描查询法，是一种较常用的按键识别方法。首先，判断键盘中有无键按下。将全部列线置低电平，然后检测行线的状态。只要有一行的电平为低，则表示键盘中有键被按下，而且闭合的键位于低电平线与 4 根列线相交叉的 4 个按键之中。若所有行线均为高电平，则键盘中无键按下。

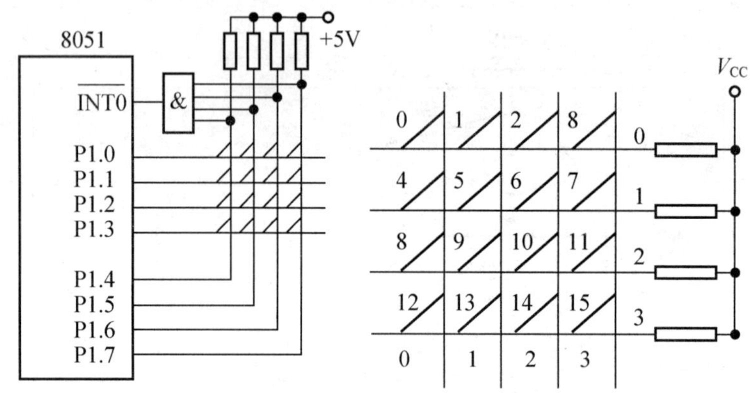

图 5.13 矩阵式键盘结构图

再者，判断闭合键所在的位置。在确认有键按下后，即可进入确定具体闭合键位置的过程。方法是：依次将列线置为低电平，即在置某根列线为低电平时，其他线为高电平，然后输入行线电平状态，若结果不全为高电平，表明按下键就在此列，该低电平列线与置为低电平的行线交叉处的按键就是闭合的按键。

反转法又称反转读键法。首先，置行线为输入线，列线为输出线，输出低电平，然后输入 I/O 口数据，若读入的行线数据不等于 0F，则表明有键按下，保存行线数据，其中低电平所对应的就是被按下键的行位置。

第二步，设置输入、输出口对换，行线为输出线，输出低电平，列线为输入线，然后输入 I/O 口数据，若读入的列线数据不等于 F0，则表明有键按下，保存列线数据，其中低电平所对应的就是被按下键的列位置。将两次所读数据组合，便可得按键码。

应用实例 5.2

单片机的 P1 口用作键盘 I/O 口，键盘的行线接到 P1 口的低 4 位，键盘的列线接到 P1 口的高 4 位。行线 P1.0～P1.3 分别接有 4 个上拉电阻到正电源+5V，并把行线 P1.0～P1.3 设置为输入线，列线 P1.4～P1.7 设置为输出线。4 根行线和 4 根列线形成 16 个相交点。电路如图 5.14 所示，说明按键识别过程。

解：行扫描法。

(1) 首先检测当前是否有键被按下。检测的方法是 P1.4～P1.7 输出全“0”，读取 P1.0～P1.3 的状态，若 P1.0～P1.3 为全“1”，则无键闭合，否则有键闭合。

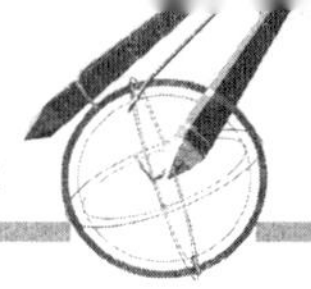

(2) 消除按键的抖动。当检测到有键按下后，用软件延时的方法延时 10ms 后，再判断键盘状态，如果仍为有键按下状态，则认为有一个按键按下，否则当作按键抖动来处理。

(3) 求按键位置。若有键被按下，应识别出是哪一个键闭合。方法是对键盘的行线进行扫描。P1.4～P1.7 按下述 4 种组合依次输出。

P1.4　0　1　1　1
P1.5　1　0　1　1
P1.6　1　1　0　1
P1.7　1　1　1　0

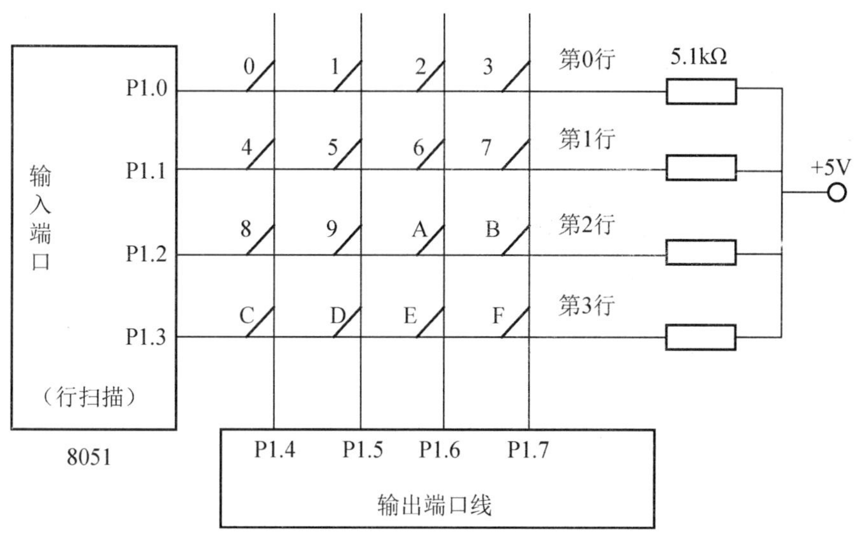

图 5.14　矩阵键盘连接图

在每组列输出时读取 P1.0～P1.3，若全为“1”，则表示为“0”这一列没有键闭合，否则有键闭合。由此，得到闭合键的行值和列值，即按键的位置码。

(4) 按键的译码。按键的位置码并不等于按键的实际定义键值，因此还必须进行转换，即键值译码，可采用计算法或查表法将闭合键转换成所定义的键值。

计算法是通过行值和列值的计算，实现键值的译码。键号=行号×列数+列号。以 4×4 矩阵键盘为例，具体如下：

第 0 行键值为：0 行×4+列号(0～3)为 0、1、2、3；
第 1 行键值为：1 行×4+列号(0～3)为 4、5、6、7；
第 2 行键值为：2 行×4+列号(0～3)为 8、9、A、B；
第 3 行键值为：3 行×4+列号(0～3)为 C、D、E、F。

查表法实现键值的译码，前述反转读键法，将两次所读的数值处理后结合，便得到按键的位置码。以 4×4 矩阵键盘为例，16 个按键的位置码分布如下：

EEH　EDH　EBH　E7H　为 0、1、2、3；
DEH　DDH　DBH　D7H　为 4、5、6、7；
BEH　BDH　BBH　B7H　为 8、9、A、B；
7EH　7DH　7BH　77H　为 C、D、E、F。

将位置码做成一个表格，根据位置码所在的位置将闭合键的行列值转换成所定义的键值。

从以上分析得到键盘扫描程序的流程图如图 5.15 所示。

汇编语言源程序如下。

```
                                ;程 序 名：AJSM
                                ;功    能：检测是否有按键按下，记录闭合键位置码
                                ;入口参数：P1 口连接按键电路
                                ;出口参数：按键位置码存放在 R0 中
                                ;占用资源：R0,R1,R2,A,B,PSW,P1
AJSM:    PUSH ACC               ; 保护现场
         PUSH B
         PUSH PSW
         MOV  P1,#0FH           ; 置列线“0”
         MOV  A,P1              ; 输入行线电平状态
         ANL  A,#0FH
         CJNE A,#0FH,NEXT       ; 判断是否有键按下
         AJMP NEXT0             ; 无键按下，返回主程序
NEXT:    LCALL D10MS            ; 延时 10ms
         MOV  P1,#0FH           ; 再次检测
         MOV  A,P1
         ANL  A,#0FH
         CJNE A,#0FH,NEXT1
         AJMP NEXT0
NEXT1:   MOV  R1,A              ; 暂存行线状态信息
         MOV  A,#0EFH
NEXT2:   MOV  P1,A              ; 依次给列线输出低电平，寻找闭合键
         MOV  R2,A              ; 暂存列线状态信息
         MOV  A,P1
         ANL  A,#0FH
         CJNE A,#0FH,KCODE
         SETB C
         RLC  A
         JC   NEXT2
KCODE:   MOV  A,R1              ; 记录位置码
         ANL  A,#0FH
         MOV  B,A
         MOV  A,R2
         ANL  A,#0F0H
         ORL  A,B
         MOV  R0,A              ;确定位置码，送入 R0 存储
NEXT3:   MOV  P1,#0FH           ; 判断按键是否释放
         MOV  A,P1
         ANL  A,#0FH
         CJNE A,#0FH,NEXT2
NEXT0:   POP  PSW               ; 恢复现场
```

```
        POP  B
        POP  ACC
        RET
```

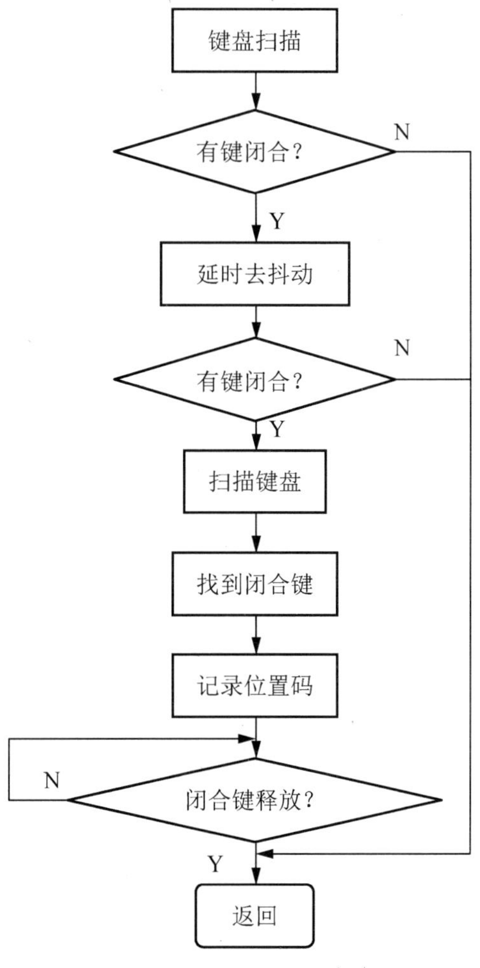

图 5.15　键盘扫描程序流程图

2. 键盘的工作方式

在单片机应用系统中，CPU 对键盘的响应取决于键盘的工作方式，键盘的工作方式应根据实际应用系统中 CPU 的工作状况而定，其选取的原则是既要保证 CPU 能及时响应按键操作，又不要过多占用 CPU 的工作时间。

根据实际应用系统 CPU 忙闲情况，正确选择键盘的工作方式。通常，键盘的工作方式有 3 种，即编程扫描、定时扫描和中断扫描。

1) 编程扫描方式

编程扫描方式是利用 CPU 完成其他工作的空余，采用编程的方式，每隔一段时间调用键盘扫描子程序，查询是否有键输入。在执行键功能程序时，CPU 不再响应键输入要求，直到 CPU 重新扫描键盘为止。这种方式的缺点就是可能因为扫描的不及时而丢失按键信息。

键盘扫描程序一般应包括以下内容：

(1) 判别有无键按下。

(2) 键盘扫描取得闭合键的行、列值。

(3) 用计算法或查表法得到键值。

(4) 判断闭合键是否释放，如没释放则继续等待。

(5) 将闭合键键号保存，同时转去执行该闭合键的功能。

2) 定时扫描方式

定时扫描方式就是每隔一段时间对键盘扫描一次，它利用单片机内部的定时器产生一定时间(例如 10ms)的定时，当定时时间到就产生定时器溢出中断，CPU 响应中断后对键盘进行扫描，并在有键按下时识别出该键，再执行该键的功能程序。这种方式能够保证在指定的时间间隔内扫描键盘，对键盘的响应也比较及时，其硬件电路与编程扫描的相同。

3) 中断扫描方式

采用上述两种键盘扫描方式时，无论是否按键，CPU 都要定时扫描键盘，而单片机应用系统工作时，并非经常需要键盘输入，此时 CPU 对按键的扫描完全是浪费时间，为提高 CPU 工作效率，可采用中断扫描工作方式。其工作过程如下：当无键按下时，CPU 处理自己的工作，当有键按下时，立即产生中断请求，CPU 转去执行键盘扫描子程序，并识别键号。该方式的电路图如图 5.16 所示。

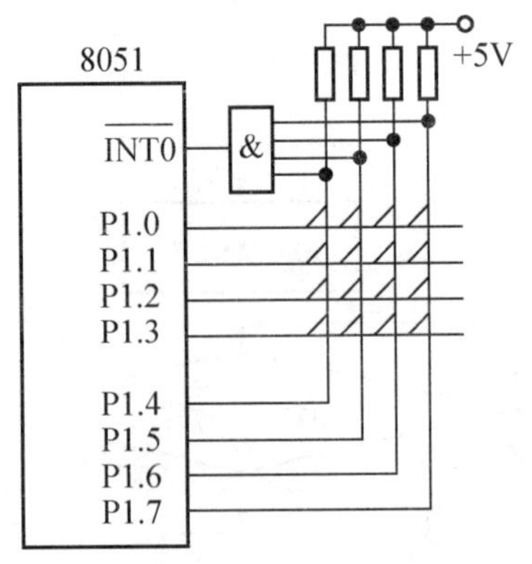

图 5.16　中断扫描键盘电路

图中是一种简易键盘接口电路，该键盘是由 8051 单片机 P1 口的高、低字节构成的 4×4 键盘。键盘的列线与 P1 口的高 4 位相连，键盘的行线与 P1 口的低 4 位相连，因此，P1.4～P1.7 是键输出线，P1.0～P1.3 是扫描输入线。图中的 4 输入与门用于产生按键中断，其输入端与各列线相连，再通过上拉电阻接至+5V 电源，输出端接至 8051 的外部中断输入端 $\overline{INT0}$ 。具体工作如下：当键盘无键按下时，与门各输入端均为高电平，保持输出端为高电平；当有键按下时，$\overline{INT0}$ 端为低电平，向 CPU 申请中断，若 CPU 开放外部中断，则会响应中断请求，转去执行中断服务程序，对键盘输入进行处理。

实训 6　矩阵键盘数码管显示

1. 实训目的

(1) 了解一般按键的电气特性；

(2) 掌握矩阵键盘的结构和工作原理；

(3) 熟悉矩阵键盘的接口技术和按键扫描原理；

(4) 能用矩阵键盘实现各个键相应的功能。

2. 实训设备

单片机开发系统辅助软件及计算机一台。

3. 实训步骤

(1) 要求。给每个按键从左到右，从上到下，按顺序标定键值(0～F)，当按下这 16 个按键的任意一个，数码管能显示相应的键值。

(2) 实验电路。实验电路如图 5.17 所示。图中 P1.0～P1.3 用于控制行线，P1.4～P1.7 用于控制列线，行线通过上拉电阻接 V_{CC}，没有按键按下时，被置于高电平状态。单片机 P0 口接一个数码管，用来显示相应的键值。

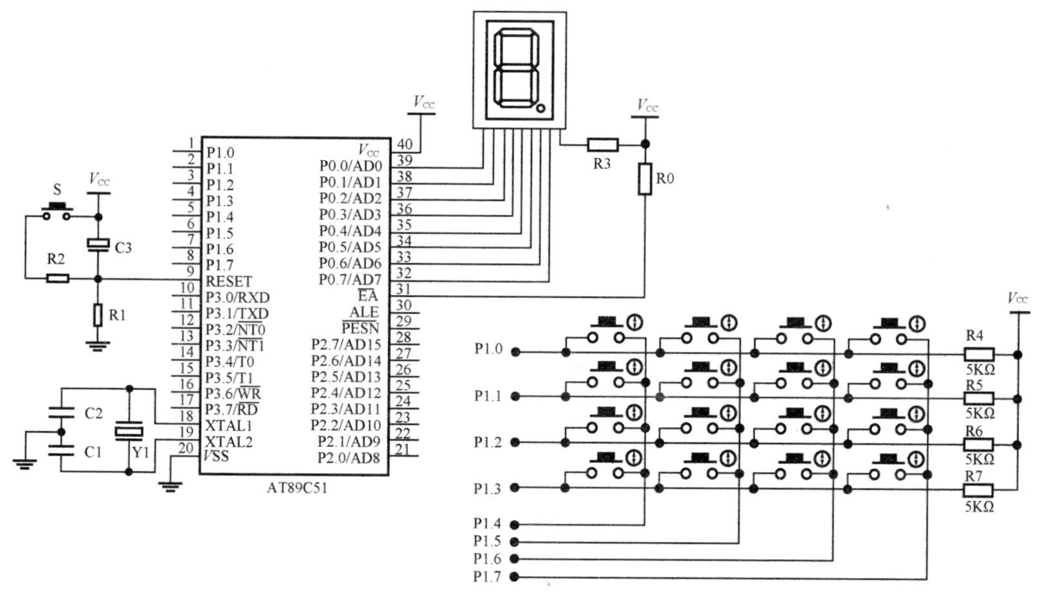

图 5.17　矩阵键盘数码管显示电路图

(3) 程序设计。单片机不断的对按键进行检测，采用反转读键法，行、列轮流作为输入线，根据取得的位置码，查表得到键值，通过 LED 数码管显示出来。程序流程图如图 5.18 所示。

根据流程图，编制源程序如下。

```
        ORG   0000H
        LJMP  MAIN
        ORG   0100H
MAIN:   MOV  P1,#0FFH              ;初始化
        MOV  30H,#00H              ;位置码放置单元
        MOV  31H,#00H              ;键值放置单元
LOOP:   LCALL  KEYS                ;按键判断子程序
        LCALL  DELAY               ;延时 10ms
```

```
        LCALL  KEYS                         ;按键判断
        LCALL  COUNT                        ;计算键值
        LCALL  DISP                         ;数码管显示键值
        LJMP   LOOP
KEYS:   MOV  P1,#0F0H                       ;按键判断子程序
        MOV  A,P1                           ;有键按下将键值
        ANL  A,#0F0H                        ;编码放进 30H 中
        MOV  B,A
        MOV  P1,#0FH
        MOV  A,P1
        ANL  A,#0FH
        ORL  A,B
        CJNE A,#0FFH, KEYS1
        LJMP KEYSEXIT
KEYS1:  MOV  30H,A
KEYSEXIT:RET
COUNT:  MOV  R1 ,#0FFH                      ;查表求键值子程序
COUNT1: INC  R1                             ;把键值计算出来
        MOV  A,R1                           ;存入 31H 中
        MOV DPTR,#TAB1
        MOVC  A,@A+DPTR
        CJNE   A,30H, COUNT1
        MOV  31H,R1
        RET
DISP:   MOV   A,31H                         ;显示子程序
        MOV  DPTR,#TAB2                     ;将 31H 中内容
        MOVC  A,@A+DPTR                     ;显示出来
        MOV  P0,#0FFH
        MOV   P0,A
        RET
DELAY:  MOV   R7,#40                        ;延时 10ms 子程序
   D1:  MOV   R6,#123
        NOP
   D2:  DJNZ  R6,D2
        DJNZ  R7,D1
        RET
TAB1:   DB 0EEH,0EDH,0EBH,0E7H              ;位置码表
        DB 0DEH,0DDH,0DBH,0D7H
        DB 0BEH,0BDH,0BBH,0B7H
        DB 07EH,07DH,07BH,077H
TAB2:   DB 0C0H,0F9H,0A4H,0B0H,099H,092H,082H,0F8H;数码管段码表
        DB 080H,090H,088H,083H,0C6H,0A1H,086H,08EH
        END
```

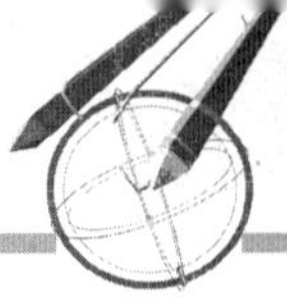

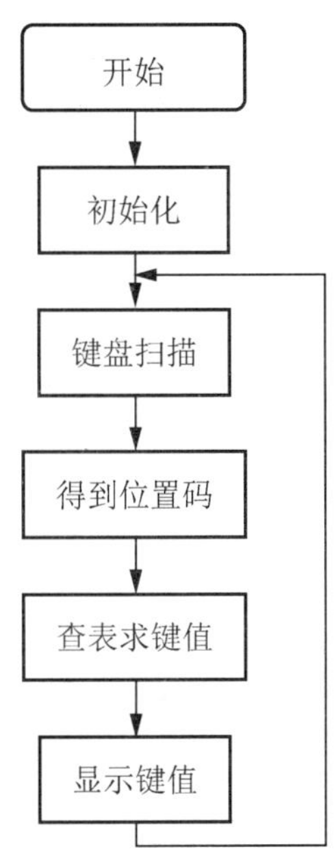

图 5.18　矩阵键盘数码管显示流程图

(4) 运行及调试。在 Keil 中编译源程序生成 HEX 文件后，把该文件添加到 Proteus 构建的系统电路中，仿真调试，观察运行结果。

4. 实训总结与分析

(1) 程序 1 的运行结果是：按不同的按键，数码管显示不同的键值。

(2) 矩阵键盘占用 I/O 端口较少，适用于按键较多的场合。

(3) 按键的消抖有硬件消抖和软件消抖两种方式。上述程序中，采用软件延时 10ms 的方式消除按键的抖动，按键判断两次，若两次都有效，则认为按键确实按下，否则认为是抖动。

(4) 设计、调试大型程序时，需先根据要求划分模块，优化结构；再根据各模块特点确定主程序、子程序以及相互间的调用关系；再根据模块性质和功能将模块细化，设计出程序流程图；最后根据流程图编制程序。本实训将整个程序划分为键盘程序、查表程序、显示程序 3 大模块。

项 目 小 结

在单片机的应用系统中通常要用到人机对话功能，在前、后通道中最常用的外部设备就是显示器和键盘。

常用的显示器种类很多，本项目主要介绍了 LED 七段显示器(数码管)的结构和工作原理以及与单片机的接口方法，包括数码管静态显示和动态显示等。

多个按键组合在一起可以构成键盘，键盘可分为独立式按键和矩阵按键两种，单片机可以方便地与这两种键盘连接起来。独立式按键配置灵活、结构简单，但是占用 I/O 口线较多；矩阵键盘占用 I/O 口线少，节省资源，软件相对复杂。本项目对这两种按键都做了较为详细的介绍。

习 题 5

1. 什么是静态显示？什么是动态显示？

2. 什么是段码？什么是位码？

3. 七段 LED 数码管的静态显示和动态显示，80C51 单片机如何安排接口电路？

4. 什么是键抖动？为什么要对键盘输入进行消抖处理？有哪些消除抖动的方法？

5. 简述独立式按键与矩阵式按键各有什么特点。

6. 独立按键数码管显示电路如图 5.19 所示，P2 口接 8 个按键，键值 0～7，如果其中一个按键按下，则在数码管显示器上显示相应的键值，编程实现。

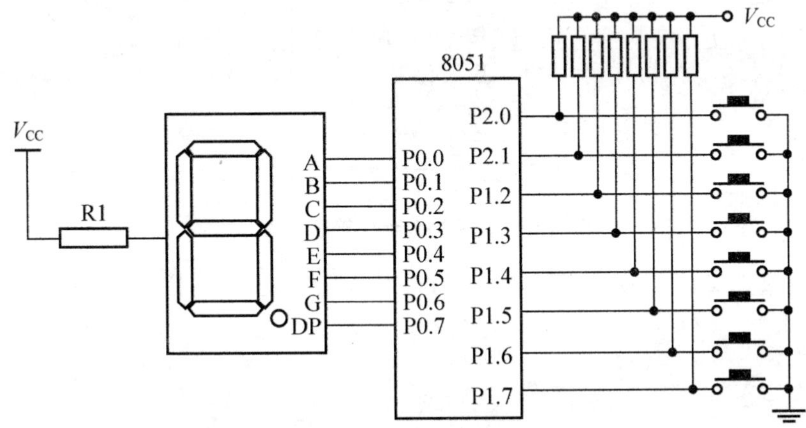

图 5.19　独立按键数码管显示电路示意图

项目6

中断及定时系统

教学目标

通过中断及定时系统的学习，掌握中断的基本概念；了解8051中断源、中断控制寄存器、中断处理过程、中断优先控制和中断嵌套、中断系统的应用；掌握中断处理过程；掌握80C51单片机定时/计数器的结构、工作方式以及特殊功能寄存器的使用。

教学要求

能力目标	相关知识	权重	自测分数
掌握中断的基本概念和中断处理过程	8051单片机中断系统结构、中断源、中断控制寄存器、中断处理、中断优先控制、中断嵌套以及中断处理过程	40%	
编程实现脉冲计数，提高中断系统应用能力	中断系统的应用；IE、IP、TCON等相关寄存器的使用；主程序、子程序、中断服务程序之间的关系	10%	
掌握单片机定时/计数器的使用；	定时器的结构、工作方式，特殊功能寄存器的结构、功能，定时器初始值的计算	40%	
编程实现简易秒表，提高定时器、数码管显示器的应用能力和程序设计能力	定时器的应用，TMOD、TCON等相关寄存器的使用；数码管的动态显示及程序的编制	10%	

项目导读

在日常生活和工作中有很多与中断有关的情况。假如你家中看书学习，这时侯电话铃响了，你在书本上做个记号(以记下你现在正看到某某页)，然后与对方通电话，电话打完后，回来继续看你的书。这就是生活中的“中断”现象，就是正常的工作过程被外部的事件打断了。仔细研究一下生活中的中断，对于我们学习单片机的中断也很有好处。

可以说中断是现代计算机必须具备的重要功能，良好的中断系统能提高计算机对外界异步事件的处理能力和响应速度，从而扩大计算机的应用范围，所以说中断是计算机发展史上的一个重要里程碑。

在日常生活中的洗衣机、空调、智能压力锅等都有定时功能，可以通过设定时间来随心所欲地控制它们、使用它们，这就是因为它们核心控制器—单片机具有定时功能。所以单片机应用于检测、控制及一些智能化仪器仪表等领域时，常通过定时或延时进行控制，也常需要计数器对外界事件进行计数。而 8051 单片机内部有两个定时/计数器可以实现这些功能。

本项目主要介绍中断系统以及定时/计数器的概念和应用。

6.1 中断系统

6.1.1 中断的几个概念

1. 中断的定义

什么是中断，对初学者来说，中断这个概念比较抽象，其实单片机的处理系统与人的一般思维有着许多异曲同工之妙。就像前文描述的情况，生活中很多事件可以引起中断：门铃响了、电话响了、闹钟响了、水开了，等等。

对于 CPU 来说，CPU 在处理某一事件 A 时，发生了另一事件 B 并请求 CPU 迅速去处理(中断发生)；CPU 暂时中断当前的工作，转去处理事件 B(中断响应和中断服务)；待 CPU 将事件 B 处理完毕后，再回到原来事件 A 被中断的地方继续处理事件 A(中断返回)，这一过程称为中断。

所以我们把可以引起中断的请求源称之为中断源。单片机中也有一些可以引起中断的事件，8051 中一共有 5 个中断源：两个外部中断，两个定时/计数器中断，一个串行口中断。

2. 中断的嵌套与优先级

再设想一下，你家中看书学习，这时侯电话铃响了，你在书本上做个记号，然后与对方通电话，而此时门铃响了，快递送信来了，你先停下通电话，签字收信，然后回头继续通完电话，再回来继续看你的书。

从看书到接电话是第一次中断，通电话的过程中有快递送信，这是第二次中断，即在中断的过程中又出现第二次中断，这就是我们常说的中断嵌套。处理完第二个中断任务后，

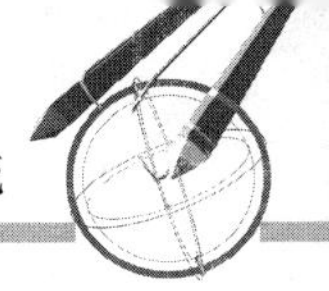

回头处理第一个中断，第一个中断完成后，再继续你原来的主要工作。

为什么会出现这样的中断呢？道理很简单，人只有一个脑袋，在一种特定的时间内，可能会面对两三个甚至更多的任务。你只能分析任务的轻重缓急，先处理重要的任务，再处理次要的任务，总之这里存在一个优先级的问题。对于单片机的 CPU 也是一样，单片机中 CPU 只有一个，但在同一时间内可能会面临着处理很多任务的情况，如运行主程序、数据的输入和输出，定时/计数时间已到要处理、可能还有一些外部的更重要的中断请求要先处理等，此时也有优先级的问题。优先级的问题不仅仅发生在两个中断同时产生的情况，也发生在一个中断已产生，又有一个中断产生的情况。8051 单片机 5 个中断源有两个优先级，后面我们具体学习。

3. 中断的响应过程

当有事件产生，进入中断之前我们必须先记住现在看书到第几页了，然后去处理不同的事情(因为处理完了，我们还要回来继续看书)，电话铃响我们要到放电话的地方去，门铃响我们要到门那边去，也就是说不同的中断，我们要在不同的地点处理，而这个地点通常还是固定的。

计算机中也是采用的这种方法，5 个中断源，每个中断产生后都到一个固定的地方去找处理这个中断的程序，在去之前首先要保存下面将执行的指令的地址，以便处理完中断后回到原来的地方继续往下执行程序。中断响应过程可以分为以下几个步骤。

(1) 保护断点，即保存下一个将要执行的指令的地址，就是把这个地址送入堆栈。

(2) 寻找中断入口，根据 5 个不同的中断源所产生的中断，查找 5 个不同的中断服务程序入口地址，在这 5 个入口地址处存放有中断处理程序。

(3) 执行中断处理程序。

(4) 中断返回：执行完中断处理程序后，就从中断处返回到主程序，继续执行主程序。

中断系统是计算机的重要组成部分。中断系统可以提高 CPU 的工作效率，还可以提高实时数据的处理时效，所以实时控制、故障自动处理往往采用中断系统，计算机与外围设备间传送数据及实现人机联系也常采用中断方式。

6.1.2　中断系统的结构

中断过程是在硬件基础上再配以相应的软件而实现的，不同的计算机其硬件结构和软件指令是不完全相同的，因此中断系统也是不相同的。8051 中断系统的结构如图 6.1 所示。

由图可知，与中断有关的寄存器有 4 个，分别为中断源寄存器 TCON 和 SCON、中断允许控制寄存器 IE 和中断优先级控制寄存器 IP。有中断源 5 个，分别为外部中断 0 请求 $\overline{\text{INT0}}$、外部中断 1 请求 $\overline{\text{INT1}}$、定时器 T0 溢出中断请求 TF0、定时器 T1 溢出中断请求 TF1 和串行中断请求 RI 或 TI。5 个中断源的排列顺序由中断优先级控制寄存器 IP 和顺序查询逻辑电路共同决定，5 个中断源分别对应 5 个固定的中断入口地址。

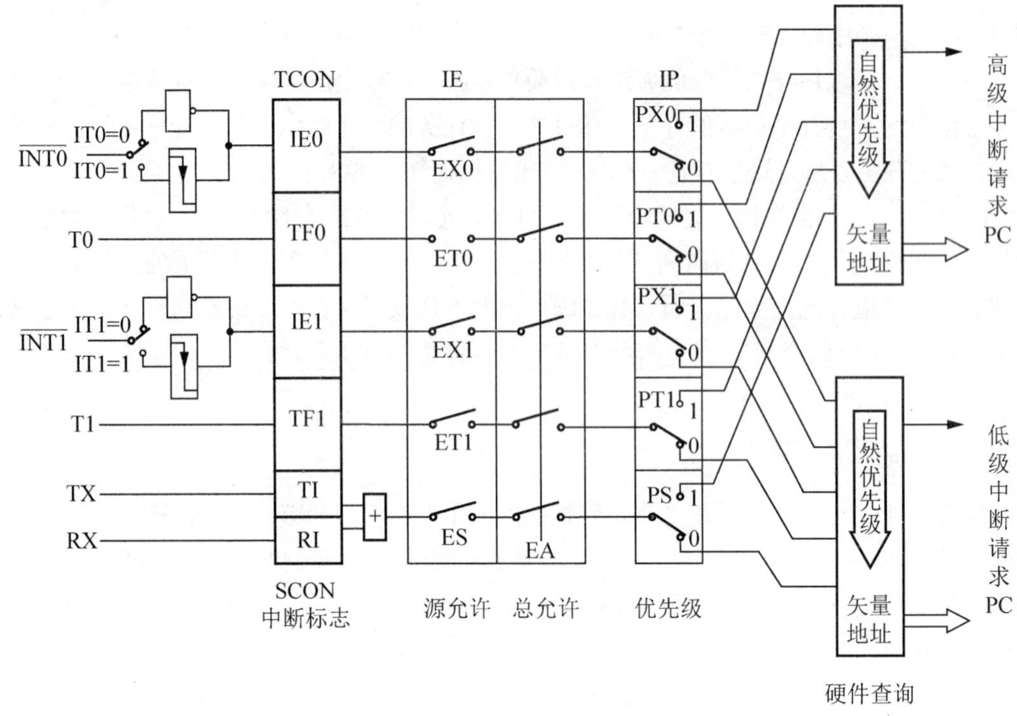

图 6.1　MCS-51 中断系统内部结构示意图

6.1.3　中断源和中断标志

1. 中断源

MCS-51 的 5 个中断源为两个外部中断、两个定时器中断和一个串行口中断。

1) 外部中断请求源

即外中断 0 和 1，经由外部引脚引入的，在单片机上有两个引脚，名称为 $\overline{\text{INT0}}$ 、$\overline{\text{INT1}}$，也就是 P3.2、P3.3 这两个引脚。

外部中断请求信号有两种方式触发中断系统工作，即电平方式和脉冲方式。电平方式是低电平有效，只要单片机在中断请求信号端($\overline{\text{INT0}}$ 和 $\overline{\text{INT1}}$)上采样到有效的低电平信号(低电平的持续时间不少于一个机器周期)，就激活外部中断。而脉冲方式则是在脉冲的下降沿有效。单片机在连续两次对中断信号的采样中，如果前一次为高电平，后一次为低电平，即为一次有效的中断请求信号。高电平和低电平的持续时间不少于一个机器周期。

2) 内部中断请求源

包括两个定时器中断和串行口中断。8051 内部有两个 16 位的定时/计数器，对内部定时脉冲或者 T0/T1 引脚上输入的外部计数脉冲计数，当定时时间到或计数脉冲满时，自动向 CPU 提出中断请求。串行口中断分为串行口发送中断和串行口接收中断两种，在串行口进行发送/接收数据时，每当串行口发送/接收完一组数据，单片机自动使串行口控制寄存器 SCON 的 RI 或 TI 中断标志置位，并且自动向 CPU 提出串行口中断请求。

2. 中断标志

8051 单片机的中断标志集中安排在定时器控制寄存器 TCON 和串行口控制寄存器 SCON 中，我们分别来看。

1) TCON 寄存器中的中断标志

TCON 为定时器 T0 和 T1 的控制寄存器，同时也锁存 T0 和 T1 的溢出中断标志及外部中断 $\overline{\text{INT0}}$ 和 $\overline{\text{INT1}}$ 的中断标志等。如图 6.2 所示，与中断有关位如下。

TCON(88H)	位地址	8F	8E	8D	8C	8B	8A	89	88
	位符号	TF1	TR1	TF0	TR0	IE1	IT1	IE0	IT0

图 6.2　TCON 寄存器中的中断标志

(1) TF1/ TF0：T1 的溢出中断标志。T1 被启动计数后，从初值做加 1 计数，计满溢出后由硬件置位 TF1，同时向 CPU 发出中断请求，此标志一直保持到 CPU 响应中断后才由硬件自动清 0。也可由软件查询该标志，并由软件清 0。

TF0 为 T0 溢出中断标志，其操作功能与 TF1 相同。

(2) TR1/ TR0：定时器 T1 的运行控制位。TR1=1，定时器 T1 开始计数；TR1=0，定时器 T1 停止计数。

TR0 为定时器 T0 的运行控制位，其操作功能与 TR1 相同。

(3) IE1/IE0：$\overline{\text{INT1}}$ 中断标志位。单片机 CPU 每个机器周期检测 $\overline{\text{INT1}}$ 一次，当检测到 $\overline{\text{INT1}}$ 引脚上的状态为中断请求有效时，IE1 则硬件自动置位(置 1)，在 CPU 响应 $\overline{\text{INT1}}$ 上的中断请求标志后进入相应的中断服务程序执行时，IE1 被自动复位成 0。

IE0 为外部中断 $\overline{\text{INT0}}$ 的中断请求标志位，其作用与 IE1 相同。

(4) IT1/ IT0：$\overline{\text{INT1}}$ 中断触发方式控制位。当 IT1=0，外部中断 1 控制为电平触发方式；当 IT1=1，外部中断 1 控制为下降沿(脉冲)触发方式。

在电平触发方式中，CPU 响应中断后不能由硬件自动清除 IE1 标志，也不能由软件清除 IE1 标志，所以在中断返回之前须撤销 $\overline{\text{INT1}}$ 引脚上的低电平，否则将再次中断导致出错。

IT0 为 $\overline{\text{INT0}}$ 中断触发方式控制位，其操作功能与 IT1 相同。

2) SCON 寄存器中的中断标志

SCON 是串行口控制寄存器，其低 2 位 TI 和 RI 锁存串行口的接收中断标志和发送中断标志，如图 6.3 所示。

SCON(98H)	位地址	9F	9E	9D	9C	9B	9A	99	98
	位符号	SM0	SM1	SM2	REN	TB0	RB0	TI	RI

图 6.3　SCON 寄存器中的中断标志

(1) TI：串行发送中断标志。CPU 将数据写入发送缓冲器 SBUF 时，就启动发送，每发送完一个串行帧，硬件将使 TI 置位。但 CPU 响应中断时并不清除 TI，必须由软件清除。

(2) RI：串行接收中断标志。在串行口允许接收时，每接收完一个串行帧，硬件将使 RI 置位。同样，CPU 在响应中断时不会清除 RI，必须由软件清除。

8051 系统复位后，TCON 和 SCON 均清 0，应用时要注意各位的初始状态。

6.1.4　对中断请求的控制

1. 对中断允许的控制

计算机中断系统有两种不同类型的中断：一类称为非屏蔽中断，另一类称为可屏蔽中断。对非屏蔽中断，用户不能用软件的方法加以禁止，一旦有中断申请，CPU 必须予以响

应。对可屏蔽中断，用户则可以通过软件方法来控制是否允许某中断源的中断，允许中断称中断开放，不允许中断称中断屏蔽。MCS-51 系列单片机的 5 个中断源都是可屏蔽中断，其中断系统内部设有一个专用寄存器——中断允许控制寄存器(IE)用于控制 CPU 对各中断源的开放或屏蔽，其格式如图 6.4 所示。

IE(A8H)	位地址	AF	AE	AD	AC	AB	AA	A9	A8
	位符号	EA	/	/	ES	ET1	EX1	ET0	EX0

图 6.4　中断允许控制寄存器(IE)

EA：中断允许总控制位。EA=0，中断总禁止，禁止所有中断；EA=1，中断总允许，置 1 后，各中断源的中断允许由各个控制位进行设置。

EX0、EX1：外部中断允许控制位。EX0(EX1)=0，表示禁止外中断 INT0(INT1)的中断申请；EX0(EX1)=1，表示允许外中断 INT0(INT1)的中断申请。

ET0、ET1：定时/计数中断允许控制位。ET0(ET1)=0，表示禁止定时/计数器 0(1)的中断申请；ET0(ET1)=1，表示允许定时/计数器 0(1)的中断申请。

ES：串行口中断允许控制位。ES=0，禁止串口中断；ES=1，允许串口中断。

MCS-51 单片机各个中断源均为可屏蔽中断。

中断允许寄存器 IE 的单元地址是 A8H，各控制位可以位寻址，也可以字节寻址。例如可以采用位指令开放外部中断 $\overline{\text{INT0}}$ 的溢出中断。

```
SETB    EA
SETB    EX0
```

若改为字节传送指令，则仅需采用一条指令：MOV　IE，#81H。

2. 对中断优先级的控制

8051 单片机有两个中断优先级，每个中断源都可以通过编程确定为高优先级中断或低优先级中断，因此，可实现二级嵌套。8051 片内有一个中断优先级寄存器 IP，格式如图 6.5 所示。

IP(B8H)	位地址	BF	BE	BD	BC	BB	BA	B9	B8
	位符号	/	/	/	PS	PT1	PX1	PT0	PX0

图 6.5　中断优先级寄存器 IP

PX0：外部中断 0 优先级设定位。

PT0：定时/计数器 0 中断优先级设定位。

PX1：外部中断 1 优先级设定位。

PT1：定时/计数器 1 中断优先级设定位。

PS：串行口中断优先级设定位。

若某一控制位设置为“0”，则相应的中断源为低优先级；反之，若某一控制位设置为“1”，则相应的中断源为高优先级。

8051 单片机共有 5 个中断源，在单片机工作过程中，若出现 3 个或者更多的中断请求源，那么同一优先级别中的中断源就不止一个，这个时候也有中断优先级排队的问题，8051

单片机对此有统一规定，见表 6-1。可对中断系统的规定概括为以下两条基本规则。

表 6-1　8051 各个中断源中断优先级顺序

中断源	同一级别的优先级
外部中断 0	高
定时/计数器 0 溢出中断	↓
外部中断 1	↓
定时/计数器 1 溢出中断	↓
串行口中断	低

(1) 低优先级中断系统可以被高级中断系统中断，反之不能；

(2) 当多个中断源同时发出申请时，级别高的优先级先服务(先按高低优先级区分，再按辅助优先级区分)。

6.1.5　中断处理过程

中断处理过程可分为中断响应、中断处理和中断返回 3 个阶段。不同的计算机因其中断系统的硬件结构不同，因此中断响应的方式也有所不同。这里以 8051 单片机为例进行叙述。

1. 中断响应

中断响应是 CPU 对中断源中断请求的响应，包括保护断点和将程序转向中断服务程序的入口地址(通常称矢量地址)。CPU 并非任何时刻都响应中断请求，而是在中断响应条件满足之后才会响应。

1) 中断响应条件

CPU 响应中断的条件有：

(1) 有中断源发出中断请求。

(2) 中断总允许位 EA=1。

(3) 申请中断的中断源允许。

满足以上基本条件，CPU 一般会响应中断，但 CPU 正在响应同级或高优先级的中断、正在执行 RETI 中断返回指令以及访问专用寄存器 IE 和 IP 的指令时，不响应中断请求而在下一机器周期继续查询，否则，CPU 在下一机器周期响应中断。

2) 中断响应过程

中断响应过程包括保护断点和将程序转向中断服务程序的入口地址。首先把中断点的地址(断点地址)压入堆栈保护，然后将对应的中断入口地址装入程序计数器 PC(由硬件自动执行)，使程序转向该中断入口地址，执行中断服务程序。MCS-51 系列单片机各中断源的入口地址由硬件事先设定，分配见表 6-2。

表 6-2　单片机的中断入口地址

中断源	入口地址
外部中断 0	0003H
定时/计数器 0 溢出中断	000BH

续表

中断源	入口地址
外部中断 1	0013H
定时/计数器 1 溢出中断	001BH
串行口中断	0023H

因为 5 个中断源的入口地址之间，只相隔 8 个存储单元，一般的中断服务程序是容纳不下的，使用时通常在这些中断入口地址处存放一条绝对跳转指令，使程序跳转到存储器其他的任何空间，并且将中断服务程序安排在相应的空间中。

例如，若采用定时器 T0 中断，其中断入口地址为 000BH，中断服务程序名为 TIME00，因此，指令形式为：

```
ORG     000BH                ;T1 中断入口
AJMP    TIME00               ;转向中断服务程序
```

2. 中断处理

中断处理就是执行中断服务程序。中断服务程序从中断入口地址开始执行，到返回指令 RETI 为止，一般包括两部分内容，一是保护现场，二是完成中断源请求的服务。

通常，主程序和中断服务程序都会用到累加器 A、状态寄存器 PSW 及其他一些寄存器，当 CPU 进入中断服务程序用到上述寄存器时，会破坏原来存储在寄存器中的内容，一旦中断返回，将会导致主程序的混乱，因此，在进入中断服务程序后，一般要先保护现场，然后，执行中断处理程序，在中断返回之前再恢复现场。

例如：

```
TIME00:                      ;中断服务程序
        CLR     EA           ;关中断
        PUSH    PSW          ;保护现场
        PUSH    ACC
        PUSH    B
        …                    ;中断处理
        PUSH    B            ;恢复现场
        PUSH    ACC
        PUSH    PSW
        SETB    EA           ;开中断
        RETI                 ;中断返回
```

编写中断服务程序时还需注意以下几点：

(1) 各中断源的中断入口地址之间只相隔 8 个字节，容纳不下普通的中断服务程序，因此，在中断入口地址单元通常存放一条无条件转移指令，可将中断服务程序转至存储器的其他任何空间。

(2) 若要在执行当前中断程序时禁止其他更高优先级中断，需先用软件关闭 CPU 中断，或用软件禁止相应高优先级的中断，在中断返回前再开放中断。

(3) 在保护和恢复现场时，为了不使现场数据遭到破坏或造成混乱，一般规定此时 CPU 不再响应新的中断请求。因此，在编写中断服务程序时，要注意在保护现场前关中断，在

保护现场后若允许高优先级中断，则应开中断。同样，在恢复现场前也应先关中断，恢复之后再开中断。

3. 中断返回

中断返回是指中断服务完后，计算机返回原来断开的位置(即断点)，继续执行原来的程序。中断返回由中断返回指令 RETI 来实现。该指令的功能是把断点地址从堆栈中弹出，送回到程序计数器 PC，此外，还通知中断系统已完成中断处理，并同时清除优先级状态触发器。

4. 中断请求的撤除

CPU 响应中断请求后即进入中断服务程序，在中断返回前，应撤除该中断请求，否则，会重复引起中断而导致错误。MCS-51 各中断源中断请求撤销的方法各不相同。

1) 定时器中断请求的撤除

对于定时器 0 或 1 溢出中断，CPU 在响应中断后即由硬件自动清除其中断标志位 TF0 或 TF1，无须采取其他措施。

2) 串行口中断请求的撤除

对于串行口中断，CPU 在响应中断后，硬件不能自动清除中断请求标志位 TI、RI，必须在中断服务程序中用软件将其清除。例如：

```
CLR   TI          ;撤除发送中断
CLR   RI          ;撤除接收中断
```

3) 外部中断请求的撤除

外部中断可分为边沿触发型和电平触发型，对于这两种不同的中断触发方式，51 单片机撤除它们的中断请求的方法是不同的。

(1) 对于边沿触发的外部中断 0 或 1，CPU 在响应中断后由硬件自动清除其中断标志位 IE0 或 IE1，无须采取其他措施。

(2) 对于电平触发的外部中断，其中断请求撤除方法较复杂。因为对于电平触发外中断，CPU 在响应中断后，硬件不会自动清除其中断请求标志位 IE0 或 IE1，同时，也不能用软件将其清除，所以，在 CPU 响应中断后，应立即撤除 $\overline{INT0}$ 或 $\overline{INT1}$ 引脚上的低电平。否则，就会引起重复中断而导致错误。而 CPU 又不能控制 $\overline{INT0}$ 或 $\overline{INT1}$ 引脚的信号，因此，只有通过硬件再配合相应软件才能解决这个问题。图 6.6 所示是一种可行方案。

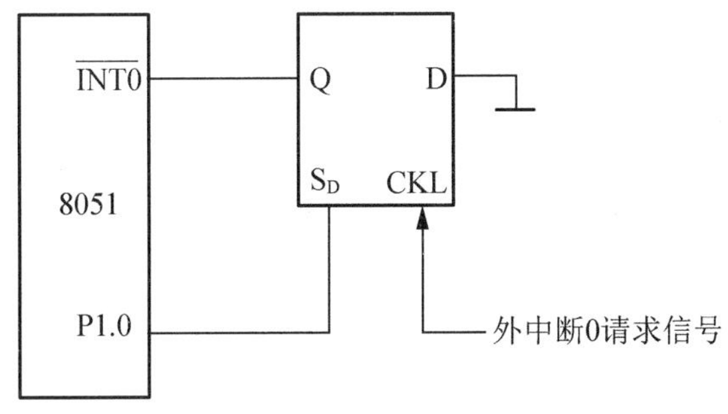

图 6.6　撤除外部中断请求的电路

由图可知，外部中断请求信号不直接加在 $\overline{INT0}$ 或 $\overline{INT1}$ 引脚上，而是加在 D 触发器的

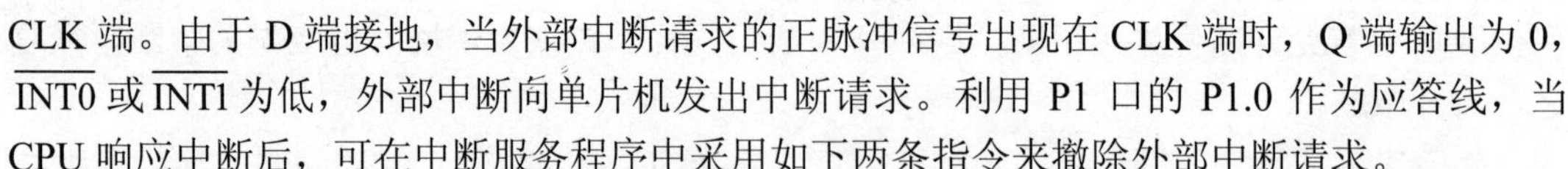

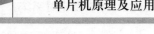

CLK 端。由于 D 端接地，当外部中断请求的正脉冲信号出现在 CLK 端时，Q 端输出为 0，$\overline{INT0}$ 或 $\overline{INT1}$ 为低，外部中断向单片机发出中断请求。利用 P1 口的 P1.0 作为应答线，当 CPU 响应中断后，可在中断服务程序中采用如下两条指令来撤除外部中断请求。

```
        CLR  P1.0
        NOP
        NOP
        SETB  P1.0
```

第一条指令使 P1.0 为 0，因 P1.0 与 D 触发器的异步置 1 端 DS 相连，Q 端输出为 1，$\overline{INT0}$ 无效，从而撤除中断请求。第二条指令使 P1.0 变为 1，Q 端继续受 CLK 控制，即新的外部中断请求信号又能向单片机申请中断。第二条指令是必不可少的，否则，将无法再次形成新的外部中断。

应用实例 6.1

电路如图 6.7 所示，按键控制信号灯，试利用两个外部中断编程实现以下功能：S_0 单独按下，黄灯亮；S_1 单独按下，绿灯亮。

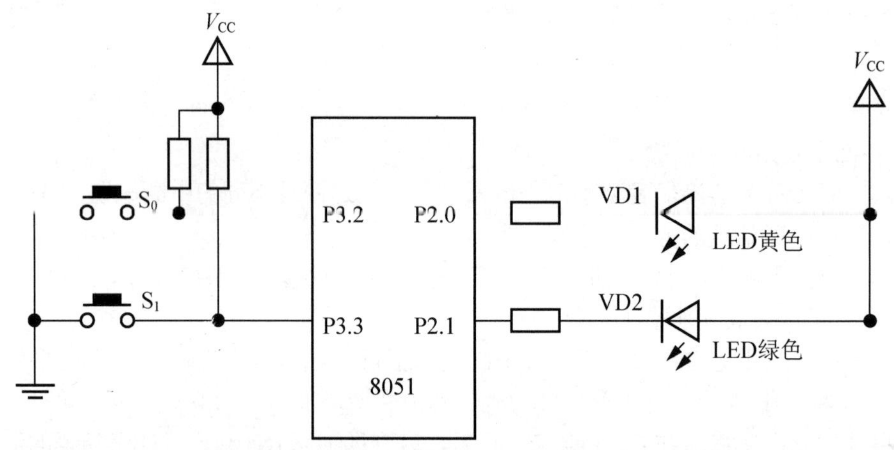

图 6.7　实例 6.1 电路示意图

解：S_0 按下时，P3.2 为低电平，则向 CPU 发出中断请求，在中断处理程序中，清零 P2.0，点亮 LED；S_1 同理。

汇编语言源程序如下。

```
        ORG   0000H
        LJMP  MAIN
        ORG   0003H                ;外部中断 0 的入口地址
        LJMP  INT00
        ORG   0013H                ;外部中断 1 的入口地址
        LJMP  INT11
        ORG   0100H
MAIN:   MOV  SP,#60H               ;设置堆栈指针
        SETB  IT0                  ;设置中断 0 的触发方式为下降沿触发
        SETB  IT1                  ;设置中断 1 的触发方式为下降沿触发
```

```
        SETB  EA               ;开总中断
        SETB  EX0              ;开外部中断 0
        SETB  EX1              ;开外部中断 1
        SJMP  $                ;等待中断
INT00:  CLR P2.0               ;外部中断 0 的中断服务程序
        RETI
INT11:  CLR  P2.1              ;外部中断 1 的中断服务程序
        RETI
        END
```

实训 7　中断实现脉冲计数

1. 实训目的

(1) 掌握外部中断系统的应用；

(2) 掌握 IE、IP、TCON 等相关寄存器的使用；

(3) 掌握主程序、子程序、中断服务程序之间的关系。

2. 实训设备

单片机开发系统辅助软件及计算机一台。

3. 实训步骤

(1) 要求。采用单片机外部中断 0 实现对外部中断的测量，每输入一个外部脉冲，引起外部中断一次，脉冲个数由 P2 口输出，驱动 LED 显示。

(2) 实验电路。实验电路如图 6.8 所示。

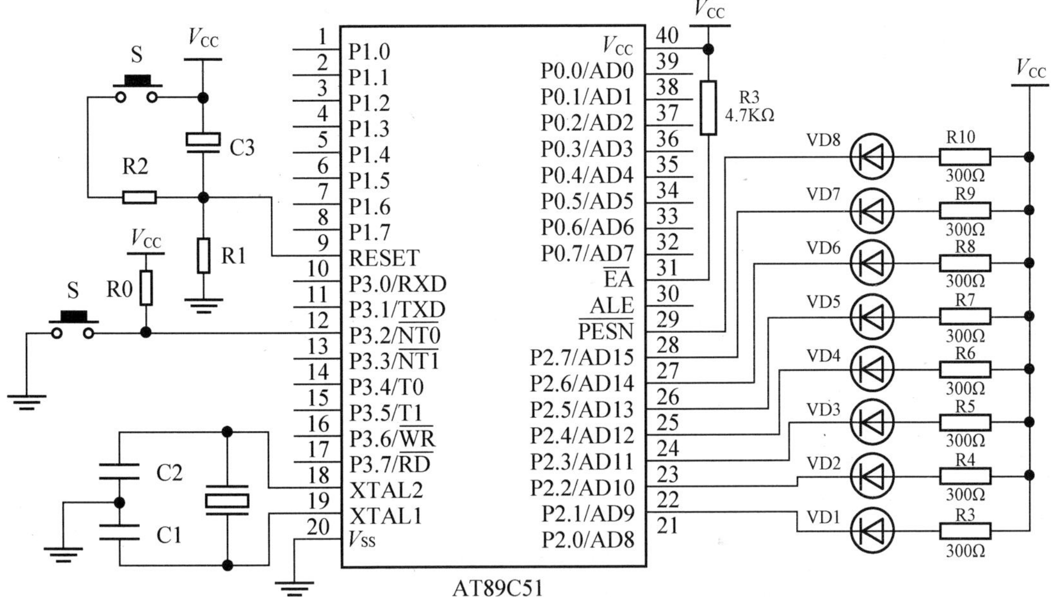

图 6.8　脉冲计数测量电路图

(3) 程序设计。利用外部中断 0 来实现外部脉冲的计数测量，每输入一个脉冲，引起外部中断一次，中断触发方式采用下降沿触发。

主程序流程图如图 6.9 所示，中断服务程序流程图如图 6.10 所示。

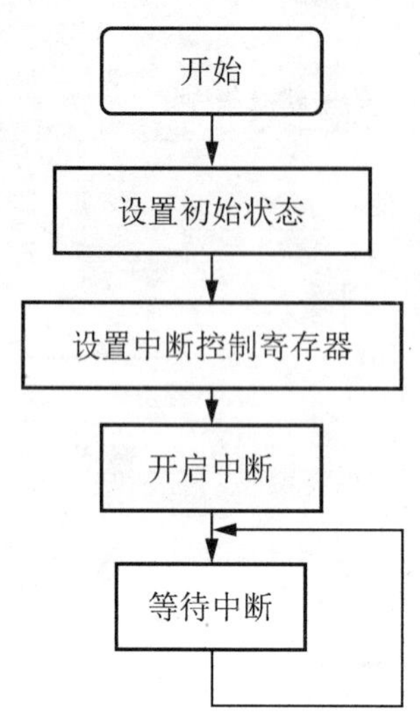

图 6.9　主程序流程图

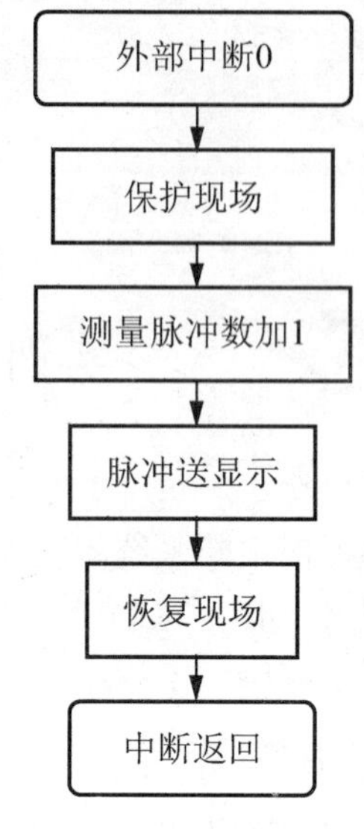

图 6.10　中断服务程序流程图

根据流程图，编制源程序如下。

```
        ORG   0000H
        LJMP  MAIN
        ORG   0003H
        LJMP  INT00
        ORG   0100H
MAIN:   MOV   SP,#50H          ;设置堆栈指针
        MOV   R0,#00H          ;显示值
        SETB  IT0              ;设置中断 0 的触发方式为下降沿触发
        MOV   IE,#81H          ;开中断
        SJMP  $                ;等待中断
INT00:  PUSH  PSW              ;保护现场
        INC   R0               ;脉冲数加 1
        MOV   A,R0
        CPL   A
        MOV   P2,A             ;送 P2 口显示
        POP   PSW              ;恢复现场
        RETI                   ;中断返回
        END
```

(4) 运行及调试。在 Keil 中编译源程序生成 HEX 文件后，把该文件添加到 Proteus 构建的系统电路中，仿真调试，观察运行结果。

4. 实训总结与分析

(1) 程序 1 的运行结果是：当按下第一个脉冲时，第一个 LED 发光，当按下第二个脉

冲时，第二个 LED 发光，当按下第三个脉冲时，第一个、第二个 LED 发光……

(2) 中断触发方式的选择要根据中断信号的形式是低电平还是下降沿，一般情况下，变化缓慢的中断信号以电平为主，变化快的以沿触发为主，对一些不清晰的信号，还要做适当的滤波和整形。

(3) 程序的编制过程中，注意保护现场和恢复现场，另外还要注意 IE、IP、TCON 等特殊功能寄存器的使用以及中断返回指令 RETI 和子程序返回指令 RET 的不同。

6.2　定时/计数器

6.2.1　关于定时/计数器的几个概念

1. 计数的概念

所谓计数，就是计算事件发生的次数。生活中计数的例子处处可见。例：录音机上的计数器、家里面用的电度表、汽车上的里程表等。再举一个生活中的例子，自行车上的简易测速装置，在车轮上安装一个磁铁，在叉架位置安装一个霍尔开关，每当车轮转过一圈时，磁铁接近一次霍尔开关，于是就会输出一个脉冲。如果把这个脉冲输入单片机，单片机可以在每次脉冲到来时计一个数，通过每分钟内单片机的计数值可以得到车轮每转过一圈的时间，再通过车轮的半径，就可以得到自行车的行驶速度。

2. 定时的概念

生活中常见的定时有很多，如电视机定时关机、空调定时开关、微波炉定时加热等。单片机中的计数器除了可以计数外，还可以用作时钟。那么计数器是如何作为定时器来使用的呢？一个闹钟，我将它定时在 1h 后闹响，换言之，也可以说是秒针走了 3 600 次，所以时间就转化为秒针走的次数，也就是计数的次数了，可见，计数的次数和时间之间的确十分相关。那么它们的关系是什么呢？那就是秒针每一次走动的时间正好是 1s。

所以只要计数脉冲的间隔相等，则计数值就代表了时间的流逝。因此，我们说单片机中的定时器和计数器是一个东西，只不过计数器是记录的外界发生的事情，而定时器则是由单片机提供一个非常稳定的计数源。这个计数源就是由单片机的晶振经过 12 分频后获得的一个脉冲源。在晶振位 12MHz 的情况下，这个计数脉冲的时间间隔就是 1μs。

3. 计数器的容量

任何容器的容量都是有限的，例如生活中用的水盆、水桶、瓶子等其容易是有限的。那么单片机中的计数器有多大的容量呢？8051 单片机中有两个计数器，分别称之为 T0 和 T1，这两个计数器都是 16 位，所以最大的计数量是 65 536，即 0000H～FFFFH。

4. 溢出

往盛满水的盆中再加水，会发生什么现象？水就会漫出来，用个专业的词语来讲就是“溢出”。

水溢出的话是流到地上，而计数器溢出后将使得 TF0 变为“1”。至于 TF0 是什么我们稍后再谈。一旦 TF0 由 0 变成 1，就是产生了变化，产生了变化就会引发事件，就像定时的时间一到，闹钟就会响一样。至于会引发什么事件，我们下次课再介绍，现在我们来研

究另一个问题：要有多少个计数脉冲才会使 TF0 由 0 变为 1。

5. 任意定时及计数的方法

上文提到，计数器的容量是 16 位，最大的计数量是 65 536，因此计到 65 536 个就会产生溢出。问题是我们现实生活中，经常会有少于 65 536 个计数值的要求，如定时 100s？

比如说，一个容器可以装 1000 滴水，再装的话就溢出了。现在要求只能装 100 滴水，再装的话就溢出了，怎么实现？对了，我们可以先装 900 滴水就可以了。这种方式在单片机里面称为预置数，我要计 100，那我就先放进 65 436，再来 100 个脉冲，就可以到 65 536 了。

定时也是如此，每个脉冲是 1μs，则计满 65 536 个脉冲需时 65.536ms，如果我只要 10ms 怎么办？10 个 ms 为 10 000 个 μs，所以只要在计数器里面放进 55 536 就可以了。

6.2.2 定时/计数器的结构

从上一节我们已经得知，单片机中的定时/计数器可以有多种用途，下面我们具体了解它们的内部结构。

8051 单片机内部有两个 16 位的可编程定时/计数器，称为定时器 0(T0)和定时器 1(T1)，可编程选择其作为定时器用或作为计数器用。此外，工作方式、定时时间、计数值、启动、中断请求等都可以由程序设定，其逻辑结构如图 6.11 所示。

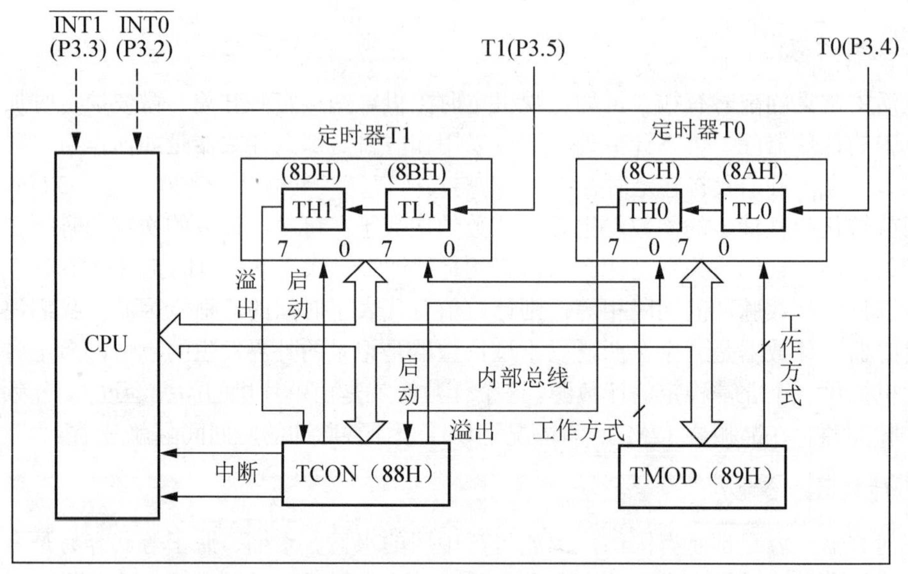

图 6.11　8051 定时/计数器逻辑结构图

由图可知，8051 定时/计数器由定时器 T0、定时器 T1、定时器方式寄存器 TMOD 和定时器控制寄存器 TCON 组成。

T0、T1 是 16 位加法计数器，分别由两个 8 位专用寄存器组成：T0 由 TH0 和 TL0 构成，T1 由 TH1 和 TL1 构成，TL0、TL1、TH0、TH1 这几个寄存器均可单独访问。T0 或 T1 用作计数器时，对芯片引脚 T0(P3.4)或 T1(P3.5)上输入的脉冲计数，每输入一个脉冲，加法计数器加 1；其用作定时器时，对内部机器周期脉冲计数，由于机器周期是定值，故

计数值一定时，时间也随之确定。

TMOD、TCON 与 T0、T1 间通过内部总线及逻辑电路连接，TMOD 用于设置定时器的工作方式，TCON 用于控制定时器的启动与停止。那么怎样才能让定时/计数器工作于所需要的用途呢？这就要通过定时/计数器的方式控制字来设置。

6.2.3　定时/计数器的控制

上文提到的两个特殊功能寄存器，TMOD 和 TCON，通过设置这两个特殊功能寄存器来让定时/计数器为我们服务。

1. 定时/计数器方式寄存器 TMOD

TMOD 为 T1、T2 的工作方式寄存器，TMOD 的低 4 位为 T0 的方式字段，高 4 位为 T1 的方式字段，它们的含义完全相同，其格式如下。

TMOD	D7	D6	D5	D4	D3	D2	D1	D0
	GATE	$C/\overline{T}$	M1	M0	GATE	$C/\overline{T}$	M1	M0
(89H)	←　定时器 1　→				←　定时器 0　→			

(1) GATE：门控位。当 GATE=0 时，软件控制位 TR0 或 TR1 置 1 即可启动定时器；当 GATE=1 时，软件控制位 TR0 或 TR1 须置 1，同时还须 $\overline{INT0}$ (P3.2)或 $\overline{INT1}$ (P3.3)为高电平方可启动定时器，即允许外中断 $\overline{INT0}$ 、$\overline{INT1}$ 启动定时器。

(2) $C/\overline{T}$ ：功能选择位。$C/\overline{T}$ =0 时，设置为定时器工作方式；$C/\overline{T}$ =1 时，设置为计数器工作方式。

(3) M1 和 M0：方式选择位。定义见表 6-3。

表 6-3　M1 和 M0 定义

M1　M0	工作方式	功 能 说 明
0　0	方式 0	13 位计数器
0　1	方式 1	16 位计数器
1　0	方式 2	自动再装入 8 位计数器
1　1	方式 3	定时器 0：分成两个 8 位计数器 定时器 1：停止计数

特别提示

TMOD 不能位寻址，只能用字节指令设置定时器工作方式，高 4 位定义 T1，低 4 位定义 T0。复位时，TMOD 所有位均置 0。

2. 定时/计数器控制寄存器 TCON

TCON 的作用是控制定时器的启动、停止，标志定时器的溢出和中断情况。定时器控制字 TCON 的格式如下。

TCON	8FH	8EH	8DH	8CH	8BH	8AH	89H	88H
(88H)	TF1	TR1	TF0	TR0	IE1	IT1	IE0	IT0

(1) TF1：定时器 1 溢出标志位。当定时器 1 计数满产生溢出时，由硬件自动置 TF1=1。在中断允许时，向 CPU 发出定时器 1 的中断请求，进入中断服务程序后，由硬件自动清 0。在中断屏蔽时，TF1 可作查询测试用，此时只能由软件清 0。

(2) TR1：定时器 1 运行控制位。由软件置 1 或清 0 来启动或关闭定时器 1。当 GATE=1，且 $\overline{\mathrm{INT1}}$ 为高电平时，TR1 置 1 启动定时器 1；当 GATE=0 时，TR1 置 1 即可启动定时器 1。

(3) TF0：定时器 0 溢出标志位。其功能及操作情况同 TF1。

(4) TR0：定时器 0 运行控制位。其功能及操作情况同 TR1。

(5) IE1：外部中断 1($\overline{\mathrm{INT1}}$)请求标志位。

(6) IT1：外部中断 1 触发方式选择位。

(7) IE0：外部中断 0($\overline{\mathrm{INT0}}$)请求标志位。

(8) IT0：外部中断 0 触发方式选择位。

TCON 中的低 4 位用于控制外部中断，与定时/计数器无关。当系统复位时，TCON 的所有位均清 0。TCON 的字节地址为 88H，可以位寻址，清溢出标志位或启动定时器都可以用位操作指令。如“SETB　TR1，”“JBC　TF1，LOOP”等。

6.2.4　定时/计数器的工作方式

上文提到，通过对 TMOD 寄存器中 M0、M1 位进行设置，可选择 4 种工作方式，即方式 0、方式 1、方式 2 和方式 3。在方式 0、1 和 2 时，T0 和 T1 的工作方式相同；在方式 3 时，两个定时器的工作方式不同，我们分别来看。

1. 方式 0

方式 0 构成一个 13 位定时/计数器，其最大计数值为 2^{13}=8 192。图 6.12 所示是定时器 0 在方式 0 时的逻辑电路结构，定时器 1 的结构和操作与定时器 0 完全相同。

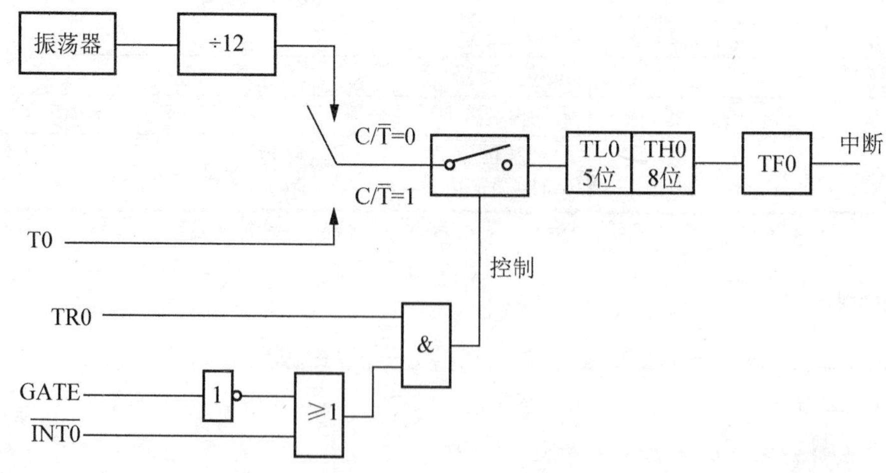

图 6.12　T0(或 T1)方式 0 时的逻辑电路结构图

由图可知：16 位加法计数器(TH0 和 TL0)只用了 13 位。其中，TH0 占高 8 位，TL0 占

低 5 位(只用低 5 位，高 3 位未用)，如图 6.13 所示。当 TL0 低 5 位溢出时自动向 TH0 进位，而 TH0 溢出时向中断位 TF0 进位(硬件自动置位)，并申请中断。T0 是否溢出，CPU 会在每个机器周期查询 TF0 是否置位，以产生 T0 中断。

D12	D11	D10	D9	D8	D7	D6	D5

TH0/TH1

×	×	×	D4	D3	D2	D1	D0

TL0/TL1

图 6.13　方式 0 中的 13 位计数器分配

当 $C/\overline{T}=0$ 时，多路开关连接 12 分频器输出，T0 对机器周期计数，此时 T0 为定时器。其定时时间为：

$$t = (\text{M} - T0\text{初值}x) \times \text{机器周期}T = 12 \times (8\,192 - x)\ /f$$

当 $C/\overline{T}=1$ 时，多路开关与 T0(P3.4)相连，外部计数脉冲由 T0 脚输入，当外部信号电平发生由 0 到 1 的负跳变时，计数器加 1，此时 T0 为计数器。

当 GATE=0 时，或门被封锁输出为 1，此时 TR0 直接控制定时器 0 的启动和关闭。TR0=1，定时器 0 从初值开始计数直至溢出。溢出时，16 位加法计数器为 0，TF0 置位，并申请中断。如果要循环计数，则定时器 T0 需重置初值，且需用软件将 TF0 复位。TR0=0，则与门被封锁，控制开关被关断，停止计数。

当 GATE=1 时，与门的输出由 $\overline{\text{INT}0}$ 的输入电平和 TR0 位的状态来确定。若 TR0=1 则与门打开，外部信号电平通过 $\overline{\text{INT}0}$ 引脚直接开启或关断定时器 T0，当 $\overline{\text{INT}0}$ 为高电平时，允许计数，否则停止计数；若 TR0=0，则与门被封锁，控制开关被关断，停止计数。

应用实例 6.2

用定时器 0 的工作方式 0 实现 1ms 的定时，在 P1.0 引脚上输出周期为 2ms 的方波。设晶振频率为 12MHz。

解：第一步，设置工作方式 TMOD。根据题意用定时器 0 的工作方式 0 实现 1ms 的定时，则：

M1M0=00，T0 工作在方式 0；

$C/\overline{T}=0$，此时 T0 为定时状态；

GATE=0，此时定时器与外部中断无关；

其余各位可以任意设置，这里取 0 值，即 TMOD=00000000B=00H。

第二步，计算初值，此时晶振频率为 12MHz。

根据公式 $t = 12 \times (8\,192 - x)\ /f$，得出

$$1\text{ms} = 10^3\mu\text{s} = 12 \times (8192 - x)\ /12\text{M}$$

得 $x = 8\,192 - 1\,000 = 7\,192D$=1C18H=0001110000011000B

因 13 位计数器中 TL0 的高 3 位未用，应填写 0，TH0 占高 8 位，所以 x 的实际填写值应为：

$$x = 11100000\quad 11000 = \text{E018H}$$

即：TH0=E0H，TL0=18H。

第三步，程序采用查询的方式，如下。

```
        ORG   00H
        LJMP  MAIN
        ORG   0100H
MAIN:   MOV   TMOD,#00H      ;设定时器 0 为工作方式 0
        SETB  TR0            ;启动定时器
LOOP:   MOV   TH0,#0E0H      ;预置数，装入计数初值
        MOV   TL0,#18H
        JNB   TF0,$          ;T0 没有溢出，等待溢出
        CLR   TF0
        CPL   P1.0           ;P1.0 取反，输出方波
        LJMP  LOOP
        END
```

2. 方式 1

定时器工作于方式 1 时，构成一个 16 位定时/计数器，其最大计数值为 2^{16}=65 536，其结构与操作几乎完全与方式 0 相同，只是将 M1M0 设为 01，唯一差别是二者计数位数不同。作为定时器用时，其定时时间为：

$$t=(\text{M}-\text{T0初值}x)\times\text{机器周期}T=12\times(2^{16}-x)/f$$

既然方式 0 和方式 1 的结构与操作基本一样，为什么还要用 13 位的方式 0 呢？为什么不都用 16 位方式 1？这是为了和 51 单片机的前辈 48 系列兼容而设的一种工作方式，当然我们可以都用方式 1，不用方式 0。

应用实例 6.3

系列用定时器 0 的工作方式 1 实现 50ms 的定时，在 P1.0 引脚上输出周期为 100ms 的方波。设晶振频率为 12MHz。

解： 第一步，设置工作方式 TMOD。根据题意用定时器 0 的工作方式 1 实现 50ms 的定时，则：

M1M0=01，T0 工作在方式 1；其余与实例 6.2 相同，即 TMOD=00000001B=01H。

第二步，计算初值，此时晶振频率为 12MHz。

根据公式 $t=12(2^{16}-x)/f$，得出

$$x=2^{16}-50\,000=15\,536=\text{3CB0H}$$

即：TH0=3CH，TL0=B0H。

第三步，程序采用中断的方式，如下。

```
        ORG   0000H
        LJMP  MAIN
        ORG   000BH
        LJMP  TIME00
        ORG   0100H
MAIN:   MOV   TMOD,#01H      ;设定时器 0 为工作方式 1
        MOV   TH0,#3CH       ;预置数，装入计数初值
```

```
          MOV  TL0,#0B0H
          SETB  EA                  ;开总中断
          SETB  ET0                 ;开定时器中断
          SETB  TR0                 ;启动定时器 T0
LOOP:     SJMP  $                   ;等待中断
TIME00:   CPL  P1.0                 ;P1.0 取反,输出方波
          MOV  TH0,#3CH             ;预置数，重新装入计数初值
          MOV  TL0,#0B0H
          RETI
          END
```

3. 方式 2

在实例 6.2 中，当定时时间到了以后，定时器的值变成了 0，下一次将要计满 65 536 后才会溢出，而我们的要求是定时产生方波，所以我们要在溢出后做一个重置预置数的工作，如在中断服务程序中重新装入计数初值，做这样的工作影响定时精度不说，还需要时间，一般来说这点时间不算什么，可是有一些场合我们还是要计较的，所以就有了工作方式 2，自动再装入预置数的工作方式。

方式 2 中 16 位定时/计数器被分割为两个，TL0(TL1)用作 8 位计数器，TH0(TH1)用以保持初值。

TH0(TH1)作为一个 8 位的寄存器使用，存放计数器的初始值。

TL0(TL1)作为一个 8 位加 1 计数器。

当 TL0(TL1)计数溢出时，不仅溢出中断标志 TF0(TF1)置 1，而且还自动把 TH0(TH1)中的内容重装到 TL0(TL1)中。

程序初始化时，TL0(TL1)和 TH0(TH1)由软件赋予相同的初值。一旦 TL0(TL1)计数溢出，TF0(TF1)将被置位，同时，TH0(TH1)中的初值装入 TL0(TL1)，从而进入新一轮计数，如此重复循环不止。用于定时工时方式时，其定时时间是：

$$t = (\mathrm{M} - \mathrm{T0}初值x) \times 机器周期T = 12 \times (2^8 - x)\ /f$$

用于计数模式时，最长计数长度为 2^8=256 个外部脉冲。这种工作模式可省去用户软件中重装常数的程序，产生相当精度的定时时间，特别适于作串行口波特率发生器。

应用实例 6.4

用定时器 0 的工作方式 2 实现 100μs 的定时，在 P1.0 引脚上输出周期为 200μs 的方波。设晶振频率为 12MHz。

解：第一步，设置工作方式 TMOD。根据题意用定时器 0 的工作方式 2 实现 100μs 的定时，则：

M1M0=10，T0 工作在方式 2；其余与实例 6.2 相同，即 TMOD=00000010B=02H。

第二步，计算初值，此时晶振频率为 12MHz。

根据公式 $t = 12(2^8 - x)\ /f$，得出

$$x = 2^8 - 100 = 156 = 9\mathrm{CH}$$

即：TH0=9CH，TL0=9CH。

第三步，程序采用中断的方式，如下。

```
        ORG   0000H
        LJMP  MAIN
        ORG   000BH
        CPL  P1.0              ;P1.0 取反,输出方波
        RETI
        ORG   0100H
MAIN:   MOV  TMOD,#02H         ;设定时器 0 为工作方式 1
        MOV  TH0,#9CH          ;预置数，装入计数初值
        MOV  TL0,#9CH
        MOV  IE,#82H           ;开中断
        SETB  TR0              ;启动定时器 T0
LOOP:   SJMP  $                ;等待中断
        END
```

4. 方式 3

前 3 种工作方式，T0 和 T1 功能完全相同，在方式 3 下，T0 和 T1 是大不相同的。

这种方式之下，定时器 T0 被分解成两个独立的 8 位计数器 TL0 和 TH0。

TL0 占用原 T0 的控制位、引脚和中断源，即 $C/\overline{T}$ 、GATE、TR0、TF0 和 T0(P3.4)引脚、$\overline{\text{INT0}}$ (P3.2)引脚。除计数位数不同于方式 0、方式 1 外，其功能、操作与方式 0、方式 1 完全相同，可定时也可计数。

TH0 占用原定时器 T1 的控制位 TF1 和 TR1，同时还占用了 T1 的中断源，其启动和关闭仅受 TR1 置 1 或清 0 控制，TH0 只能对机器周期进行计数，因此，TH0 只能用作简单的内部定时，不能用作对外部脉冲进行计数，是定时器 T0 附加的一个 8 位定时器。

二者的定时时间分别为：

$$\text{TL0：} t=(\text{M}-\text{TL0初值})\times\text{机器周期}T=(256-\text{TL0初值})\times\text{机器周期}T$$

$$\text{TH0：} t=(\text{M}-\text{TH0初值})\times\text{机器周期}T=(256-\text{TH0初值})\times\text{机器周期}T$$

方式 3 时，定时器 1 仍可设置为方式 0、方式 1 或方式 2。但由于 TR1、TF1 及 T1 的中断源已被定时器 T0 占用，此时，定时器 T1 仅由控制位 $C/\overline{T}$ 切换其定时或计数功能，当计数器计满溢出时，只能将输出送往串行口。在这种情况下，定时器 1 一般用作串行口波特率发生器或不需要中断的场合。

一般情况下，只有在 T1 以工作方式 2 运行(当波特率发生器用)时，才让 T0 工作于方式 3 的。因定时器 T1 的 TR1 被占用，因此其启动和关闭较为特殊，当设置好工作方式时，定时器 1 即自动开始运行，若要停止操作，只需送入一个设置定时器 1 为方式 3 的方式字即可。

实训 8　简易秒表

1. 实训目的

(1) 掌握定时器系统的组成及功能；

(2) 掌握 TMOD、TCON 等相关寄存器的使用；

(3) 能够运用定时/计数器产生秒信号，并且显示出来。

2. 实训设备

单片机开发系统辅助软件及计算机一台。

3. 实训步骤

(1) 要求。采用单片机的定时/计数器产生 1s 信号，设计一个简易秒表，最大显示 60。2 个 LED 显示器段选端并联在一起，与单片机的 P0 口连接； P2 口与 2 个 PNP 型三极管的基极连接，驱动 LED 显示器的位选端。LED 为共阳极数码管，显示方式为动态显示。

(2) 实训电路。实训电路如图 6.14 所示。

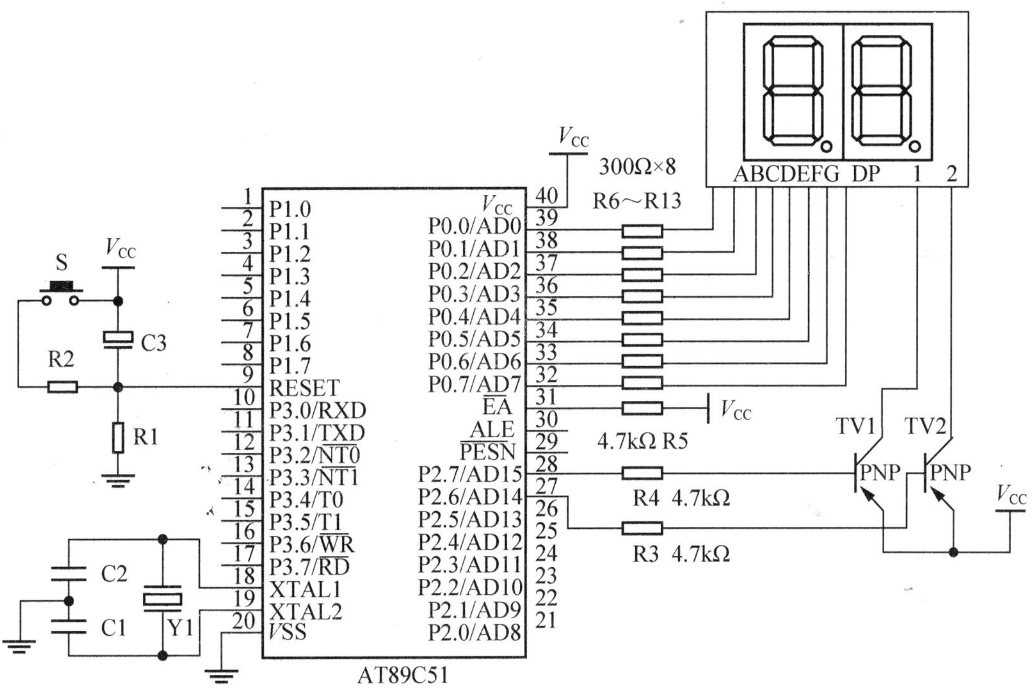

图 6.14　简易秒表电路图

(3) 程序设计。

① 秒表每 1s 变化一次，所以定时器的定时时间是 1s。

② 设置工作方式。选用定时/计数器 T0，工作在方式 1，TOMD=01H。

③ 计算初值。在晶振 f =12MHz 时，定时器最大定时 65.536ms,所以需要采用 50ms×20=1000ms=1s，对定时器中断 20 次就是 1s。

$x=2^{16}-50\,000=15\,536$=3CB0H，所以 TH0=3CH，TL0=B0H。

软件整体设计思路是以动态显示作为主程序，定时器定时时间为 50ms，定时器 50ms 溢出一次，溢出 20 次后秒值加 1，主程序流程图如图 6.15 所示，中断服务程序流程图如图 6.16 所示。

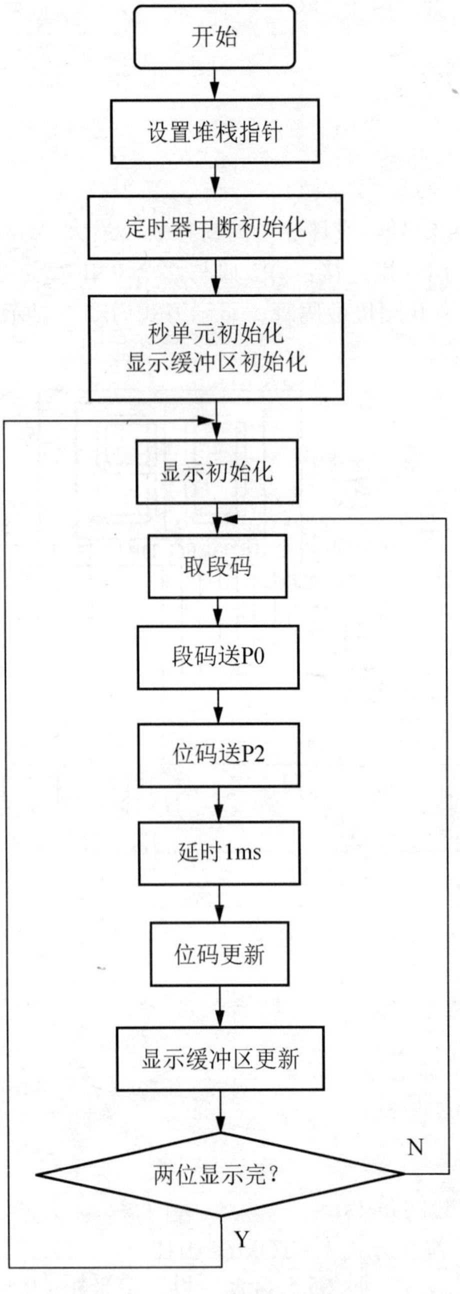

图 6.15　主程序流程图

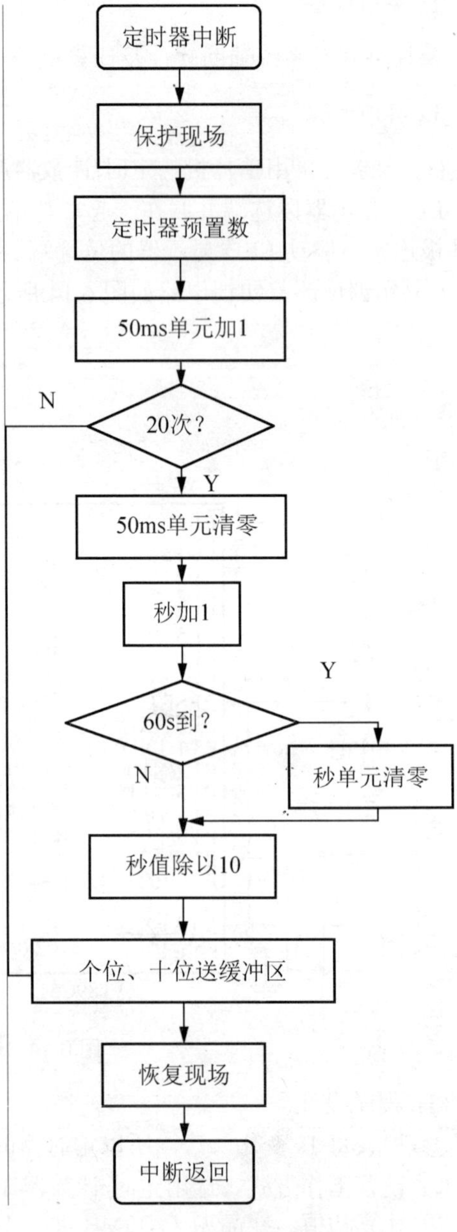

图 6.16　中断服务程序流程图

④ 根据流程图，编制源程序如下。

```
            ORG    0000H
            LJMP   MAIN
            ORG    000BH
            LJMP   TIME00
            ORG    0100H
MAIN:       MOV    SP,#50H                  ;设置堆栈指针
```

```
          MOV   TMOD,#01H               ;设置工作方式
          MOV   TH0,#3CH                ;定时器预置数
          MOV   TL0,#0B0H
          MOV   IE,#82H                 ;开中断允许
          MOV   R4,#00H                 ;毫秒单元(50ms)
          MOV   R5,#00H                 ;秒单元
          MOV   30H,#00H                ;显示缓冲区清零
          MOV   31H,#00H
          SETB  TR0                     ;启动定时器
DISP:     MOV   R2,#02H                 ;LED 待显示位数
          MOV   R3,#01H                 ;选中右端 LED
          MOV   R0,#30H                 ;显示缓冲区首地址送 R0
DISP1:    MOV   A,@R0                   ;秒显示位送 A
          MOV   DPTR,#TAB               ;指向段码表首地址
          MOVC  A,@A+DPTR
          MOV   P0,A                    ;段码值送 P0 口
          MOV   A,R3                    ;取位码
          MOV   P2,A                    ;位码送 P2 口
          LCALL DELAY                   ;延时 1ms
          RL    A                       ;位码左移
          MOV   R3,A                    ;移位后的位码送 R3
          INC   R0                      ;指向下一缓冲区地址
          DJNZ  R2,DISP1                ;未显示完，继续显示
          LJMP  DISP
TIME00:   PUSH   ACC                    ;保护现场
          MOV   TH0,#3CH                ;定时器重装初值
          MOV   TL0,#0B0H
          INC   R4                      ;毫秒单元(50ms)加 1
          CJNE  R4,#20,T0EXIT           ;是否 20 次
          MOV   R4,#00H                 ;毫秒单元(50ms)清零
          INC   R5                      ;秒加 1
          CJNE  R5,#60,T0COUNT          ;是否到 60s
          MOV   R5,#00H                 ;秒单元清零
T0COUNT:MOV A,R5
          MOV   B,#10
          DIV  AB
          MOV  30H,A                    ;秒的十位送缓冲区 30H
          MOV  31H,B                    ;秒的个位送缓冲区 31H
T0EXIT:   POP ACC                       ;恢复现场
          RETI                          ;中断返回
DELAY:    MOV  R7,#4                    ;1ms 延时子程序
   D1:    MOV  R6,#123
          NOP
          DJNZ R6,$
          DJNZ R7,D1
          RET
TAB:      DB 0C0H,0F9H,0A4H,0B0H,99H    ;共阳极数码管段码表
```

```
        DB 92H,82H,0F8H,80H,90H
        END
```

(4) 运行及调试。在 Keil 中编译源程序生成 HEX 文件后，把该文件添加到 Proteus 构建的系统电路中，仿真调试，观察运行结果。

4. 实训总结与分析

(1) 程序 1 的运行结果是：数码管显示 00～59，每 1s 变化一次，显示效果直观而且时间较为准确。

(2) 注意定时器预置数后，在中断服务程序中还要再次重装定时器初值。

(3) 程序的编制过程中，在主程序中用到的寄存器，若在中断服务程序中又要用到，则需要现场保护，同时在中断结束时，恢复现场，如程序中的累加器 A。另外还要注意 IE、TCON、TMOD 等特殊功能寄存器的使用。

项 目 小 结

中断是计算机应用中的一种重要技术手段，在很多方面都要用到。中断处理包括中断请求、中断响应、中断服务和中断返回等四个环节。

8051 单片机共提供了 5 个中断源，即外部中断 0 和外部中断 1、定时/计数器 0 和定时/计数器 1 以及串行口中断。这 5 个中断有两个优先级。CPU 通过中断允许寄存器 IE、中断控制寄存器 TCON、串行口控制寄存器 SCON 等寄存器对这些中断进行管理和控制。

8051 单片机内有两个可编程定时/计数器 T0 和 T1，每个定时/计数器有 4 种工作方式，即方式 0～方式 3。本项目详细介绍了定时/计数器的工作原理、编程方法及应用。

习 题 6

1. 什么叫中断源？8051 有哪些中断源？
2. 8051 的 5 个中断标志代号是什么？位地址是什么？
3. 什么是中断优先级？
4. 写出 8051 的 5 个中断的入口地址。
5. 试写出 $\overline{\text{INT0}}$ 为边沿触发方式的中断初始化程序。
6. 叙述 CPU 响应中断的过程。
7. 8051 单片机内部有几个定时/计数器？它们由哪些专用寄存器组成？
8. 8051 单片机的定时/计数器有哪几种工作方式？
9. 当定时/计数器工作于方式 1 时，晶振频率为 6MHz，请计算最短定时时间和最长定时时间。
10. 编程利用定时器 T1(工作方式 1)产生一个 100Hz 的方波，由 P1.0 输出，晶振频率为 12MHz。
11. 在 8051 单片机中，已知晶振频率为 12MHz，试编程使 P1.0 和 P1.1 分别输出周期为 2ms 和 500ms 的方波。

项目 7

MCS-51 单片机系统扩展

教学目标

通过单片机系统扩展知识的学习，了解单片机的系统扩展的含义、系统结构，掌握程序存储器和数据存储器的扩展方法，掌握一般 I/O 接口的扩展方法和可编程并行 I/O 口扩展芯片的特性、使用方法及与单片机的接口技术。

教学要求

能力目标	相关知识	权重	自测分数
了解单片机系统扩展的含义、系统结构	单片机的系统总线、单片机的总线构成及锁存器 74LS373 的功能及使用	10%	
掌握程序存储器和数据存储器的扩展方法	程序存储器和数据存储器的常用芯片、扩展方法及芯片地址编码，线选法、译码法的工作原理，译码器 74LS138 功能及使用	35%	
掌握一般 I/O 接口的扩展方法和可编程并行 I/O 口的扩展方法	74LS244 及 74LS273 在 I/O 口扩展中的应用，可编程并行 I/O 口的扩展芯片特性、使用方法及与单片机的接口技术	45%	
编程使用 8155 扩展 I/O 口，动态显示 0～5	可编程并行 I/O 口的扩展芯片 8155 功能及其使用方法	10%	

项目导读

MCS-51 系列单片机在一些简单的应用设计中，可以采用最小应用系统达到应用要求，比如在智能仪器仪表、小型检测及控制系统中，往往直接采用单片机构成最小应用系统而不再扩展外围芯片。但是单片机内部资源少，容量小，在进行较复杂过程的控制时，它自身的功能远远不能满足需要。例如构造一个机电测控系统时，考虑到传感器接口、伺服控制接口以及人机对话接口等需要，最小应用系统不能满足系统功能要求，必须在片外扩展相应的外围芯片，这就是单片机的系统扩展。

单片机的系统扩展一般包括程序存储器(ROM) 扩展、数据存储器(RAM) 扩展、输入/输出接口(I/O) 扩展以及其他特殊功能扩展等。

7.1 单片机的系统扩展结构

单片机的系统扩展是以单片机为核心，通过芯片外部总线把一些相应功能的外围器件(ROM、RAM、I/O 等)与单片机连接起来，其情形就是像各扩展部件“挂”在总线上一样，并且在单片机 CPU 的控制下，通过总线进行数据、地址和信号的传送。典型的单片机扩展结构如图 7.1 所示。

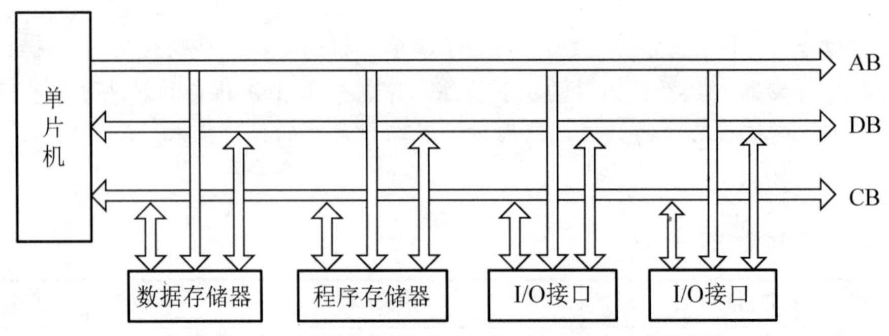

图 7.1 单片机系统扩展结构图

7.1.1 单片机的系统总线

总线是计算机中传送信息的公共通道，根据传送信息的类型和功能，可以分为 3 组，即地址总线、数据总线、控制总线。通过这些总线实现外扩器件与单片机之间进行地址、数据及控制命令的传送。

1. 地址总线 AB

地址总线是 CPU 用来传送地址信息的总线，所以信息的传送是单向的。所谓地址，就是存储器存储单元的编号，存储容量越大，要寻找某个存储单元所需的地址线条数就越多。例如存储器的容量是 64KB，就需要 16 条地址线，它可以寻找 2^{16} 即 64K 个存储单元中的任何一个。

2. 数据总线 DB

数据总线用来传送数据或指令代码，实现 CPU 与外部设备之间的数据交换，其数据的传送是双向的。数据总线的条数与计算机的字长相同，MCS-51 单片机的字长是 8 位，所以数据总线的位数也是 8 位。

3. 控制总线 CB

控制总线用于传送各类控制信号，可以协调单片机与其他外围芯片之间的工作，实现单片机与外部设备之间的信息交换。

7.1.2　单片机的总线构成

单片机由于芯片引脚数量的限制，无法提供专用的地址和数据总线，所以数据总线与地址总线经常采用复用的方式，再通过片外增加辅助芯片，从而获得用于扩展的 3 组总线，其结构如图 7.2 所示。

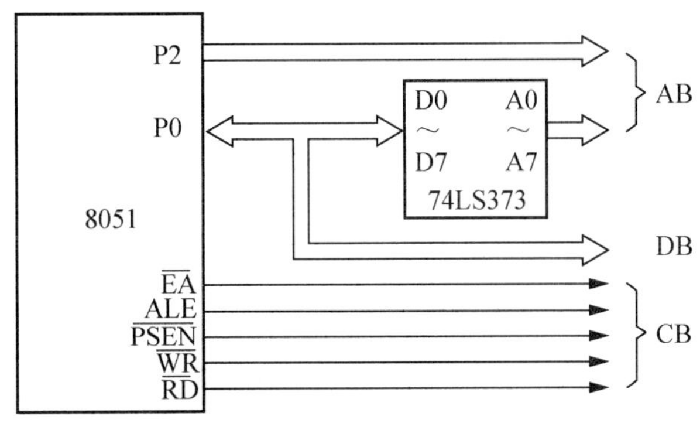

图 7.2　单片机系统扩展 3 总线结构图

1. P0 口作为数据总线和低 8 位的地址总线

单片机的 P0 口具有双重功能，既可作为数据线使用，又可作为低 8 位地址线使用。因此要采用复用技术对 P0 口的地址和数据进行分离。为此，我们在单片机外部增加一个地址锁存器，当 CPU 将地址信号送到 P0 口时，ALE 信号的变换控制锁存器的使能端，使得出现在 P0 口的地址信号锁存到地址锁存器中，此时，P0 口可以作为数据线使用。

2. P2 口作为高 8 位地址总线

系统扩展时，P2 口的高 8 位地址线，再加上 P0 口的低 8 位地址线，就形成了完整的 16 位地址总线，使得单片机的最大寻址范围可达 64KB。但在实际应用中，高位地址并不固定为 8 位，而是根据扩展存储器的容量的实际大小来确定，在特殊情况下，当存储器容量小于 256 单元时，可不用构造高 8 位地址。

3. 控制信号

单片机的控制信号线包括以下几个功能信号：

ALE−地址锁存信号，用来锁存 P0 口输出的低 8 位地址。

$\overline{\text{PSEN}}$−外部程序存储器读选通信号，低电平有效。

$\overline{\text{EA}}$−片内/片外程序存储器的选择端。

$\overline{\text{WR}}$− 外部数据存储器写选通信号。

$\overline{RD}$ –外部数据存储器读选通信号。

对存储器来讲控制线无非是：芯片的选通控制、读写控制。

单片机与外部器件数据交换要遵循两个重要原则：一是，地址唯一性，一个单元一个地址；二是，同一时刻，CPU 只能访问一个地址，即只能与一个单元交换数据，与哪个器件交换数据，可由地址线控制各个器件的片选线来选择。不交换时，外部器件处于锁闭状态，对总线呈浮空状态。

4. 8 位 3 态 D 锁存器 74LS373

单片机系统中常用的地址锁存器芯片 74LS373、74HC373，是带三态缓冲输出的 8D 触发器，包括数据输入端(D0～D7)、三态允许控制端(OE)、锁存允许端(LE)，输出端(Q0～Q7)，其引脚图如图 7.3 所示。

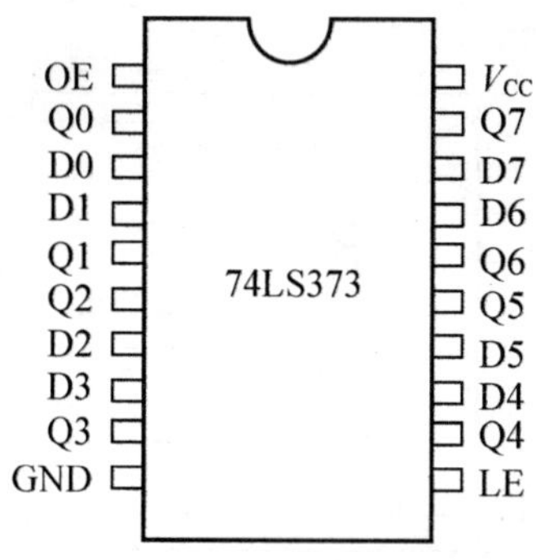

图 7.3　74LS373 引脚结构图

74LS373 的输出端 D0～D7 可直接与总线相连，当三态允许控制端 OE 为低电平时，Q0～Q7 为正常逻辑状态，可用来驱动负载或总线。当 OE 为高电平时，Q0～Q7 呈高阻态，即不驱动总线，也不为总线的负载，但锁存器内部的逻辑操作不受影响。当锁存允许端 LE 为高电平时，锁存器输出端同输入端，Q 随数据 D 而变；当 LE 为低电平时，D 被锁存在已建立的数据电平，其功能表见表 7-1，表中 L 为低电平，H 为高电平。

表 7-1　74LS373 功能表

OE	LE	Dn	Qn
L	H	H	H
L	H	L	L
L	L	X	Q0(建立稳态前 Q 的电平)
H	X(不定态)	X	高阻态

7.2　存储器的扩展

7.2.1　程序存储器的扩展

常用的 8051 单片机其程序存储器的容量只有 4KB，在一些较为复杂的程序设计中可能容量不够，需要扩展外部程序存储器，下面我们来学习程序存储器的扩展技术。

1. 常用程序存储器芯片

常用的程序存储器芯片有 ROM、EPROM(紫外线擦除型存储器)、E^2PROM(电擦除可改写型存储器)以及近年来广泛使用的 FlashROM(快擦写型存储器)等多种类型。我们以紫外线擦除型 EPROM 为例。介绍程序存储器的扩展方法。

紫外线擦除型 EPROM，其型号按容量大小有 2764(8K×8)、27128(16K×8)、27256(32K×8)、27512(64K×8)等。它们内部是 TTL 电路，一些为 CMOS 材料制成，型号有 27C64、27C128 等。

图 7.4 给出了双列直插式封装的 EPROM 芯片 2764 的引脚配置图。

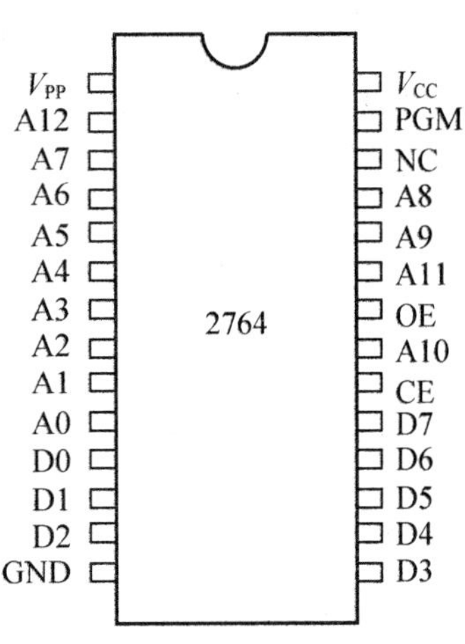

图 7.4　2764 的引脚配置图

该芯片的引脚功能如下。

A0～A12：地址信号输入线，说明芯片的容量是 2^{13}=8K；

D0～D7：8 位数据线；

$\overline{\text{CE}}$：片选信号线，低电平有效，当它为低电平时，能选中该芯片；

$\overline{\text{OE}}$：读选通信号线，当它为低电平时，芯片中的数据可以由 D0～D7 输出；

$\overline{\text{PEM}}$：编程脉冲输入端，当对 EPROM 编程时，由此加入编程脉冲。

V_{pp}：编程电源；

V_{CC}：主电源。

2. 程序存储器连接方法

在进行程序存储器的扩展时，关键是掌握单片机的地址、数据总线及控制总线与程序存储器的正确连接，下面我们分别介绍。

1) 地址线的连接

实际应用中，扩展的存储器容量都大于 256 字节，所以除了 P0 口的 8 位地址线外，还需要 P2 口提供若干地址线。单片机的 P0 口经地址锁存器(如 74LS373)锁存后的输出与程序存储器的低 8 位相连(A0～A7)，P2 口则从低位开始与程序存储器剩下的高位直接相连(A8～Ai，存储器容量不同，i 的值不同)。

一般情况下，扩展的存储器由一片或几片存储芯片构成，芯片的选择决定了储存的地址。如果只是扩展一片芯片，芯片的片选端$\overline{\text{CE}}$直接接地即可；如果扩展两片以上的存储器时，片选端$\overline{\text{CE}}$应采用专门的片选信号来控制；片选信号的选择有线选法和译码法两种方式，线选法和译码法原理如图 7.5 所示。

(1) 线选法：所谓线选法，就是将 P2 口多余的地址线中的某位与存储器或其他芯片的片选信号端$\overline{\text{CE}}$相连。这种方式的优点是不需要地址译码器，可以节省器件，减小体积，降低成本；缺点是可寻址的器件数目受到很大限制，而且地址空间不连续，仅适合系统中扩展芯片较少的场合。

(2) 译码法：所谓译码法，就是使用地址译码器将 P2 口多余地址线译码输出，作为各芯片的片选信号。这种方式可以充分的利用地址资源，获得连续的地址空间而且不会发生地址重叠。

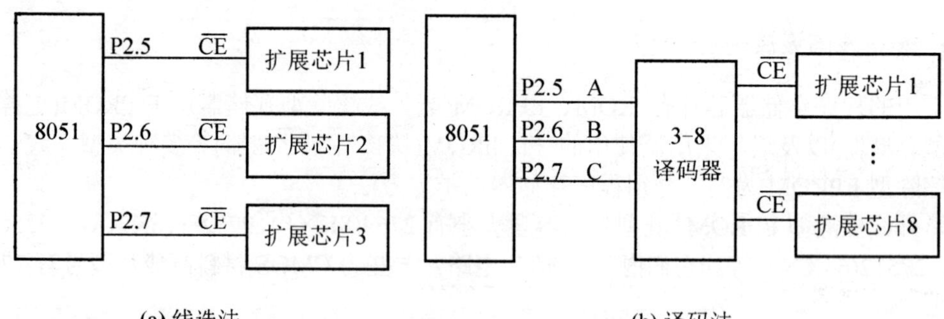

图 7.5 线选法和译码法原理示意图

常用的地址译码器有 3-8 译码器 74LS138、双 2-4 译码器 74LS139 等。图 7.6 给出了双列直插式封装的 74LS138 引脚配置图。

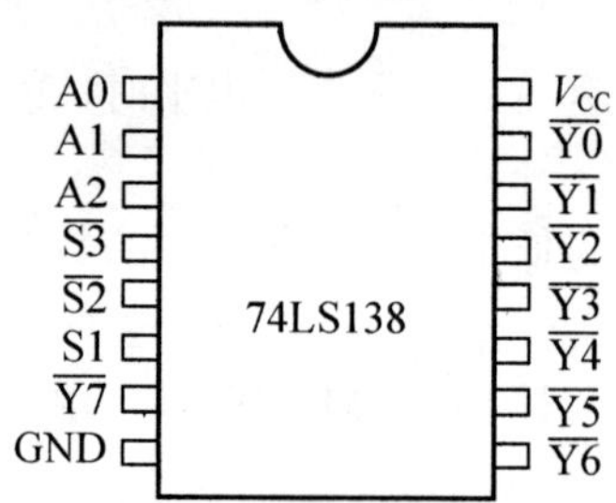

图 7.6 74LS138 引脚配置图

74LS138 工作时，当一个选通端(S1)为高电平，另两个选通端 $\overline{S2}$ 和 $\overline{S3}$ 为低电平时，可将地址端(A0、A1、A2)的二进制编码在 $\overline{Y0}$ 至 $\overline{Y7}$ 对应的输出端以低电平译出。同时还可以利用 A0、A1 和 A2 可级联扩展成 24 线译码器；若外接一个反相器还可级联扩展成 32 线译码器，其功能表如表 7-2。

表 7-2 74LS138 的功能表

输入					输出							
S1	$\overline{S2}+\overline{S3}$	A2	A1	A0	$\overline{Y0}$	$\overline{Y2}$	$\overline{Y3}$	$\overline{Y4}$	$\overline{Y5}$	$\overline{Y6}$	$\overline{Y7}$	
0	X	X	X	X	1	1	1	1	1	1	1	1
X	1	X	X	X	1	1	1	1	1	1	1	1
1	0	0	0	0	0	1	1	1	1	1	1	1
1	0	0	0	1	1	0	1	1	1	1	1	1
1	0	0	1	0	1	1	0	1	1	1	1	1
1	0	0	1	1	1	1	1	0	1	1	1	1
1	0	1	0	0	1	1	1	1	0	1	1	1
1	0	1	0	1	1	1	1	1	1	0	1	1
1	0	1	1	0	1	1	1	1	1	1	0	1
1	0	1	1	1	1	1	1	1	1	1	1	0

2) 数据线的连接

将单片机的 P0 口直接与程序存储器的 8 位数据线连接。

3) 控制线的连接

$\overline{PSEN}$：与程序存储器的读选通信号端 $\overline{OE}$ 直接相连；

ALE：与地址锁存器的控制端相连；

$\overline{EA}$：当单片机为无程序存储器的 8031 或只使用外部扩展的程序存储器时，$\overline{EA}$ 直接接地。

3. 程序存储器扩展实例

应用实例 7.1

在 8031 上扩展 16KB 芯片 27128 的程序存储器。

解：1) 硬件电路

单片机与 27128 的连线电路如图 7.7 所示。

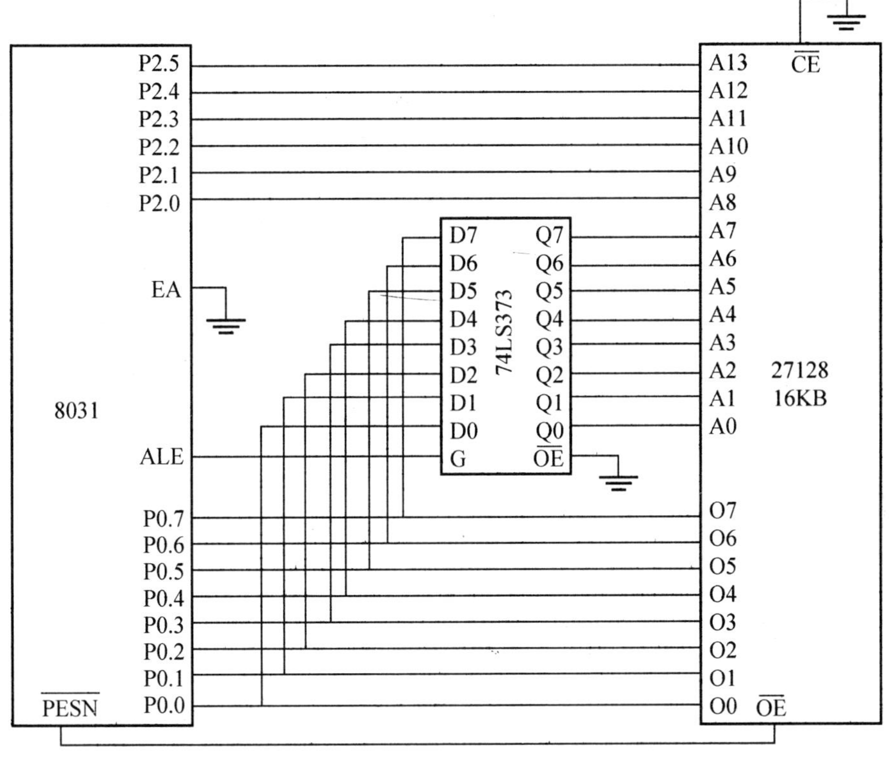

图 7.7　单片机扩展 16KB 程序存储器 27128 电路图

2) 连线说明

(1) 地址线。27128 容量是 16KB=2^{14}，共计 14 条地址线(A0 ~ A13)，低 8 位 A0 ~ A7 通过锁存器 74LS373 与 P0 口相连，高 6 位 A8 ~ A13 直接与 P2 口的 P2.0 ~ P2.5 连接。

(2) 数据线。27128 的数据线(D0 ~ D7)直接与 P0 口的 8 位数据线连接。

(3) 控制线。单片机的控制线 ALE 与 74LS373 的使能端 G 端连接，$\overline{EA}$ 直接接地。27128 的控制线有以下两条。

$\overline{OE}$：与单片机的外部程序存储器的读选通信号端 $\overline{PSEN}$ 直接相连；

$\overline{CE}$：由于系统中只扩展了一片程序存储器芯片，所以 $\overline{CE}$ 直接接地。

3) 扩展 ROM 地址范围

单片机扩展存储器的关键是弄清楚扩展芯片的地址范围，8031 最大可以扩展 64KB(0000H ~ FFFFH)，而决定存储器芯片地址范围的因素有两个：一个是片选端$\overline{CE}$的连接方法，一个是存储器芯片的地址线与单片机地址线的连接方式。在确定地址范围时，必须保证$\overline{CE}$为低电平。

本例中，$\overline{CE}$直接接地，芯片地址编码如下：

P2.7	P2.6	P2.5	P2.4	P2.3	P2.2	P2.1	P2.0	P0.7	P0.6	P0.5	P0.4	P0.3	P0.2	P0.1	P0.0
A15	A14	A13	A12	A11	A10	A09	A08	A07	A06	A05	A04	A03	A02	A01	A00
×	×	0	0	0	0	0	0	0	0	0	0	0	0	0	0
×	×	1	1	1	1	1	1	1	1	1	1	1	1	1	1

其中，“×”表示与 27128 无关的引脚，可为 0，也可为 1，通常取 0。

即整个存储器的地址范围是 0000H～3FFFH。

应用实例 7.2

在 8031 上采用两片 2764 扩展 16KB 的程序存储器。

解： 1) 硬件电路

单片机与两片 2764 的连线电路如图 7.8 所示。

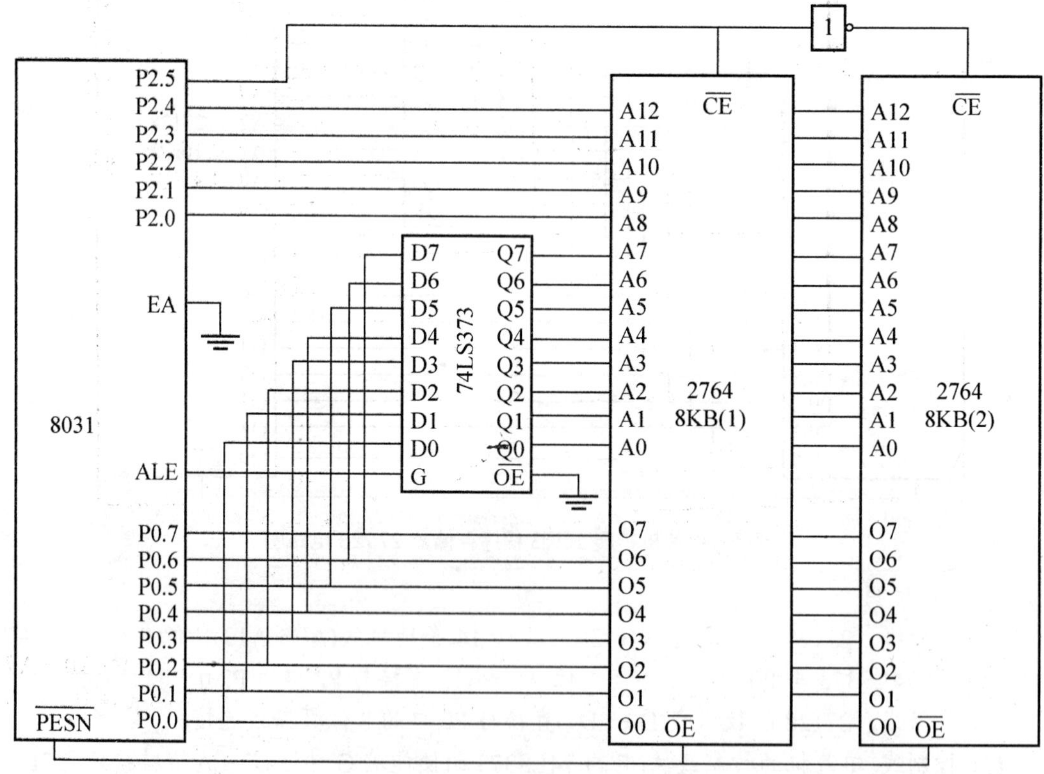

图 7.8　单片机与两片 2764 的连线图

2) 连线说明

(1) 地址线。2764 容量是 8KB=2^{13}，共计 13 条地址线(A0 ~ A12)，两片芯片的低 8 位

A0～A7 通过锁存器 74LS373 与 P0 口相连，高 6 位 A8～A12 直接与 P2 口的 P2.0～P2.4 连接。

(2) 数据线。两片 2764 的的数据线(D0～D7)直接与 P0 口的 8 位数据线连接。

(3) 控制线。单片机的控制线与上例一样。2764 的控制线有以下两条。

$\overline{OE}$：两片 2764 的读选通信号端 $\overline{OE}$ 直接与单片机的外部程序存储器的读选通信号端 $\overline{PSEN}$ 相连；

$\overline{CE}$：由于系统中扩展了两片程序存储器芯片，所以 $\overline{CE}$ 不能直接接地，而是采用线选法由 P2.5 产生。当 P2.5 为低电平时选中 2764(1)，当 P2.5 为高电平时，经一反相器后选中 2764(2)。

3) 扩展 ROM 地址范围

本例中，芯片 2764(1)地址编码如下：

P2.7	P2.6	P2.5	P2.4	P2.3	P2.2	P2.1	P2.0	P0.7	P0.6	P0.5	P0.4	P0.3	P0.2	P0.1	P0.0
A15	A14	A13	A12	A11	A10	A09	A08	A07	A06	A05	A04	A03	A02	A01	A00
×	×	0	0	0	0	0	0	0	0	0	0	0	0	0	0
×	×	0	1	1	1	1	1	1	1	1	1	1	1	1	1

其中，“×”取 0，即整个存储器的地址范围是 0000H～1FFFH。

芯片 2764(2)地址编码如下：

P2.7	P2.6	P2.5	P2.4	P2.3	P2.2	P2.1	P2.0	P0.7	P0.6	P0.5	P0.4	P0.3	P0.2	P0.1	P0.0
A15	A14	A13	A12	A11	A10	A09	A08	A07	A06	A05	A04	A03	A02	A01	A00
×	×	1	0	0	0	0	0	0	0	0	0	0	0	0	0
×	×	1	1	1	1	1	1	1	1	1	1	1	1	1	1

其中，“×”取 0，即整个存储器的地址范围是 2000H ~ 3FFFH。

应用实例 7.3

在 8031 上采用译码法扩展 8KB 的程序存储器。

解： 1) 硬件电路

单片机与 2764 的连线电路如图 7.9 所示。

2) 连线说明

地址线、数据线和控制线与例 7.2 相同。2764 的片选端没有接地，而是由译码器 74LS138 的输出端 $\overline{Y0}$ 提供，只有当译码器的输出端 $\overline{Y0}$=0 时，才可以选中该片 2764，所以译码器输入端 P2.5～P2.7 都为 0。

3) 扩展 ROM 地址范围

本例中，芯片 2764 地址编码如下：

P2.7	P2.6	P2.5	P2.4	P2.3	P2.2	P2.1	P2.0	P0.7	P0.6	P0.5	P0.4	P0.3	P0.2	P0.1	P0.0
A15	A14	A13	A12	A11	A10	A09	A08	A07	A06	A05	A04	A03	A02	A01	A00
0	0	0	0	0	0	0	0	0	0	0	0	0	0	0	0
0	0	0	1	1	1	1	1	1	1	1	1	1	1	1	1

即整个存储器的地址范围是 0000H～1FFFH。

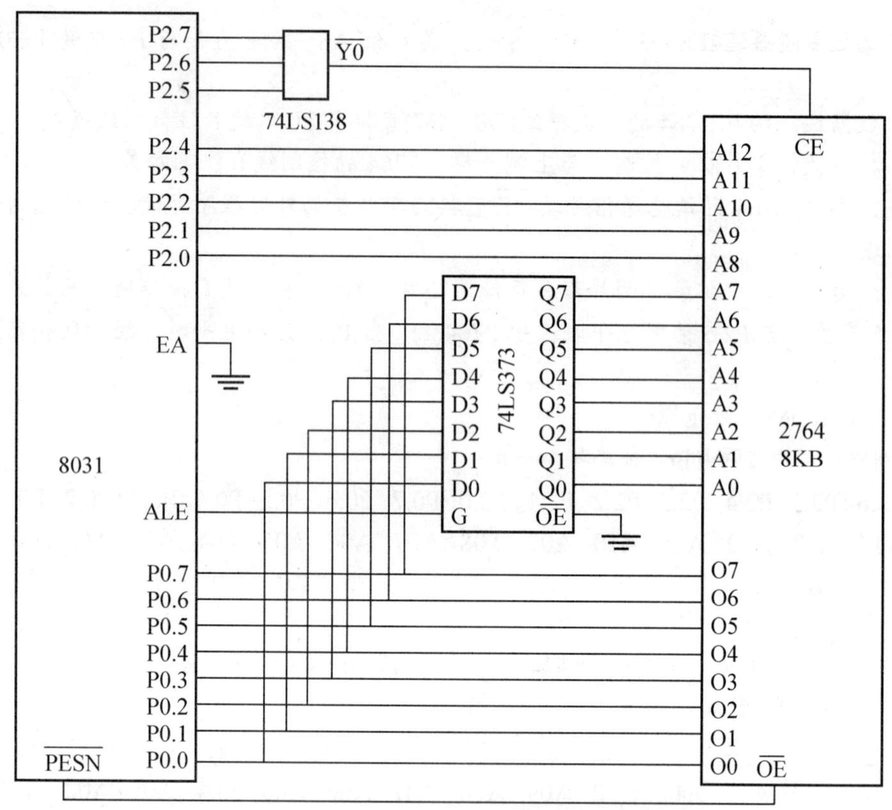

图 7.9 单片机扩展 8KB 程序存储器 2764 连线图

7.2.2 数据存储器的扩展

MCS-51 单片机的内部有 128B 的数据存储器，但是在实际应用中，如果需要保存的现场数据较多，就必须进行片外数据存储器扩展。

1. 常用数据存储器芯片

在单片机应用系统中，为数据存储器使用的有静态读/写存储器 RAM，动态读/写存储器 RAM 和 E^{2}PROM 等，而静态 RAM 扩展电路简单，使用方便，因而应用广泛。其典型芯片有 6116(2K×8)、6264(8K×8)、62256(32K×8)等。图 7.10 给出了静态 RAM 芯片 6116 的引脚配置图。

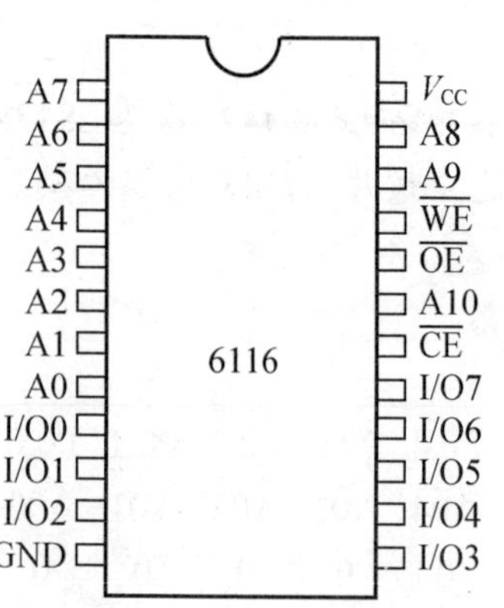

图 7-10 6116 引脚配置图

该芯片的引脚功能如下。

A0～A10：11 根地址信号线，说明芯片的容量是 2^{11}=2K；

I/O0～I/O7：8 位数据线；

$\overline{CE}$：片选信号线，低电平有效，当它为低电平时，能选中该芯片；

$\overline{OE}$：读选通信号线，当它为低电平时，芯片中的数据可以由 I/O0～I/O7 输出；

$\overline{WE}$：写选通信号端，当它为低电平时，可以由 I/O0～I/O7 输入数据到芯片中。

2. 数据存储器连接方法

数据存储器的扩展地址与程序存储器一样，都是 0000H～FFFFH，并且由于单片机对两种存储器的访问设计了不同的控制信号和指令，所以系统扩展时，两者的地址总线和数据总线可并联使用。

数据存储器扩展时其地址线和数据线的连接方法与程序存储器的连接方法相同，控制线 $\overline{\text{WE}}$ 和 $\overline{\text{OE}}$ 则分别与单片机的 $\overline{\text{WR}}$ 和 $\overline{\text{RD}}$ 连接。

3. 数据存储器扩展实例

应用实例 7.4

在 8031 上采用两片 6116 扩展 4KB 的数据存储器。

解： 1) 硬件电路

单片机与两片 6116 的连线电路如图 7.11 所示。

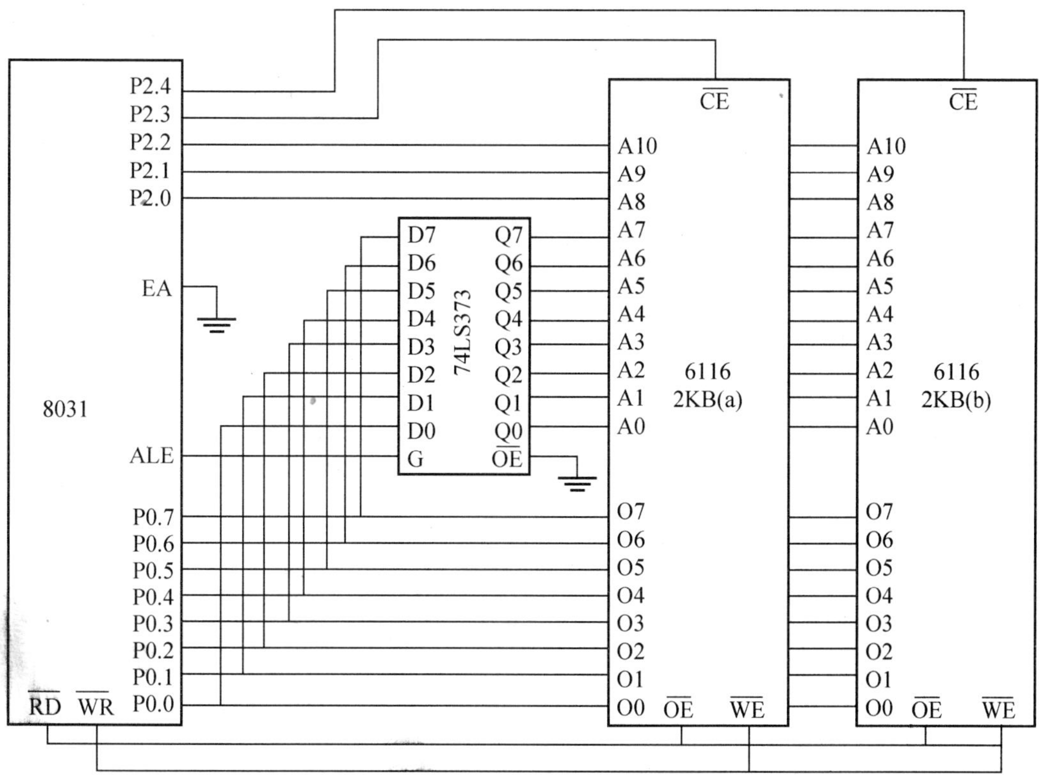

图 7.11　单片机与两片 6116 的连线图

2) 连线说明

(1) 地址线。6116 容量是 $2KB=2^{11}$，共计 11 条地址线(A0～A10)，两片芯片的低 8 位 A0～A7 通过锁存器 74LS373 与 P0 口相连，高 3 位 A8～A10 直接与 P2 口的 P2.0～P2.2 连接。

(2) 数据线。两片 6116 的的数据线(D0～D7)直接与 P0 口的 8 位数据线连接。

(3) 控制线。

6116 的控制线有以下几条。

$\overline{OE}$：两片 6116 的读选通信号端 $\overline{OE}$ 直接与单片机的 $\overline{RD}$ 相连；

$\overline{WE}$：两片 6116 的写选通信号端 $\overline{WE}$ 直接与单片机的 $\overline{RW}$ 相连；

$\overline{CE}$：两片 6116 的 $\overline{CE}$ 采用线选法分别由 P2.3 和 P2.4 控制，当 P2.3 为 0 时选中芯片 6116(a)，当 P2.4 为 0 时选中芯片 6116(b)，为了在使用时只选中一片芯片，而且地址不发生重叠，P2.3 和 P2.4 不能同时为 0。

3) 扩展 RAM 地址范围

本例中，芯片 6116(a)地址编码如下：

P2.7	P2.6	P2.5	P2.4	P2.3	P2.2	P2.1	P2.0	P0.7	P0.6	P0.5	P0.4	P0.3	P0.2	P0.1	P0.0
A15	A14	A13	A12	A11	A10	A09	A08	A07	A06	A05	A04	A03	A02	A01	A00
×	×	×	1	0	0	0	0	0	0	0	0	0	0	0	0
×	×	×	1	0	1	1	1	1	1	1	1	1	1	1	1

其中，“×”可以取 0，也可以取 1，若取 0，则该存储器地址范围是 1000H ~ 17FFH。

芯片 6116(b)地址编码如下：

P2.7	P2.6	P2.5	P2.4	P2.3	P2.2	P2.1	P2.0	P0.7	P0.6	P0.5	P0.4	P0.3	P0.2	P0.1	P0.0
A15	A14	A13	A12	A11	A10	A09	A08	A07	A06	A05	A04	A03	A02	A01	A00
×	×	×	0	1	0	0	0	0	0	0	0	0	0	0	0
×	×	×	0	1	1	1	1	1	1	1	1	1	1	1	1

其中，“×”取 0，即整个存储器的地址范围是 0800H～0FFFH。

7.3 I/O 口的扩展

在计算机应用中，为实现 CPU 与种类繁多的外部设备进行数据交换，需要通过输入/输出接口(I/O 口)实现 CPU 与外设的联接。MCS-51 单片机内部有 4 个双向的并行 I/O 口，共 32 个引脚。通过前文存储器的扩展我们知道，P0 口分时的作为 8 位数据总线和低 8 位的地址总线，P2 口作为高 8 位地址总线，真正供用户使用的 I/O 口仅仅剩下 P1 口和 P3 口，而且 P3 口通常使用第二功能，所以 MCS-51 单片机的 I/O 口通常需要扩展，以便和更多的外部设备进行联系。

对于 MCS-51 单片机，扩展 I/O 口的访问和数据存储器的访问采用相同的寻址方式，所有扩展 I/O 口都与外部 RAM 统一编址，因此对片外 I/O 口的访问指令和外部 RAM 的访问指令一样，包括：

```
MOVX  @DPTR,A
MOVX  A,@DPTR
MOVX  @Ri,A
MOVX  A,@Ri
```

通常 I/O 口的扩展有 3 种方式：并行 I/O 口扩展、可编程的并行 I/O 芯片扩展、串行口的 I/O 口扩展，本节主要介绍前两种扩展方式。

7.3.1 简单并行 I/O 口的扩展

简单的并行 I/O 口扩展通常是采用普通的 TTL 电路和 CMOS 门电路实现，如八线缓冲

驱动器 74LS244(三态输出)、八总线发送/接收器 74LS245、74LS373 等。这些芯片一般通过数据总线 P0 口扩展，具有电路简单、成本低、配置灵活等优点。

74LS273 是一种带清除功能的 8D 触发器，D1～D8 为数据输入端，Q1～Q8 为数据输出端，正脉冲触发，低电平清除，常用作数据锁存器，地址锁存器，和 74LS373 有相似功能，这里不再详细说明。

应用实例 7.5

采用 74LS244 作为扩展输入、74LS273 作为扩展输出的简单并行 I/O 口扩展。

解： 1) 硬件电路

单片机与 74LS244 及 74LS273 的简单的并行 I/O 口扩展电路如图 7.12 所示。

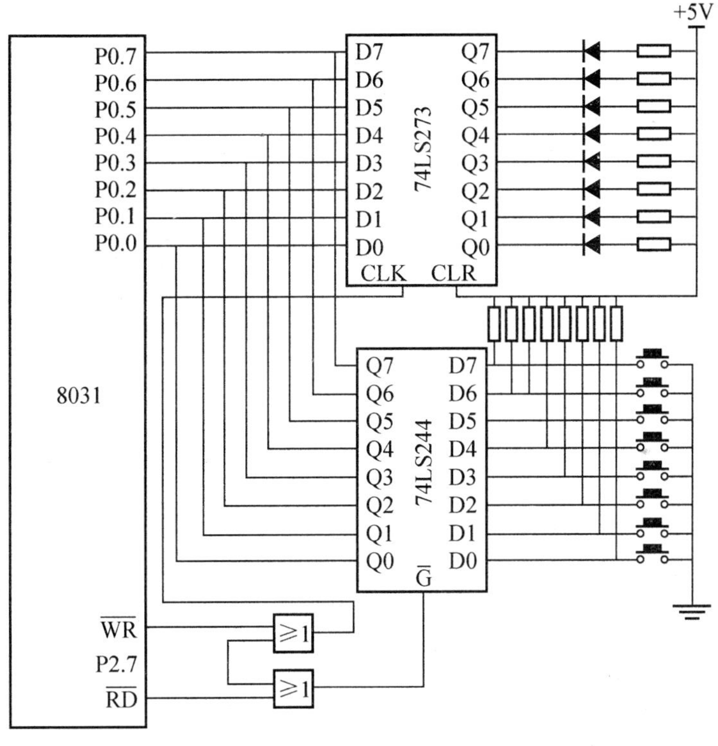

图 7.12　简单的并行 I/O 口扩展电路

2) 连线说明

图中采用三态 8 位缓冲器 74LS244 作为扩展的输入接口，用于输入 8 个开关的信息；74LS273 作为扩展的输出接口，输出控制 8 个 LED；74LS244 的数据输出端(Q0 ~ Q7)和 74LS273 的数据输入端(D0 ~ D7)均与单片机的 P0 口连接，这样单片机既能从 74LS244 输入数据，又能经 74LS273 输出数据。

输入控制信号是 P2.7 与 $\overline{RD}$ 相“或”后形成。当二者同时为 0 时，或门的输出为 0，74LS244 的控制端 $\overline{G}$ 有效，选通 74LS244，外部的信息输入到数据总线 P0 上；无按键闭合，输入全为 1，若按下某按键，对应的口线输入为 0。

输出控制信号是 P2.7 与 $\overline{WR}$ 相“或”后形成。当二者同时为 0 时，或门的输出为 0，

74LS273 的控制端有效，选通 74LS273，P0 上的数据锁存到 74LS273 的输出端，其输出电平控制发光二极管，某位为低电平时，对应的 LED 发光。

3) I/O 地址的确定

由以上的输入/输出过程可以看出，输入/输出都是在 P2.7 为 0 时有效，所以二者的口地址都是 7FFFH(此地址不是惟一，只要保证 P2.7 为 0，其他地址位可为 0 或 1)。

虽然输入输出口共用一个地址，但进行输入/输出操作时，将由单片机分别产生的 $\overline{WR}$ 和 $\overline{RD}$ 信号控制，它们不可能同时为 0，可区别输入口和输出口，不会发生冲突。

4) 程序实现

对于图 7.12 的电路，编程实现每当接通任一开关时，对应的 LED 发光，程序如下。

```
LOOP：MOV  DPTR，#7FFFH        ;数据指针指向扩展 I/O 口地址
      MOVX  A，@DPTR           ;从 74LS244 输入开关状态
      MOVX  @DPTR，A           ;向 74LS273 输出数据，驱动 LED
      SJMP   LOOP              ;循环检测
```

7.3.2 可编程并行 I/O 口的扩展

并行 I/O 口的扩展，除了简单扩展方式外，还可以用并行 I/O 口的可编程芯片进行扩展。这种方式通常是采用软件编程的方式来改变和确定 I/O 口的工作方式及功能的大规模集成电路芯片。常用的有 Intel 公司的 8155、8255 等，它们可以与单片机直接连接，使用十分方便。我们以 8155 为例介绍芯片的结构、功能及与单片机的接口。

1. 芯片介绍

8155 是一种复合型的可编程 I/O 芯片，其特点是接口简单、内部资源丰富、应用广泛。

1) 8155 内部结构

8155 芯片内部具有 256B 静态 RAM；3 个可编程并行 I/O 口；1 个 14 位定时器(减 1 计数)；一些控制逻辑电路等。其内部结构如图 7.13 所示，引脚结构如图 7.14 所示。

(1) A、B、C 三个端口中，A、B 是 8 位 I/O 口，数据传送方向由命令寄存器决定，C 端口为 6 位 I/O 口，也可用作 A、B 口的控制线，通过命令寄存器的编程来选择。

(2) 控制逻辑部件中有一个控制命令寄存器和一个状态寄存器，8155 的工作方式由 CPU 写入控制命令寄存器中控制字来确定。

(3) 8155 中有一个 14 位的定时/计数器，可用作定时或对外部脉冲计数。

(4) RAM 容量为 256×8 位，由一个静态随机存取存储器和一个地址锁存器组成。

2) 引脚及其功能特点

AD0～AD7：地址/数据线，低 8 位地址和数据复用线。8155 内部具有地址锁存器，在 ALE 的下降沿可锁存 MCS-51 单片机的地址数据，不需外加 373 之类的锁存器，AD0～AD7 直接接 P0 口，接收地址编码和数据。

PA0～PA7：A 口输入/输出线。

PB0～PB7：B 口输入/输出线。

PC0～PC5：C 口输入/输出线；是 6 位 I/O 口，既可作通用数据 I/O 口，又可作控制口，编程后对 PA 口和 PB 口的 I/O 操作进行控制。

ALE：地址锁存信号，锁存 P0 口的地址编码。

IO/$\overline{\text{M}}$：I/O 口或 RAM 选择信号；0：选择 RAM；1：选择 I/O 及命令状态寄存器和定时/计数器。

$\overline{\text{CE}}$：片选信号，低电平有效。

$\overline{\text{RD}}$、$\overline{\text{WR}}$：读、写信号选通线，低电平有效，控制 8155 的读、写操作，可直接与单片机的 $\overline{\text{RD}}$、$\overline{\text{WR}}$ 连接。

TIMERIN：8155 内部定时/计数器的时钟脉冲信号输入，一个脉冲使 8155 的 14 位定时器的当前值减 1。

TIMEROUT：8155 内部定时/计数器的时钟脉冲信号输出，可向外界输出脉冲或者方波信号。

RESET：芯片复位信号线。

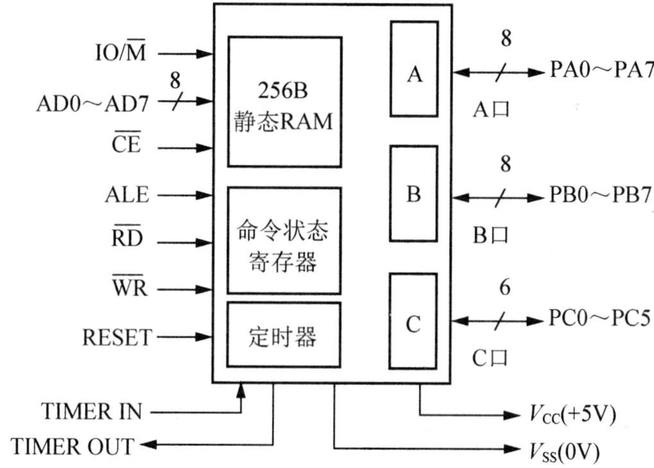

图 7.13　8155 芯片的内部结构示意图

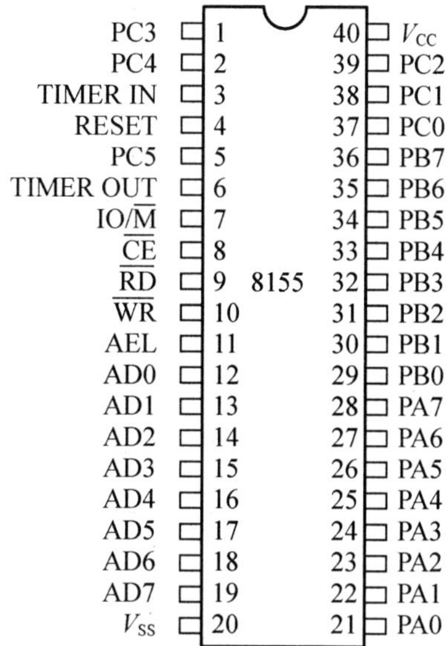

图 7.14　8155 芯片引脚示意图

3) 8155 的 RAM 和 I / O 口地址编码

8155 内部共有 256 个 RAM 单元，I/O 口除了 A 口、B 口、C 口外，还有命令/状态寄存器、定时器高 8 位和低 8 位等，要对 RAM 单元和 I/O 端口的进行访问必须有相应的编码地址，为此 8155 芯片采用 8 位地址 AD0～AD7 对片内 RAM 和 I/O 端口分别进行编址，具体见表 7-3。

表 7-3　8155 片内地址分配

IO/M	A7 A6 A5 A4 A3 A2 A1 A0	选中的寄存器
1	× × × × × 0 0 0	命令/状态寄存器
1	× × × × × 0 0 1	PA 口
1	× × × × × 0 1 0	PB 口
1	× × × × × 0 1 1	PC 口
1	× × × × × 1 0 0	定时计数器的低 8 位
1	× × × × × 1 0 1	定时计数器的高 8 位
0	× × × × × × × ×	RAM 低 8 位地址(00H～FFH)

当 $IO/\overline{M}$ 脚为低电平，选择对 8155 的片内 256 字节 RAM 进行操作。此时其 RAM 地址为 00H～0FFH，与系统中其他数据存储器统一编址，使用的读/写操作指令为 MOVX。

当 $IO/\overline{M}$ 脚为高电平，选择对 8155 的 I/O 端口进行操作；PA、PB、PC 口的口地址的低 8 位分别为 01H、02H、03H(设地址无关位为 0)。I/O 口的工作方式的选择完全依靠对 8155 命令寄存器设定的命令控制字来实现。而 I/O 口状态的查询可通过对 8155 状态寄存器的操作来完成。命令/状态寄存器共用一个口地址，写入为命令，读出为状态。

4) 8155 各 I/O 端口的工作方式

8155 的 PA 口和 PB 口有基本输入/输出和选通输入/输出两种工作方式，前者以无条件的方式进行数据的输入和输出，后者数据的输入和输出受到某些联络信号的控制。PC 口有 ALT1～ALT4 四种工作方式。表 7-4 列出了 PA、PB、PC 口在各种 ALT 方式下的工作方式。

表 7-4　各种 ALT 方式下 PA、PB、PC 口的工作方式

命令 口位	ALT1 (方式 1)	ALT2 (方式 2)	ALT3 (方式 3)	ALT4 (方式 4)
PC0	输入线	输出线	A-INTR	A-INTR
PC1	输入线	输出线	A-BF	A-BF
PC2	输入线	输出线	A-STB	A-STB
PC3	输入线	输出线	输出线	B-INTR
PC4	输入线	输出线	输出线	B-BF
PC5	输入线	输出线	输出线	B-STB
A 口	基本 I/O 口	基本 I/O 口	选通 I/O 口	选通 I/O 口
B 口	基本 I/O 口	基本 I/O 口	基本 I/O 口	选通 I/O 口

关于联络信号说明如下(以 A 口为例)。

(1) A-INTR：A 口中断，即 A 口发出的中断请求信号输出线，高电平有效。作为 CPU 的中断源，当 8155 的 A 口内部缓冲器收到外设送入数据或向外设送出数据时，A-INTR=1(在中断允许情况下)。CPU 在响应 A-INTR 中断申请后对 A 口进行一次读 / 写操作，然后 A-INTR 自动恢复低电平。

(2) A-BF：A 口缓冲器满，即 A 口内部缓冲寄存器满信号输出线，高电平有效。当 A 口内部缓冲器存有数据时，A-BF=1。

(3) A-STB：A 口选通，即外设数据送入 A 口的选通信号线，低电平有效。A 口数据输入时，A-STB 是外设送来的选通信号；A 口数据输出时，A-STB 是外设送来的应答信号。

5) 命令/状态寄存器

状态寄存器和命令寄存器的地址相同，它们共用一个端口地址，这是因为命令字只能写入，而状态字只能读出，而对同一地址的写入和读出数据的意义完全不同，故可以统一编址。用户可以通过对命令寄存器写入控制字实现对 8155 的 I/O 口及定时/计数器的控制，也可通过读状态寄存器中的状态字来查询 I/O 口和定时/计数器的状态。

(1) 命令字的格式及定义如图 7.15 所示。

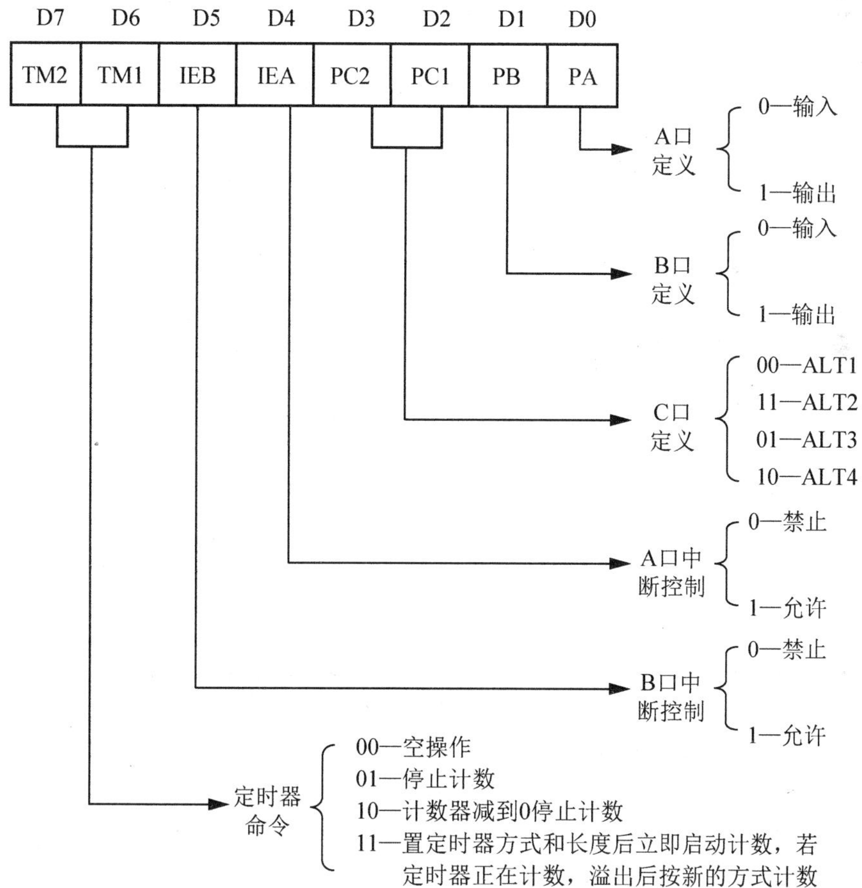

图 7.15　8155 命令字格式

(2) 状态字的格式及定义见表 7-5。

表 7-5 状态寄存器位功能

D7	D6	D5	D4	D3	D2	D1	D0
—	TIMER	INTE-B	BF-B	INTR-B	INTE-A	BF-A	INTR-A

INTR-A：A 口中断请求标志位。1——请求，0——未请求。

BF-A：A 口缓冲器满标志位(输入时)，A 口缓冲器空标志位(输出时)1——满，0——空。

INTE-A：A 口中断允许标志位。1——允许，0——禁止。

INTR-B：B 口中断请求标志位。1——请求，0——未请求。

BF-B：B 口的缓冲器满/空标志位(输入/输出)。1——满，0——空。

INTE-B：B 口中断允许标志位。1——允许，0——禁止。

TIMER：定时/计数器中断标志位。当达到最终计数值时，该位锁定于高电平，并由读命令/状态寄存器操作或开始新的计数过程操作复位至低电平。

6) 定时/计数器

8155 片内的定时/计数器是一个 14 位的减法计数器，它对 TIN 端的时钟脉冲进行计数，并在达到最后计数值(TC)终值时给出一个方波或脉冲，如图 7.16 所示。编址为 XXXXX100B 和 XXXXX101B 的 2 个寄存器为计数长度寄存器，计数初值由程序预置，每次预置一个字节，该寄存器的 0～13 位规定了下一次计数的长度，14、15 位规定了定时/计数器的输出方式，该寄存器的定义见表 7-6。

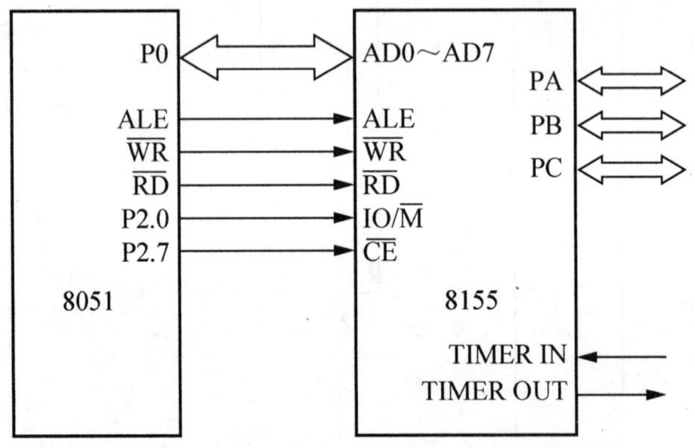

图 7.16 单片机与 8155 的连接示意图

表 7-6 计数长度寄存器

M2 M1	T13 T12 T11 T10 T9 T8	T7 T6 T5 T4 T3 T2 T1 T0
输出方式	计数长度高 6 位	计数长度低 8 位

当 8155 的时钟脉冲信号输入到引脚 TIMER IN 时，输入外接脉冲时实现计数功能，输入系统时钟实现定时功能。每输入一个脉冲，计数器减 1，当减到 0 时，TIMER OUT 引脚根据 M1、M0 的设置输出波形，图 7.17 给出了计数方式控制字 M1、M0 对 TIMER OUT 输出波形的影响。

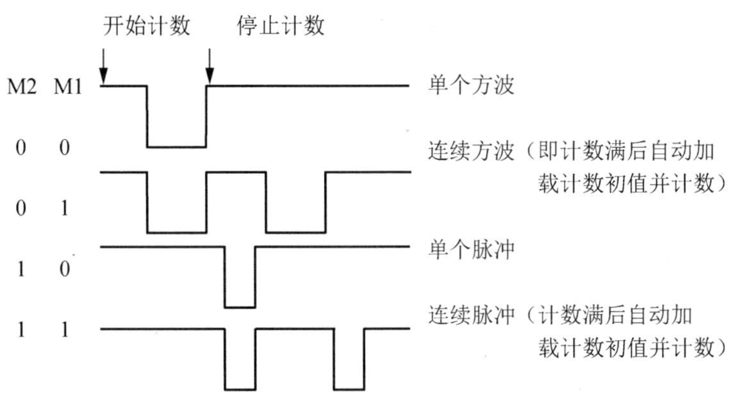

图 7.17　定时计数器输出波形

使用定时/计数器时，除了向计数寄存器内写入计数初值和设置输出方式外，还应向命令寄存器设置命令字(D7、D6 位)以实现对定时器的控制。

7) MCS-51 单片机和 8155 的连接

MCS-51 单片机可以和 8155 直接连接，不需任何外加逻辑电路。单片机和 8155 的接口方法如图 7.16 所示。

AD0～AD7：直接与单片机的 P0 口连接，作为地址/数据线使用。

ALE：与单片机的 ALE 连接。

$\overline{\text{CE}}$：片选信号，用线选法与单片机高 8 位地址线(P2 口)任一位连接。

IO/$\overline{\text{M}}$：与单片机另外一根未用的高 8 位地址线连接。

$\overline{\text{RD}}$、$\overline{\text{WR}}$：直接与单片机的$\overline{\text{RD}}$、$\overline{\text{WR}}$连接。

从硬件连接图中可看出，连接的关键接线是$\overline{\text{CE}}$和 IO/$\overline{\text{M}}$。$\overline{\text{CE}}$决定本芯片是否被选中；而 IO/$\overline{\text{M}}$则决定是对 I/O 端口操作还是对内部 RAM 操作。

2. 8155 应用举例

应用实例 7.6

电路如图 7.17 所示，编程将立即数 66H 写入到 8155 片内 RAM 的 20H 单元中。

解：分析题意得

(1) 对 8155 进行操作，需选通芯片，所以$\overline{\text{CE}}$=0，即 P2.7=0;

(2) 对 8155 片内 RAM 操作，IO / $\overline{\text{M}}$=0，即 P2.0=0。

那么，访问 8155 片内 RAM 的地址范围是 7E00H～7EFFH(设无用位为高电平)。

特别提示

访问片外 RAM 用 “MOVX” 指令，访问内部 RAM 使用 “MOV” 指令，访问 ROM 统一使用 “MOVC” 指令。

(3) 汇编语言程序如下。

```
MOV  A, #66H            ; 立即数送 A
MOV  DPTR, #7F20H       ; 指向 8155 片内 RAM 的 20H 单元
```

```
    MOVX @DPTR, A           ; 写入数据到8155片内RAM的20H单元
```

应用实例 7.7

电路如图 7.18 所示，要求

(1) 读入 PB 口按键状态，通过 PA 口的 LED 显示出来；

(2) 设从 8155 的 TIMER IN 端输入一计数脉冲，经 24 分频后，由 TIMER OUT 输出连续方波信号。

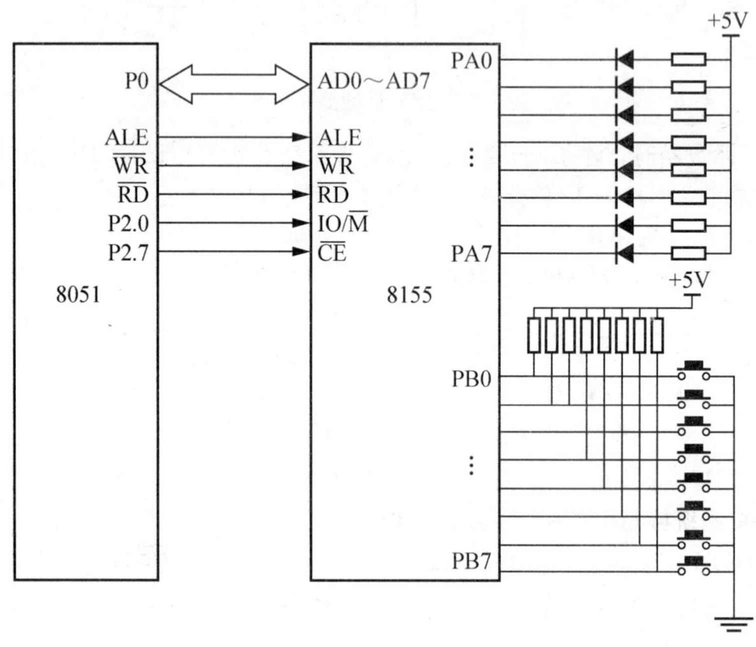

图 7.18　实例 7.7 电路连接示意图

解：分析题意得

① 同上例，$\overline{CE}$=0 选通 8155，IO/$\overline{M}$=1 选择 I/O 口，命令/状态寄存器的地址为 7FF8H(设无用位为高电平)。

② 设定定时器初值和输出方式。输出连续方波，定时器输出方式 M2M1=01；输出脉冲频率为输入脉冲频率的 24 分频，所以计数长度为 24，即初始值为 24(18H)。因此 8155 定时器的两个寄存器的数值分别为

输出方式及计数值高 6 位：01000000B(40H)；

计数值低 8 位：00011000B(18H)。

③ PA 口为输出，PB 口位输入，同时在装入数值后需启动定时器计数，设无用位为 0，则命令字为 11000001B，即 C1H。

④ 汇编语言程序如下。

```
          ORG  0000H
          LJMP MAIN
          ORG  0100H
MAIN:     MOV  DPTR,#7FFCH       ; 指向定时器低 8 位
```

```
        MOV  A, #18H           ; 装入计数值低 8 位
        MOVX @DPTR,A
        MOV  DPTR,#7FFDH       ; 指向定时器高 8 位
        MOV  A, #40H           ; 装入计数值高 6 位及输出方式字
        MOVX @DPTR,A
        MOV  DPTR,#7FF8H       ; DPTR 指向命令寄存器
        MOV  A,#0C1H           ;命令字送 A，设定 PA 输出，PB 输入，并启动定时器
        MOVX @DPTR,A           ; 写入命令字到命令寄存器
LOOP:   MOV  DPTR,#7FFAH       ; 指向 PB 口
        MOVX A,@DPTR           ; 读入 PB 口状态到 A 中
        MOV  DPTR,#7FF9H       ; 指向 PA 口
        MOVX  @DPTR,A          ; A 中数据写入 PA 口中
        SJMP  LOOP
        END
```

实训 9　8155 扩展实验

1. 实训目的

(1) 了解 8155 的内部结构和工作方式；

(2) 掌握 8155 和单片机的连接方式；

(3) 掌握 8155 相应的控制字的设置。

2. 实训设备

单片机开发系统辅助软件及计算机一台。

3. 实训步骤

(1) 要求。实训电路如图 7.19 所示，利用单片机和 8155，扩展并行 I/O 口，连接 6 个共阳极 LED 数码管，动态显示“012345”。

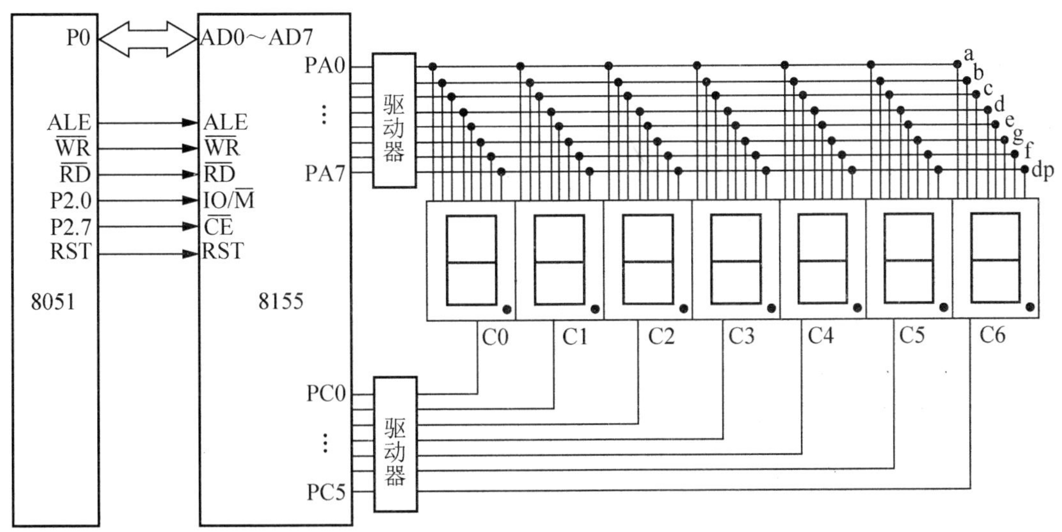

图 7.19　8155 扩展 6 位 LED 动态显示电路

(2) 程序设计。

电路中，$\overline{CE}$=0 选通 8155，IO/$\overline{M}$=1 选择 I/O 口，所以 P2.7=0、P2.0=1，命令/状态寄存器的地址为 7FF8H(设无用位为高电平)，PA 口和 PC 口的地址分别为 7FF9H 和 7FFBH。设 PA 口和 PC 口为输出方式，禁止中断，命令字为 0DH。主程序流程图如图 7.20 所示。

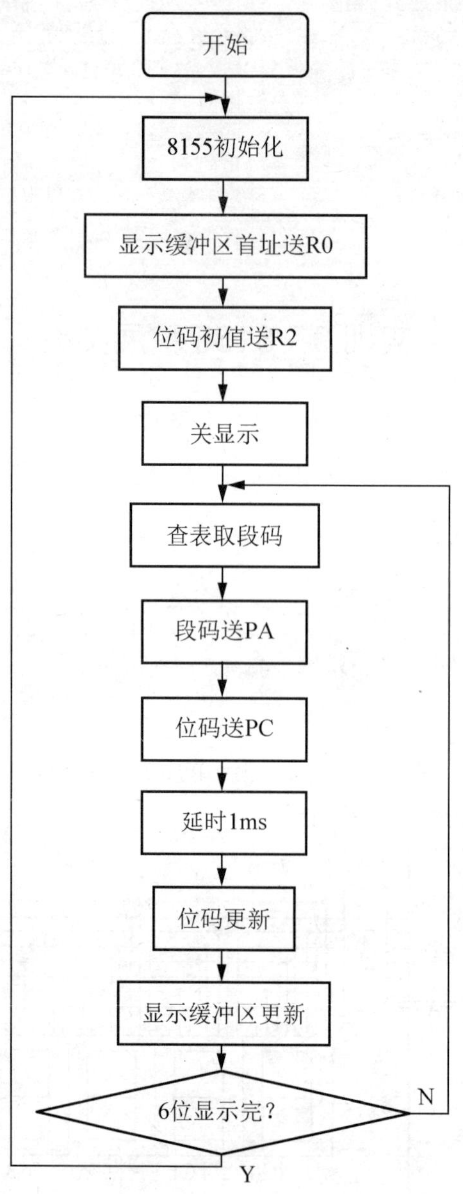

图 7.20　主程序流程图

根据流程图，编制源程序如下。

```
        ORG   0000H
        LJMP  MAIN
        ORG   0100H
MAIN:   MOV   DPTR,#7FF8H            ;指向命令寄存器
        MOV   A,#0DH                 ;命令字送 A
```

```
        MOVX @DPTR,A                          ;写入命令字到命令寄存器
        MOV  R0,#00H                          ;显示值送 R0
        MOV  R2,#01H                          ;位码初值送 R2
        MOV  R3, #6                           ;待显示位数
LOOP:   MOV  A,#0FFH                          ;待显示数送 A
        MOV  DPTR,#7FF9H                      ;指向 PA 口
        MOVX @DPTR,A                          ;输出段码
        MOV  A,R0                             ;待显示数送 A
        MOV  DPTR,#TAB                        ;指向段码表首地址
        MOVC A,@A+DPTR                        ;查表取得段码
        MOV  DPTR,#7FF9H                      ;指向 PA 口
        MOVX @DPTR,A                          ;输出段码
        MOV  DPTR,#7FFBH                      ;指向 PC 口
        MOV  A,R2                             ;取位码字
        MOVX @DPTR,A                          ;输出位码
        LCALL  DELAY                          ;延时 1ms
        MOV  A,R2                             ;取位码字
        RL   A                                ;移位
        MOV  R2,A                             ;位码更新后再送 R1 中
        INC  R0
        DJNZ R3,LOOP                          ;未显示完，继续显示
        LJMP   MAIN
DELAY:  略                                    ;1ms 延时子程序
TAB:    DB 0C0H,0F9H,0A4H,0B0H,99H            ;数码管段码表
        DB 92H,82H,0F8H,80H,90H
        END
```

(3) 运行及调试。在 Keil 中编译源程序生成 HEX 文件后，把该文件添加到 Proteus 构建的系统电路中，仿真调试，观察运行结果。

4. 实训总结与分析

(1) 程序的运行结果是：6 个 LED 显示器同时显示数字 0～5。

(2) 8155 与单片机连接时，可以看成一个外部设备，单片机与外部设备之间的连接方式需要 3 总线的连接，地址总线(主要是 P2 口)的连接决定了将来单片机访问 8155 时的地址，就是命令状态寄存器及 PA 口、PB 口、PC 口的地址；数据总线就是 8155 与单片机的 P0 口连接；控制总线主要是读写控制，注意访问 8155 要使用 MOVX 指令。

项 目 小 结

单片机内部集成了计算机的基本功能部件，但对一些功能较多的应用系统，往往需要扩展一些外围芯片，以增加单片机的硬件资源。

单片机的系统扩展包括程序存储器 ROM 的扩展、数据存储器 RAM 的扩展以及 I/O 口的扩展。外扩程序存储器和单片机内部的程序存储器统一编址，采用相同的指令，扩展时 P0 口分时作为数据线和地址线；外扩数据存储器的和单片机内部的数据存储器分开编址，使用不同的数据传送指令，控制线主要采用 ALE、$\overline{WR}$、$\overline{RD}$ 等。I/O 口的扩展包括简单 I/O 口的扩展和可编程 I/O 口的扩展，本项目都分别作了简单介绍。

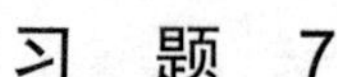

习　题　7

1. 8051 单片机进行系统扩展时要使用哪些总线？

2. 简述为什么 MCS-51 单片机系统扩展时其低 8 位地址总线要用地址锁存器锁存。

3. 8051 单片机可同时外扩 64KB 的 ROM 和 RAM，且地址范围同为 0000H～FFFFH，此时地址重叠，是否会发生数据冲突？为什么？

4. 设计以 8051 为主机，用两片 2764EPROM 扩展 16KB 的 ROM，画出电路图。

5. 8051 单片机扩展外部 ROM 和 RAM 分别采用哪些控制信号线？

6. 设计扩展 2KB 的 RAM 和 4KB 的 EPROM 的电路图

7. 简述 8155 芯片所具备的主要功能部件及特点。

项目8

A/D 与 D/A 转换电路

教学目标

通过单片机ADC/DAC知识的学习，了解ADC/DAC转换器基础知识，掌握ADC0809的以及DAC0832结构、功能、与单片机的接口电路及相关程序的编制。

教学要求

能力目标	相关知识	权重	自测分数
了解ADC转换器基础知识，掌握ADC0809的应用	ADC转换器的主要性能指标，芯片ADC0809结构、功能及与单片机的接口技术	25%	
了解DAC转换器基础知识，掌握DAC0832的应用	DAC转换器的主要性能指标，芯片DAC0832结构、功能及与单片机的接口技术	25%	
提高A/D转换器及D/A转换器的应用能力	简易数字电压表、简易波形发生器	50%	

项目导读

在工业控制和智能化仪器仪表中，单片机经常要对来自现场的各种模拟量信号进行采集和处理，这些模拟量可以是随时间连续变化的电信号(电流、电压)或非电的物理量(如温度、压力、流量、速度等)。通常非电的物理量可以经合适的传感器转换成连续的电信号。由于单片机不能直接对各种模拟信号进行输入和处理，所以必须将其转换成数字信号，我们把这种实现模拟信号转换成数字信号的设备称为模数转换器(A/D)，简称 ADC；实现数字信号转换成模拟信号的设备称数模转换器(D/A)，简称 DAC。

8.1 A/D 转换器及其应用

用于 A/D 转换的芯片种类很多，按其工作原理分为计数比较型、逐次逼近比较型、双积分型等。不同 A/D 转换器芯片在速度、精度和价格上均有差别，分辨率(输出结果的二进制数或 BCD 码位数)也有 8 位、10 位、12 位及 16 位等。

8.1.1 A/D 转换器主要性能指标

1. 分辨率

分辨率是指数字量变化一个最小值时模拟信号的变化量。分辨率越高，转换时对输入模拟信号的反应就越灵敏。A/D 转换器的分辨率通常以数字信号的位数来表示，如 8 位、10 位、12 位等。若把满量程为 5V 的电压转换成数字信号，选用的 A/D 器件的精度为 8 位，那么该系统最小可以测量的电压为 0.019 5V($5/2^8$)，我们就称其分辨率为 19.5mV；若用 12 位的 A/D 器件，则其分辨率为 0.001 22V($5/2^{12}$)；显然位数越多，分辨率越高。

2. 量化误差

ADC 把模拟量转换成数字量，用数字量近似的表示模拟量，这个过程称为量化。量化误差是 ADC 的有限位数对模拟量进行量化而引起的误差。分辨率高的 A/D 转换器具有较小的量化误差。

3. 零值误差

零值误差指的是输入信号为零时，输出信号不为零的值。

4. 满刻度误差

A/D 的满刻度误差指的是满刻度输出数码所对应的实际输入与理想输入电压之差。

5. 绝对精度

绝对精度(简称精度)是指在整个刻度范围内，任一数码所对应的模拟量实际输入值与理论模拟输入值之间的最大误差。

6. 转换时间

转换时间是指 A/D 转换器完成一次 A/D 转换所需要的时间。转换时间的倒数是转换速率，为了保证转换的正确完成，采样速率必须保证小于或等于转换速率。

7. 线性度

线性度又称为非线性度，是指转换器实际的转换特性与理想直线的最大偏差。

8. 量程

即所能转换的电压的范围。

8.1.2　ADC0809 的内部结构及引脚功能

ADC0809 是美国国家半导体公司生产的 CMOS 工艺 8 通道、8 位逐次逼近式 A/D 转换器。ADC0809 可以和单片机直接连接，由于它的性能能满足一般用户要求且价格低廉，因此是目前国内应用最广泛的 8 位通用 A/D 芯片。下面我们主要介绍逐次逼近型 ADC 的典型芯片 ADC0809 及与单片机的接口方法。

1. 内部结构

ADC0809 是采用逐次逼近法的 8 位 A/D 转换芯片，其内部结构逻辑如图 8.1 所示，它内部除 A/D 转换部分外，还带有锁存功能的 8 通道多路模拟开关和 8 位三态输出锁存器。

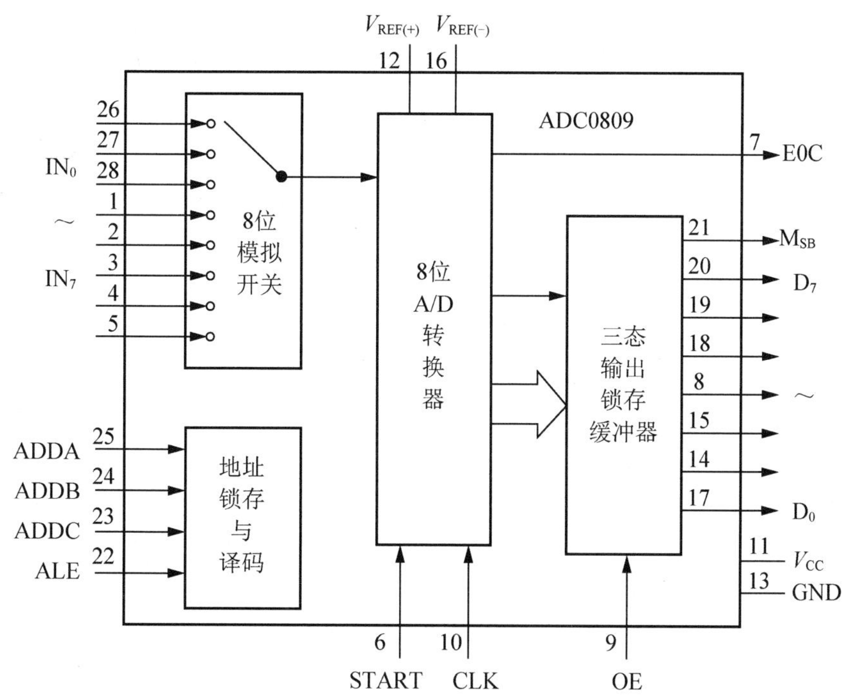

图 8.1　ADC0809 的内部结构

2. 芯片引脚

ADC0809 芯片共 28 个引脚，双列直插式引脚排列如图 8.2 所示。

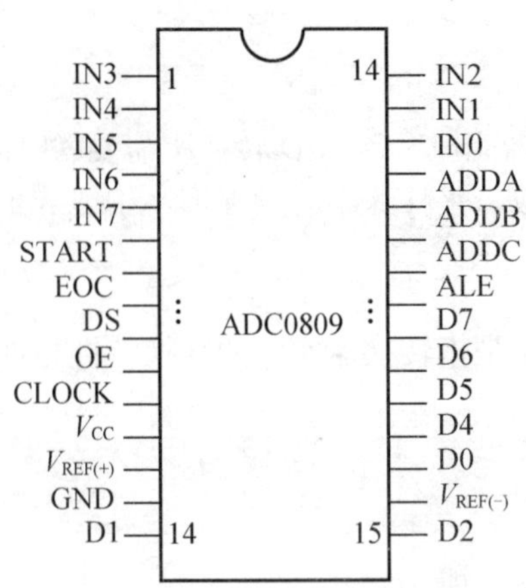

图 8.2　ADC0809 引脚配置图

(1) IN0～IN7：8 个模拟量输入端，允许 8 路模拟量分时输入，共用一个 A/D 转换器；

(2) ADDA、ADDB、ADDC：通道端口选择线，C 为高位地址，地址编码关系见表 8-1。

表 8-1　通道选择表

地址编码			被选中的通道
C	B	A	
0	0	0	IN0
0	0	1	IN1
0	1	0	IN2
0	1	1	IN3
1	0	0	IN4
1	0	1	IN5
1	1	0	IN6
1	1	1	IN7

(3) ALE：地址锁存允许，当 ALE 为上升沿时，可将地址选择信号 C、B、A 锁入地址寄存器内。

(4) START：启动 A/D 转换，当 START 为上升沿时，开始 A/D 转换。

(5) EOC：转换结束信号，转换开始后，EOC 信号变低；当转换完毕之后，该端由低电平跳转为高电平。

(6) OE：输出允许控制端，高电平有效。此信号用以打开三态输出锁存器，将 A/D 转换后的 8 位数字量输出至单片机的数据总线上。

(7) CLOCK：时钟信号输入端，ADC0809 内部没有时钟电路，所需时钟信号需外界提供。通常使用 500KHz 的时钟信号。

(8) D7～D0：数字量输出端。

(9) $V_{REF(+)}$和 $V_{REF(-)}$：参考电压端，一般 $V_{REF(+)}$= 5V，$V_{REF(-)}$=0V。

(10) V_{CC}、GND：+5V 电源及地。

8.1.3　8051 单片机与 ADC0809 的接口及应用

ADC0809 与 8051 单片机的连接如图 8.3 所示。电路连接主要涉及两个问题：一是 8

路模拟信号通道的选择；二是 A/D 转换完成后转换数据的传送。

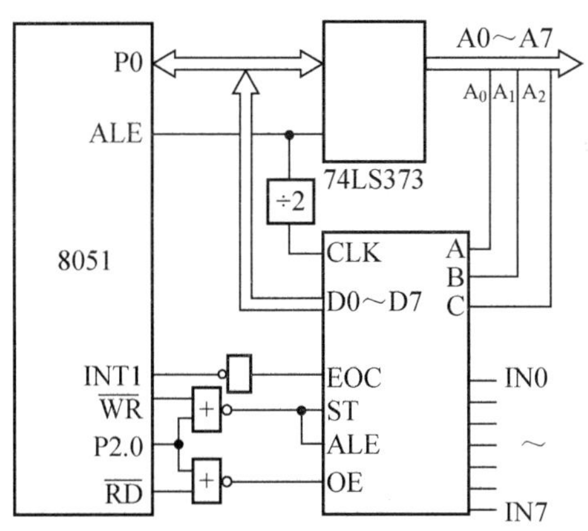

图 8.3 ADC0809 与 8051 单片机的连接

1. 8 路模拟通道选择

模拟通道选择信号 A、B、C 分别接最低三位地址 A0、A1、A2 即(P0.0、P0.1、P0.2)，而地址锁存允许信号 ALE 由 P2.0 控制，则 8 路模拟通道的地址为 0FEF8H～0FEFFH，只要向 0FEF8H～0FEFFH 中任何一个地址进行写操作即可启动对指定地址的转换。此外，通道地址选择以 $\overline{WR}$ 作写选通信号，这一部分电路连接如图 8.4 所示。

从图 8.4 可以看到，把 ALE 信号与 START 信号接在一起了，这样连接使得在信号的前沿写入(锁存)通道地址，紧接着在其后沿就启动转换。图 8.5 是有关信号的时间配合示意图。

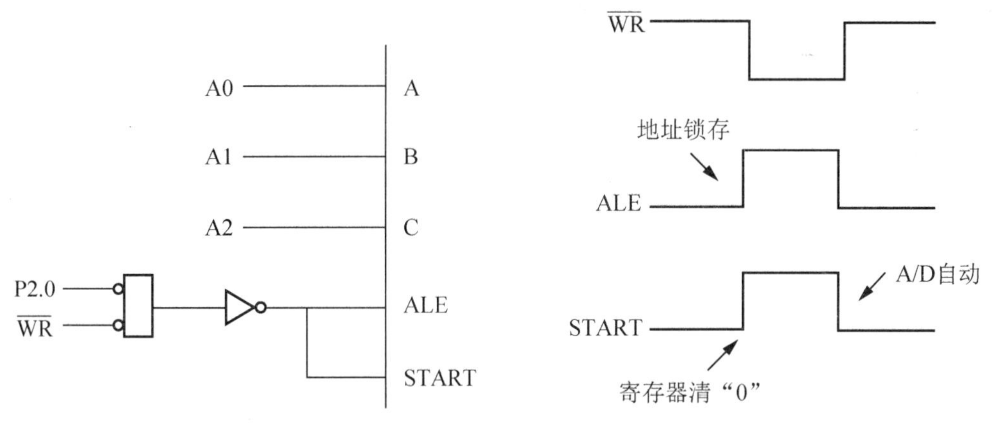

图 8.4 地址锁存信号连接电路

图 8.5 信号时间配合示意图。

启动 A/D 转换只需要一条 MOVX 指令。在此之前，要将 P2.0 清零并将最低 3 位与所选择的通道对应的口地址送入数据指针 DPTR 中。例如要选择 IN0 通道时，可采用如下两条指令，即可启动 A/D 转换：

```
MOV DPTR,#0FE00H            ;送入 0809 的口地址
MOVX @DPTR,A                ;启动 A/D 转换(IN0)
```

2. 转换数据的传送

A/D 转换后得到的数据应及时传送给单片机进行处理。数据传送的关键问题是如何确

认 A/D 转换的完成，因为只有确认完成后，才能进行传送。为此可采用下述 3 种方式。

1) 定时传送方式

对于一种 A/D 转换器来说，转换时间作为一项技术指标是已知和固定的。例如 ADC0809 转换时间为 128μs，相当于 6MHz 的 MCS-51 单片机共 64 个机器周期。可据此设计一个延时子程序，A/D 转换启动后即调用此子程序，延迟时间一到，转换肯定已经完成了，接着就可进行数据传送。

2) 查询方式

A/D 转换芯片有表明转换完成的状态信号，例如 ADC0809 的 EOC 端。因此可以用查询方式，测试 EOC 的状态，即可确知转换是否完成，并接着进行数据传送。

3) 中断方式

芯片 EOC 为转换结束信号，把表明转换完成的状态信号(EOC)作为中断请求信号，以中断方式进行数据传送。

不管使用上述哪种方式，只要确定转换完成，即可通过指令进行数据传送。首先送出口地址并以 $\overline{RD}$ 信号有效时，OE 信号即有效，把转换数据送上数据总线，供单片机接收。然后可通过指令进行数据传送。所用的指令为 MOVX 读指令，仍以图 8.3 所示为例，则有：

```
MOV  DPTR ,#0FE00H        ;选择通道 IN0
MOVX A,@DPTR              ;信号有效，转换结束后的信号送到 A 中
```

该指令在送出有效口地址的同时，发出 $\overline{RD}$ 有效信号，使 0809 的输出允许信号 OE 有效，从而打开三态门输出，使转换后的数据通过数据总线送入 A 累加器中。

这里需要说明的是，ADC0809 的三个地址端 A、B、C 既可如前所述与地址线相连，也可与数据线相连，例如与 D0～D2 相连。这时启动 A/D 转换的指令与上述类似，只不过 A 的内容不能为任意数，而必须和所选输入通道号 IN0～IN7 相一致。例如当 A、B、C 分别与 D0、D1、D2 相连时，启动 IN7 的 A/D 转换指令如下。

```
MOV  DPTR,#0FE00H ;送入 0809 的口地址
MOV  A ,#07H      ;D2D1D0=111 选择 IN7 通道
MOVX @DPTR,A      ;启动 A/D 转换
```

3. A/D 转换应用举例

设有一个 8 路模拟量输入的巡回监测系统，依次采集 8 个模拟量输入通道 IN0～IN7 的模拟量信号，并将数据转换的结果依次存放在内部 RAM 40H～47H 单元中，接口电路如图 8.3 所示。

1) 模拟通道选择

模拟通道选择信号 A、B、C 分别接最低三位地址 A0、A1、A2 即(P0.0、P0.1、P0.2)，而地址锁存允许信号 ALE 由 P2.0 控制，则 8 路模拟通道的地址为 0FEF8H～0FEFFH。

2) 转换数据的传送

转换数据的传送采用中断方式，ADC0809 的转换结束信号 EOC 经过反相后接到 8051 的外部中断 0 的输入端 $\overline{INT0}$，转换结束后向 CPU 发出中断请求，通知 CPU 取出转换结果。

3) 转换过程

指定 DPTR 确定的通道地址后，执行“MOVX　@DPTR，A”指令，此时 $\overline{WR}$ 有效，在 $\overline{WR}$ 与 P2.0 的共同作用下，ALE 和 START 信号有效，完成通道地址的锁存并且启动 A/D 转换。转换完成后，EOC 输出高电平，反相后向 CPU 申请中断，在中断服务程序中执行“MOVX　A，@DPTR”指令，$\overline{RD}$ 有效，在 $\overline{RD}$ 与 P2.0 的共同作用下，使输出允许信号 OE 有效，从而可读出 8 位转换结果。

数据采样的初始化程序和中断服务程序如下。

```
初始化程序:   MOV  R0,#40H          ;数据存储区首地址
              MOV  R2,#08H          ;8 路计数器
              SETB  IT1             ;边沿触发方式
              SETB  EA              ;中断允许
              SETB  EX1             ;允许外部中断 1 中断
              MOV  DPTR,#0FEF8H     ;D/A 转换器地址
              MOVX  @DPTR,A         ;启动 A/D 转换
              SJMP   $              ;等待中断
中断服务程序  ;-------------------------
    INT11:    MOVX  A,@DPTR         ;数据采样
              MOVX  @R0,A           ;存数
              INC  DPTR             ;指向下一模拟通道
              INC  R0               ;指向数据存储器下一单元
              DJNZ  R2,LOOP         ;通道是否采集完成?
              AJMP INT11EXT
     LOOP:    MOVX  @DPTR,A         ;再次启动 A/D 转换
INT11EXT:     RETI
```

实训 10　简易数字电压表

1. 实训目的

(1) 掌握常用 A/D 转换器 ADC0809 与单片机的连接方式；

(2) 能够利用单片机对 ADC0809 进行读写操作，完成数据的采集。

2. 实训设备

单片机开发系统辅助软件及计算机一台。

3. 实训步骤

(1) 要求。利用单片机和 ADC0809(ADC0808)设计一个简易电压表，能够测量 0～5V 的电压值，并且通过 4 个数码管将转换结果显示出来。

(2) 实训电路。实训电路如图 8.6 所示，复位电路、时钟电路及 $\overline{EA}$ 略。

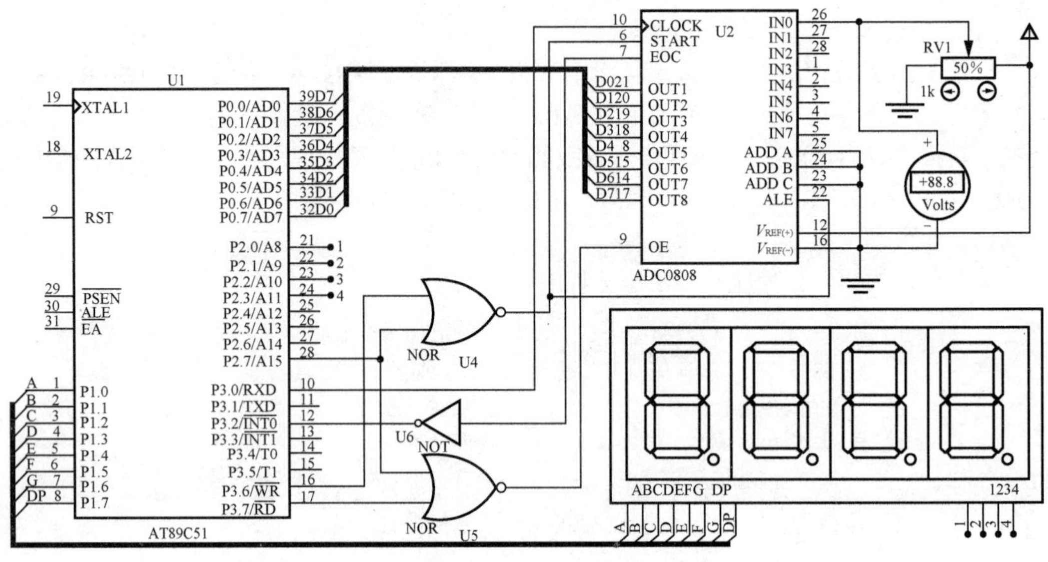

图 8.6　简易电压表电路图

(3) 程序设计。

① ADC0808 没有时钟端，需外接时钟信号，实训中采用定时器中断的方式，在中断服务程序中对 P3.0 取反，从而产生时钟脉冲信号。

② 转换结束信号 EOC 经一反相器后与外部中断 0 连接，所以数据传送采用中断方式。

③ 软件整体设计思路是以动态显示作为主程序，将转换完成的数据转换后显示出来。主程序流程图如图 8.7 所示，外部中断 0 的中断服务程序如图 8.8 所示。

④ 根据流程图，编制源程序如下。

```
          ORG   0000H
          LJMP  MAIN
          ORG   0003H
          LJMP  INT00
          ORG   000BH
          LJMP  TIME0
          ORG   0100H
MAIN:     SETB  IT0                ;开中断
          SETB  EA
          SETB  EX0
          MOV   TMOD,#02H          ;定时器初始化，采用工作方式 2
          MOV   TH0,#245
          MOV   TL0,#245
          SETB  ET0
          SETBTR0                  ;启动定时器
          MOVX  @DPTR,A            ;启动 A/D 转换
LOOP:     MOV  A,#00H              ;显示第一位
          MOV  DPTR,#TAB
          MOVC A,@A+DPTR
```

```
        MOV   P1,#00H
        MOV   P1,A
        CLR   P2.0
        LCALL DELAY
        SETB  P2.0
        MOV   A,R0                  ;转换后的数据除以 51
        MOV   B,#51
        DIV   AB
        MOVC  A,@A+DPTR             ;显示第二位
        MOV   P1,#00H
        MOV   P1,A
        SETB  P1.7
        CLR   P2.1
        LCALL DELAY
        SETB  P2.1
        MOV   A,B                   ;余数除以 5
        MOV   B,#5
        DIV   AB
        MOVC  A,@A+DPTR             ;显示第三位
        MOV   P1,#00H
        MOV   P1,A
        CLR   P2.2
        LCALL DELAY
        SETB  P2.2
        MOV   A,B                   ;显示第四位
        MOVC  A,@A+DPTR
        MOV   P1,#00H
        MOV   P1,A
        CLR   P2.3
        LCALL DELAY
        SETB  P2.3
        LJMP  LOOP
INT00:  MOVX  A,@DPTR               ;外部中断 0 中断服务程序
        MOV   R0,A
        MOVX  @DPTR,A               ;启动 A/D 转换
        RETI
TIME0:  CPL   P3.0                  ;提供 ADC0808 时钟信号
        RETI
DELAY:  略;延时 5 毫秒
TAB:    DB  3FH,06H,5BH,4FH,66H     ;共阴极的数码管段码表
        DB  6DH,7DH,07H,7FH,6FH
        END
```

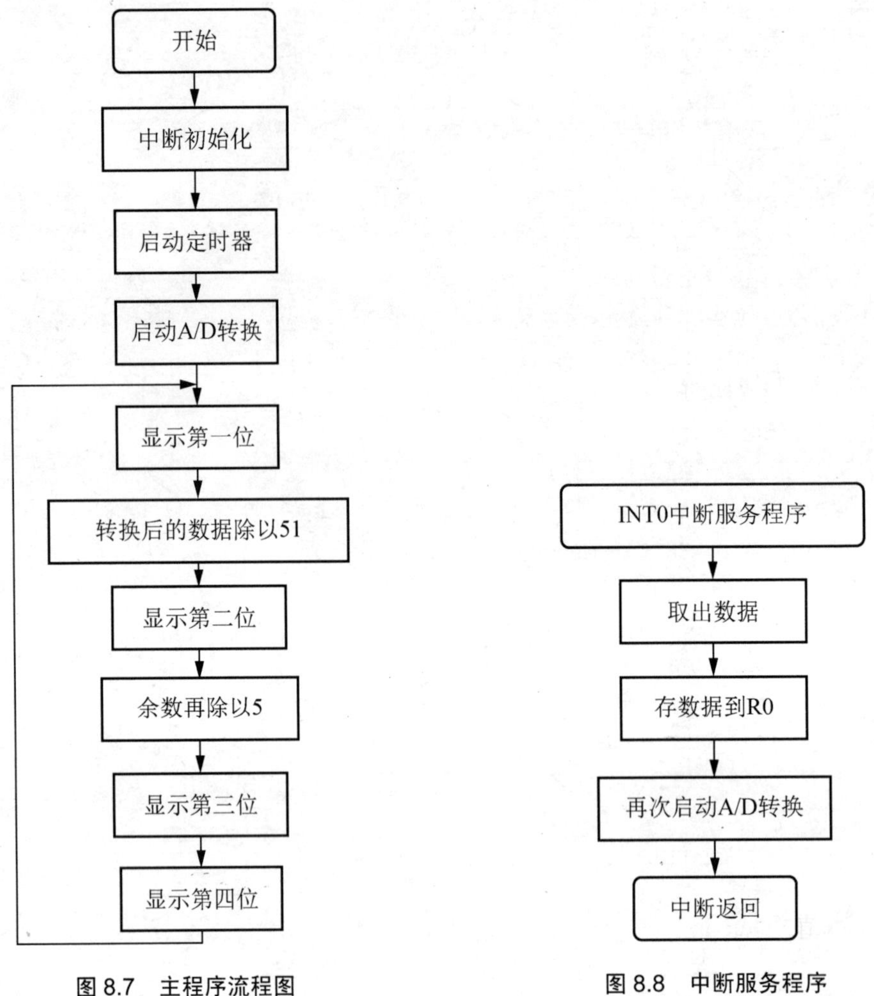

图 8.7　主程序流程图　　　　图 8.8　中断服务程序

(4) 运行及调试。在 Keil 中编译源程序生成 HEX 文件后，把该文件添加到 Proteus 构建的系统电路中，仿真调试，观察运行结果。

4. 实训总结与分析

(1) 程序 1 的运行结果是：随着变阻器的滑动，被测电压发生改变时，数码管上显示数字对应发生变化，和普通电压测量结果对照，显示数值基本一致。

(2) 注意 ADC0808 的数据输出端与 P0 口的连接顺序(倒序连接)。此外，这里只使用通道 IN0，所以将 A、B、C 接地，直接选中通道 IN0。

8.2　D/A 转换器及其应用

计算机运算处理的结果(数字量)有时需要转换成为模拟量，送至执行机构或其他输出部件，以便操纵被控对象，这一过程即为数/模转换(D/A)。实现数模/转换的电路或设备称为 D/A 转换器或 DAC。

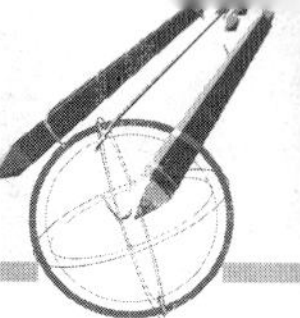

8.2.1　D/A 转换器主要性能指标

D/A 转换器输入的是数字量，该数字量经转换后输出的是模拟量。下面介绍与单片机接口有关的几个技术性能指标。

1. 分辨率

分辨率是描述 D/A 转换器对输入量变化敏感程度的物理量，与输入数字量的位数有关，如果数字量的位数为 n，则 D/A 转换器的分辨率为 2^{-n}，这就意味着 D/A 转换器能对满刻度的 2^{-n} 输入量做出反应，例如，8 位数的分辨率为 1/256，10 位数的分辨率为 1/1024 等。使用时，应根据分辨率的需要来选定转换器的位数。D/A 转换器常用的有 8 位、10 位、12 位几种。

2. 转换时间

转换时间是描述 D/A 转换速度快慢的一个参数，指输入数字量到输出模拟量所需要的时间。转换器的输出形式为电流时，转换时间较短;输出形式为电压时，由于转换时间还要加上放大器的延时时间，故转换时间较长，但总的来说，D/A 转换速度远高于 A/D 转换速度，快速的 D/A 转换器的转换速度可达 1μs。

3. 线性度

线性度是指实际转换特性曲线与理想直线特性之间的最大偏差。

4. 绝对精度

绝对精度(简称精度)是指在整个刻度范围内，任一输入数码所对应的模拟量实际输出值与理论模拟值之间的最大误差。

5. 接口形式

D/A 转换器与单片机接口方便与否，主要取决于转换器本身是否带数据锁存器。不带锁存器的 D/A 转换器，为了保存来自单片机的数据，接口要另加锁存器，因此该转换器必须在口线上；而自带锁存器的 D/A 转换器，可以当做一个输出口，因此可以直接接在数据总线上。

8.2.2　DAC0832 的内部结构及引脚功能

DAC0832 是并行输入、电流输出型的通用 8 位转换器，它具有与单片机连接简便、控制方便、价格低廉等优点，被广泛应用于计算机系统中。DAC0832 每次输入数字为 8 位二进制数，基准电压范围为-10～+10V；转换时间为 1μs；数据输入方式有直通、单缓冲、双缓冲；单一电源供电+5～+15V；输出电流线性度可在满量程下调节；功耗为 20mW。

1. 内部结构和引脚功能

DAC0832 内部由 1 个 8 位输入寄存器、1 个 8 位 DAC 寄存器、一个 8 位 D/A 转换器及逻辑控制电路组成。输入数据锁存器和 DAC 寄存器构成了两级缓存，可以实现多通道同步转换输出，其内部结构如图 8.9 所示。

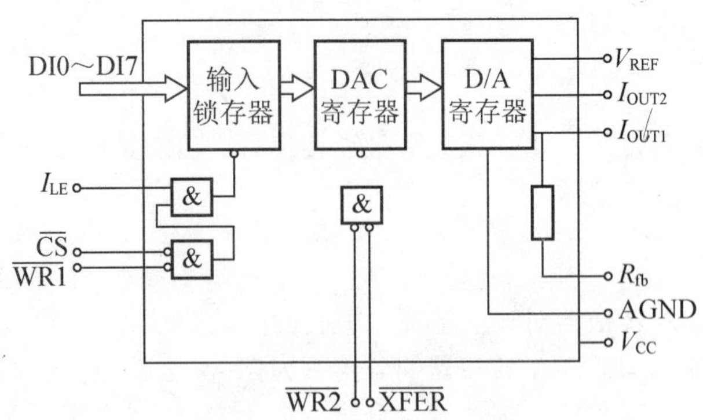

图 8.9　DAC0832 内部结构图

DAC0832 芯片为 20 引脚的双列直插式封装引脚排列如图 8.10 所示，各引脚含义如下。

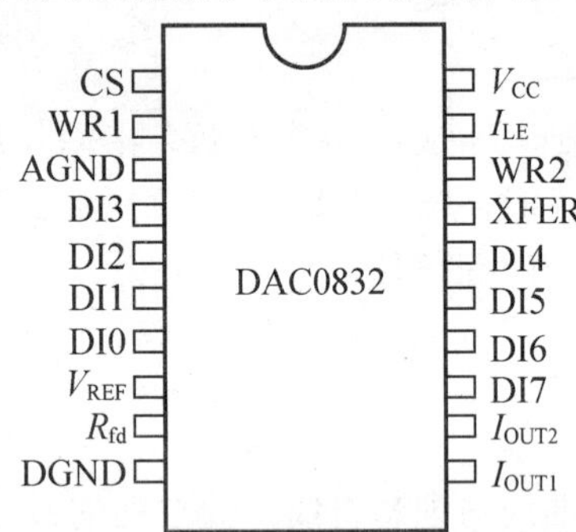

图 8.10　DAC0832 引脚排列图

I_{LE}：数据锁存允许信号，高电平有效；

$\overline{CS}$：输入寄存器选择信号，低电平有效；

$\overline{WR1}$：输入寄存器的写选通信号，低电平有效，由控制逻辑可以看出，片内输入寄存器的锁存信号输入锁存器状态随数据输入线状态变化，而 $\overline{LE1}$=0 时，则锁存输入数据；

$\overline{XFER}$：数据传送信号。低电平有效；

$\overline{WR2}$：DAC 寄存器的写选通信号，DAC 寄存器的锁存信号 LE2= $\overline{WR2}\cdot\overline{XFER}$。$\overline{LE2}$=1 时，DAC 寄存器的输出随输入状态变化，而 $\overline{LE2}$=0 时，则锁存输入状态；

DI0～DI7：8 位数字信号输入端，DI7 为最高位；

V_{REF}：基准电压输入端，此端可接一个正电压，也可接一个负电压，它决定 0～255 的数字量转化出来的模拟量电压值的幅度，V_{REF} 范围为(+10～−10)V。；

R_{fb}：反馈电阻引出端，DAC0832 内部已经有反馈电阻，所以 R_{fb} 端可以直接接到外部运算放大器的输出端，这样相当于将一个反馈电阻接在运算放大器的输出端和输入端之间；

$Iout_1$ 和 $Iout_2$：电流输出端，$Iout_1$ 与 $Iout_2$ 的和为常数，即 $Iout_1$+$Iout_2$=常数。$Iout_1$ 随 DAC 寄存器的内容线性变化，在单极性输出时，$Iout_2$ 通常接地，在双极性输出时接运放，在 8031 应用时需外接运算放大器使之成为电压型输出。当 DAC 寄存器中数据全为 1 时，输出电流最大，当 DAC 寄存器中数据全为 0 时，输出电流为 0。

V_{CC}：芯片供电电压，范围为(+5～+15)V。

DGND：数字地。

AGND：模拟信号地，即模拟电路接地端。

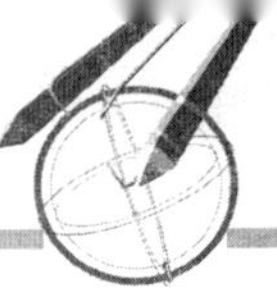

2. DAC0832 的工作方式

DAC0832 芯片内部分别设计有输入寄存器和 DAC 寄存器，以便对于不同的应用简化硬件接口电路设计。由于对两个寄存器可以采用不同的控制方法，因此 DAC0832 可有 3 种不同的工作方式。

1) 直通工作方式

当 DAC0832 所有控制信号(ILE、$\overline{CS}$、$\overline{WR1}$、$\overline{WR2}$、$\overline{XFER}$)都为有效时，两个寄存器处于直通状态，此时数据线的数字信号经两个寄存器直接进入 D/A 转换器进行转换并输出。

2) 单缓冲工作方式

单缓冲工作方式是使两个寄存器始终有一个(多为 DAC 寄存器)处于直通状态，另一个处于受控状态。如使 $\overline{WR2}$ 和 $\overline{XFER}$ 为低电平，或将 $\overline{WR1}$ 与 $\overline{WR2}$ 相连及 $\overline{XFER}$ 与 $\overline{CS}$ 相连，则 DAC 寄存器处于直通状态，输入寄存器处于受控状态。

应用系统中如只有一路 D/A 转换，或有多路转换但不要求同步输出时，可采用单缓冲工作方式。

3) 双缓冲工作方式

双缓冲工作方式是使输入寄存器和 DAC 寄存器都处于受控状态。这主要用于多路 D/A 转换系统以实现多路模拟量信号的同步输出。

8.2.3　DAC0832 与单片机的接口及应用

根据应用需要，DAC0832 与单片机的接口可以采用不同的接法以工作于不同的工作方式。下面仅以单缓冲方式为例介绍具体的接口电路及应用编程。

图 8.11 为单缓冲工作方式的一路 D/A 输出与 8051 单片机的连接图。图中采用将芯片两级寄存器的控制信号并接的方式，即将 0832 的 $\overline{WR1}$ 和 $\overline{WR2}$ 并接后与 8051 的“写信号”线相连，$\overline{CS}$ 和 $\overline{XFER}$ 并接后与 P2.7 相连，并将 ILE 接高电平。在这种工作方式下，输入数据在控制信号的作用下，将直接送入 DAC 寄存器，经 D/A 转换输出一个与输入数据相对应的模拟量。图中运算放大器的作用是将 D/A 转换器输出的电流转换成电压输出。

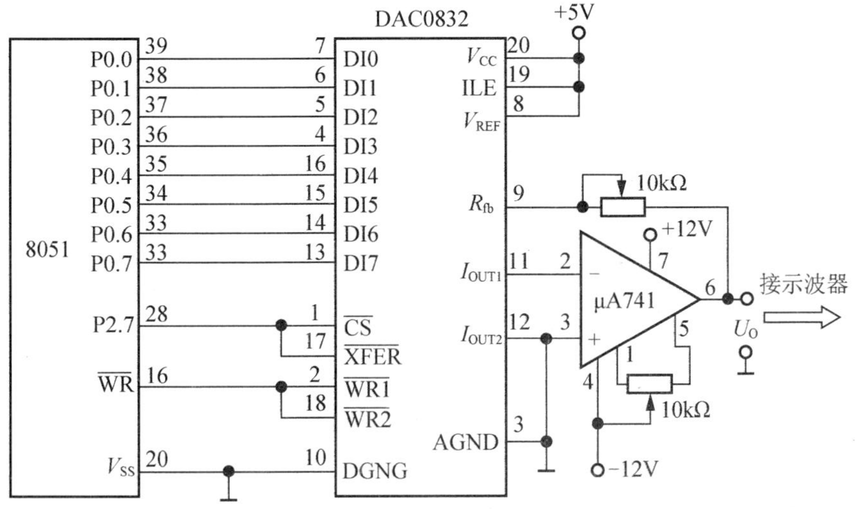

图 8.11　单缓冲方式的 DAC0832 与 8051 单片机的连接图

图中的接法是采用线选法把 DAC0832 当作 8051 扩展的一个并行 I/O 口，若设其他无关的地址为“1”，则 DAC0832 的口地址为 7FFFH。将一个 8 位数据送入 DAC0832 完成转换的指令如下。

```
        MOV    DPTR,#7FFFH      ;指向 0832 的口地址
        MOV    A,#DATA          ;待转换的数据送 A
        MOVX   @DPTR,A          ;写入 0832，实现一次转换并输出
```

利用 D/A 转换，可以方便编程输出各种不同的程控电压波形，以下几个程序实例可在图 8.11 的运算放大器输出端产生不同的电压输出波形(延时子程序省略)。

1. 产生锯齿波

```
        MOV    DPTR，#7FFFH     ;指向 0832 的口地址
        MOV    A，#00H          ;待转换的数据 00H 送 A
LOOP:   MOVX   @DPTR，A         ;A 中的值送 0832 转换，输出对应模拟量
        INC    A                ;A 中的值加 1
        LJMP   LOOP             ;继续循环转换
```

2. 产生方波

```
        MOV    DPTR，#7FFFH     ;指向 0832 的口地址
LOOP:   MOV    A，#0FFH         ;待转换的数据 0FFH 送 A
        MOVX   @DPTR，A         ;A 中的值送 0832 转换，输出对应模拟量
        LCALL  DELAY            ;调用延时子程序
        MOV    A,#00H           ;待转换的数据 00H 送 A
        MOVX   @DPTR, A         ;A 中的值送 0832 转换，输出对应模拟量
        LCALL  DELAY            ;调用延时子程序
        LJMP   LOOP             ;继续循环转换
```

3. 产生三角波

```
        MOV    DPTR,#7FFFH      ;指向 0832 的口地址
        MOV    A,#00H           ;待转换的数据 00H 送 A
LOOP1:  MOVX   @DPTR,A          ;A 中的值送 0832 转换，输出对应模拟量
        INC    A                ;A 中的值加 1
        CJNE   A,#0FFH,LOOP1    ;判断 A 中值是否到 0FFH，不是则转到 LOOP1 继续
LOOP2:  MOVX   @DPTR, A         ;已到，则送 0FFH 到 D/A 转换器输出对应模拟量
        DEC    A                ;A 中值减 1
        CJNE   A,#0FFH,LOOP2    ;判断 A 中值是否到 00H，不是则转到 LOOP2 继续
        LJMP   LOOP1            ;已到，转 LOOP1 继续循环
```

实训 11　简易波形发生器

1. 实训目的

(1) 掌握常用 D/A 转换器 DAC0832 与单片机的连接方式。

(2) 能够利用单片机通过 DAC0832 进行数字到模拟信号的转换。

2. 实训设备

单片机开发系统辅助软件及计算机一台。

3. 实训步骤

(1) 要求。利用单片机和 DAC0832 设计一个简易波形发生器，能够输出锯齿波。

(2) 实训电路。实训电路如图 8.12 所示，复位电路、时钟电路及 $\overline{EA}$ 略。

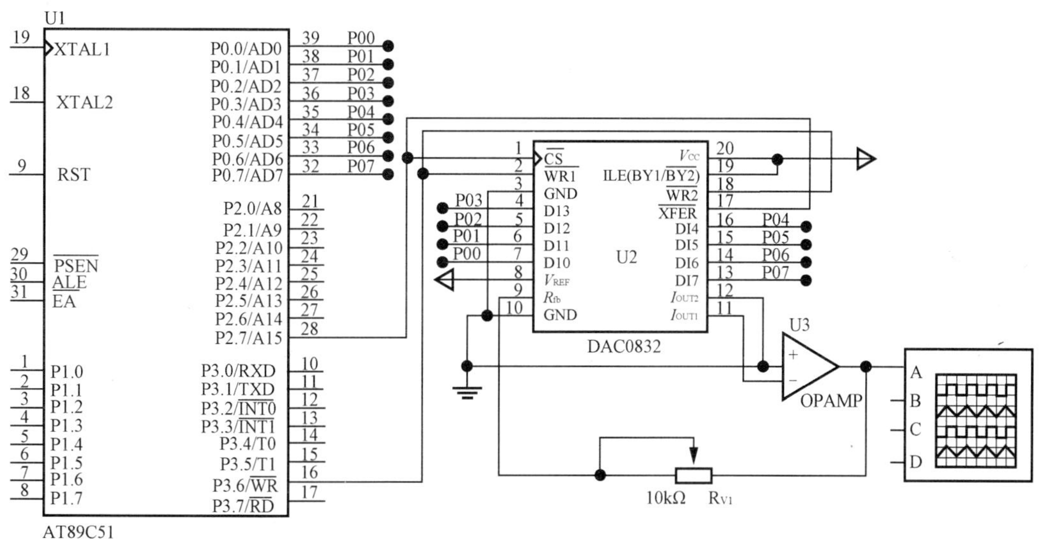

图 8.12　简易波形发生器实训电路图

(3) 程序设计。

锯齿波编程的设计思路是：先输出二进制最小值 00H，然后按+1 规律递增，当输出数据达到最大值 0FFH 时，再回到 00H 重复这一过程，程序流程图如图 8.13 所示。

根据流程图编制源程序如下。

```
         ORG    0000H
         LJMP   MAIN
         ORG    0100H
MAIN:    MOV    DPTR,#7FFFH        ;指向 0832 的口地址
LOOP:    MOV    A ,#00H            ;待转换的数据 00H 送 A
LOOP1:   MOVX   @DPTR,A            ;A 中的值送 0832 转换，输出对应模拟量
         LCALL  DELAY
         INC  A
         CJNE  A,#0FFH,LOOP1
         MOV  A,#00H
         LJMP  LOOP
DELAY:   略                        ;延时子程序，改变其时间参数可以改变波形发生的频率
         END
```

(4) 运行及调试。在 Keil 中编译源程序生成 HEX 文件后，把该文件添加到 Proteus 构建的系统电路中，仿真调试，观察运行结果。

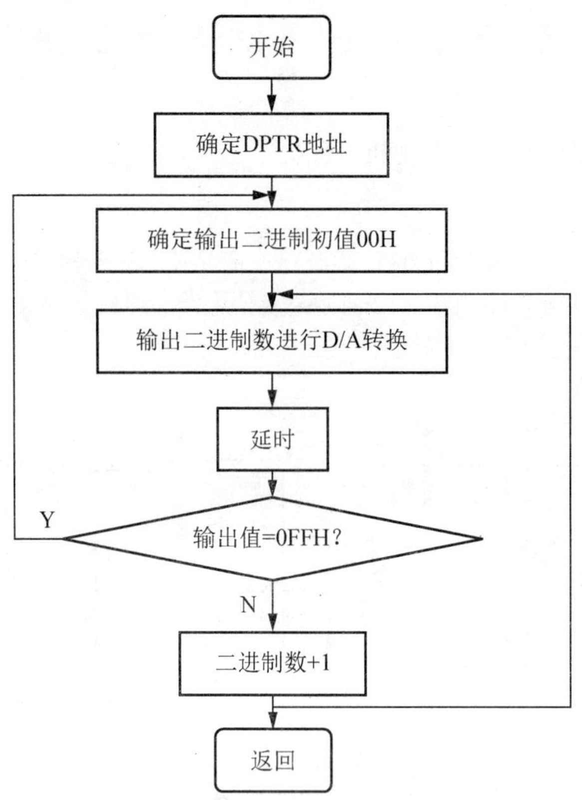

图 8.13　锯齿波程序流程图

4. 实训总结与分析

(1) 程序 1 的运行结果是：程序运行后，单片机输出的二进制数在 00H～0FFH 范围内由小到大变化时，输出电压也将在 0～5V 范围内按照由小到大的规律变化。

(2) 若运行结果不是上述情况，说明存在某些故障，如单片机与 DAC0832 间的硬件接线有错、DAC0832 与集成运放电路接线有错、指令 DPTR 地址有错等，可逐一排查故障，直至正确为止。

(3) 如果把产生波形输出的二进制数据以表格的形式预先存放在程序存储器中，再通过查表指令按顺序依次取出送至 D/A 转换器也可以得到锯齿波，同理通过编程还可以得到正弦波，这里不再说明。

(4) 任何一种模拟周期信号，都可以转换成有规律的数字信号或者说有一组数字信号与之相对应。如果将某种波形对应的一个周期的数字信号预先存储在存储器中，将它取出来并通过数模转换电路转换为模拟信号，便能得到所需的波形。

而对于一些比较简单的波形，则可以通过单片机内部定时/计数器直接产生。例如，利用 P0 口输出一个由小到大不断递增的二进制数送到 D/A 转换器，每一个数据都进行一个短暂的延时，这样在 D/A 转换器 DAC0832 的输出端就可以得到一个近乎线性递增的电流，将电流转换成电压并送至波形发生器。当二进制数值达到最大值后，再回到最小值，不断重复上述过程，在示波器上就能观察到一个连续变化的锯齿波。若每输出一个最小值，延时 1/2 周期后，再输出一个最大值，然后不断重复这一过程即可产生方波。

项目小结

A/D 和 D/A 转换器是单片机与外界进行通信和控制的主要途径。本项目介绍了 A/D 和 D/A 转换的性能指标；介绍了 D/A 转换芯片 DAC0832 的工作原理，DAC0832 单缓冲工作方式和双缓冲工作方式的接口及应用；介绍了 A/D 转换芯片 ADC0809 与 51 系列单片机的接口电路、数据传送方式和数据传送的编程方法；并通过简易电压表和波形发生器两个实训项目加强 DAC0832 芯片和 ADC0809 芯片在单片机系统开发中的应用。

习　题　8

1. A/D 转换器有哪些性能指标？
2. 一个 8 位 A/D 的分辨率是多少？
3. 如何知道 ADC0809 一次 A/D 转换已经结束？
4. 8051 与 DAC0832 连接时，有哪 3 种连接方式？各有什么特点？
5. D/A 转换器有哪些性能指标？
6. 在一个由 8051 单片机与一片 ADC0809 组成的数据采集系统中，ADC0809 的 8 个输入通道的地址为 7FF8H～7FFFH，试画出有关接口电路图，并编写出每隔 1 分钟轮流采集一次 8 个通道数据的程序，共采样 50 次，其采样值存入片外 RAM 2000H 单元开始的存储区中。
7. 根据图 8.11 所示的单片机与 DAC0832 的接口电路，编制程序，输出正弦波。

项目 9

串行口通信

教学目标

通过串行通信相关知识的学习，了解串行通信基础知识；掌握串行口结构和工作原理；掌握串行口控制寄存器的设置；掌握单片机双机通信的方式及相关程序的编写。

教学要求

能力目标	相关知识	权重	自测分数
了解串行通信基础知识	串行通信和并行通信概念、串行通信制式、分类；波特率及RS232C通信标准	25%	
掌握串行口结构和工作原理	串行口结构、工作原理、工作方式，串行口控制寄存器	25%	
掌握单片机双机通信	单片机之间的通信，单片机与计算机之间的通信	50%	

项目导读

随着科技技术的迅速发展，人们已经进入到了一个信息化的时代。实时的通信可以让我们根据当前形势的变化对我们的原有计划作出适当的调整，以提高我们的办事效率和准确性。同样，一个电子设备如果能够实时的接收并反馈外来的信息，其实用性及灵活性也会大大的加强。MCS-51 系列单片机就给我们提供了一组可以实现对外通信的接口，其通信方式为串行通信。本项目将着重介绍串行通信的基本概念、特点及分类，MCS-51 单片机串行口的结构、特点、工作方式以及串行口的应用。

9.1 串行通信基础

计算机与外界的信息交换称为通信。基本的通信方法有并行通信和串行通信两种。

9.1.1 串行通信与并行通信

1. 并行通信

并行通信的方法如图 9.1(a)所示：一组信息(通常是字节)的各位数据被同时传送的通信方法称为并行通信。在 MCS-51 单片机中实现并行通信主要依靠其并行 I/O 接口来实现。并行通信相对于串行通信具有以下特点。

(1) 速度快，但传输线根数多。

(2) 成本高。

(3) 较适用于近距离(相距数公尺)的通信。

2. 串行通信

串行通信的方法如图 9.1(b)所示：一组信息的各位数据被逐位按顺序在一条线上一个一个传送的通信方式称为串行通信。在 MCS-51 单片机中有一组专门用来进行串行通信的引脚：P3.0(RXD)和 P3.1(TXD)。串行通信相对于并行通信具有以下特点。

(1) 速度相对较慢，但传输线少。

(2) 成本低。

(3) 较适用于长距离通信。

图 9.1 串行与并行通信方式示意图

9.1.2 串行通信制式

在串行通信中数据是在两个站之间进行传送的，按照数据传送方向，串行通信可分为单工(Simplex)、半双工(Half Duplex)和全双工(Full Duplex)3 种制式。

1. 单工制式

在单工制式下，通信线的一端接发送器，一端接接收器，数据只能按照一个固定的方向传送，如图 9.2 所示。

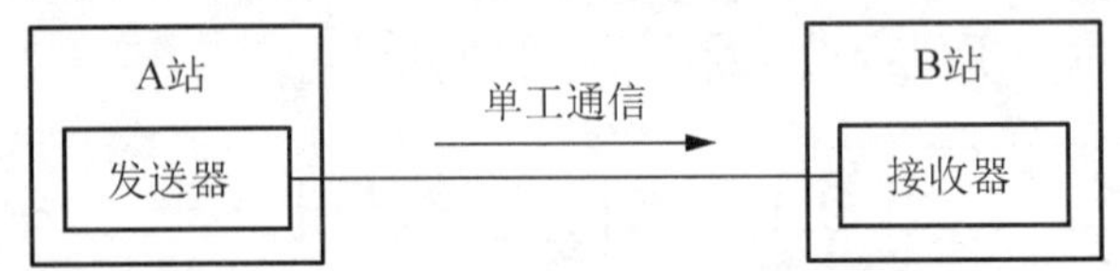

图 9.2 单工串行通信方式

2. 半双工制式

在半双工制式下，系统的每个通信设备都由一个发送器和一个接收器组成，但同一时刻只能有一个站发送，一个站接收；两个方向上的数据传送不能同时进行，即只能一端发送，一端接收，其收发开关一般是由软件控制的电子开关，如图 9.3 所示。

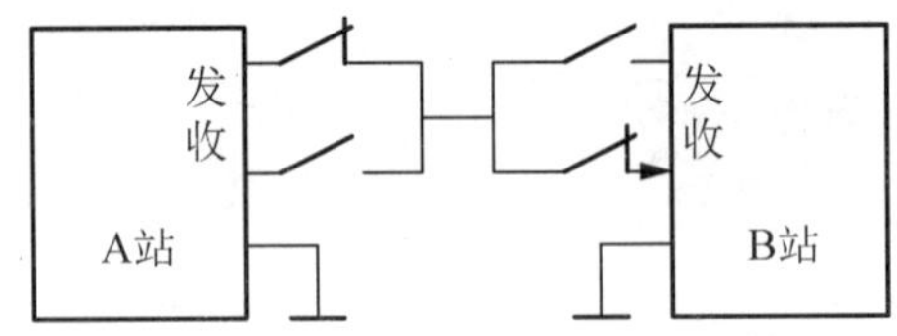

图 9.3 半双工串行通信方式

3. 全双工制式

全双工通信系统的每端都有发送器和接收器，可以同时发送和接收，即数据可以在两个方向上同时传送，如图 9.4 所示。

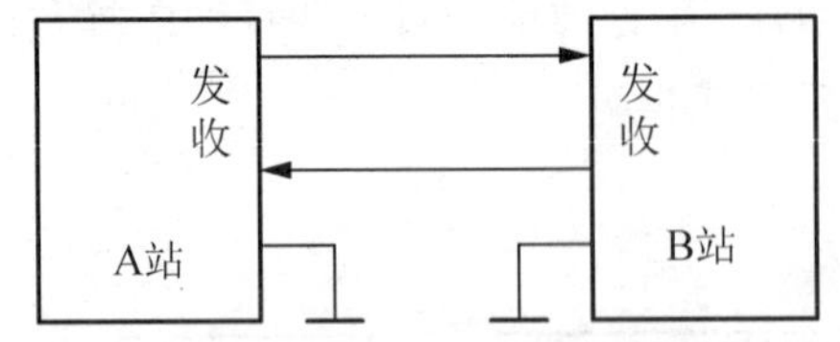

图 9.4 全双工串行通信方式

在实际应用中，尽管多数串行通信接口电路具有全双工功能，但一般情况下，只工作于半双工制式下，这种用法简单、实用。

9.1.3 串行通信的分类

按照串行数据的时钟控制方式，串行通信可分为同步通信和异步通信两类。

1. 异步通信(Asynchronous Communication)

在异步通信中，数据通常是以字符为单位组成字符帧传送的。字符帧由发送端一帧一

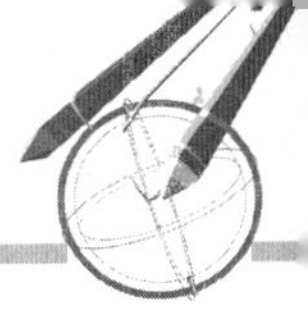

帧地发送，每一帧数据均是低位在前，高位在后，通过传输线被接收端一帧一帧地接收。发送端和接收端可以由各自独立的时钟来控制数据的发送和接收，这两个时钟彼此独立，互不同步。

在异步通信中，接收端是依靠字符帧格式来判断发送端是何时开始发送，何时结束发送的。字符帧格式是异步通信的一个重要指标。

字符帧也叫数据帧，由起始位、数据位、奇偶校验位和停止位等 4 部分组成，如图 9.5 所示。

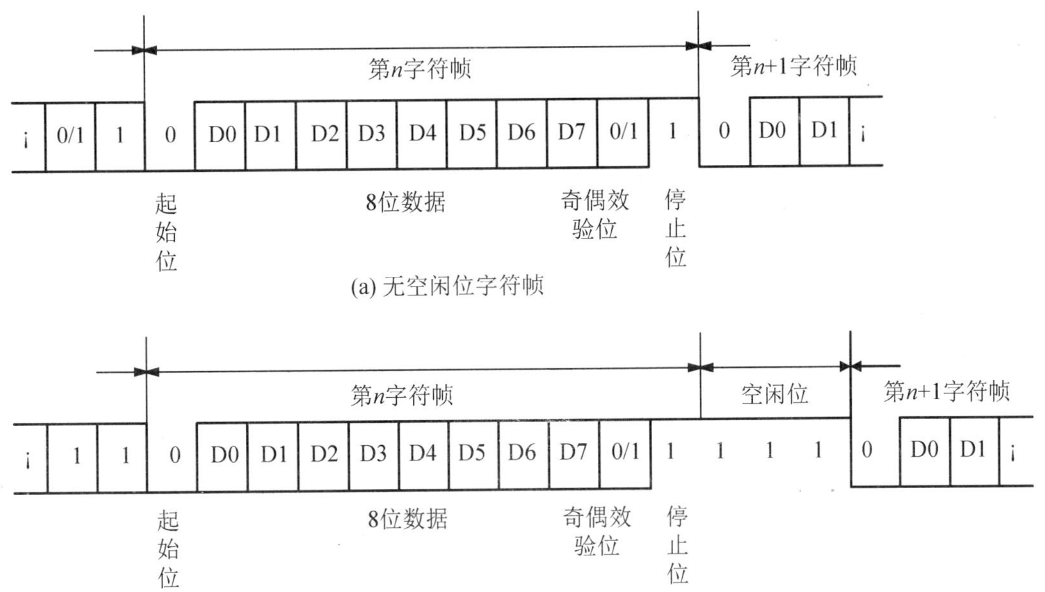

图 9.5　异步通信的字符帧格式

(1) 起始位：位于字符帧开头，只占一位，为逻辑 0 低电平，用于向接收设备表示发送端开始发送一帧信息。

(2) 数据位：紧跟起始位之后，用户根据情况可取 5 位、6 位、7 位或 8 位，低位在前，高位在后。

(3) 奇偶校验位：位于数据位之后，仅占一位，用来表征串行通信中采用奇校验还是偶校验，由用户决定。

(4) 停止位：位于字符帧最后，为逻辑 1 高电平。通常可取 1 位、1.5 位或 2 位，用于向接收端表示一帧字符信息已经发送完，也为发送下一帧做准备。

在串行通信中，两相邻字符帧之间可以没有空闲位，也可以有若干空闲位，这由用户来决定。图 9.5(b)表示有 3 个空闲位的字符帧格式。

结合以上概念，异步通信的通信过程可描述如下。

发送端发送起始位“0”表示字符的开始，然后从低位到高位逐位传送数据，最后用停止位“1”表示字符结束；接收端检测到“1”到“0”的跳变(每次发送结束最后必为“1”，所以当发送端再次发送数据时必会出现一个“1”到“0”的跳变，也就是下降沿)后，等待一个时钟周期(字符“0”)开始接受数据，根据事先约定接收完指定位数的数据后停止接收。

其中一个字符又称一帧信息。图 9.5 中，一帧信息包括 1 位起始位、8 位数据位和 1 位停止位，数据位也可以增加到 9 位。在 MCS-51 单片机系统中，第 9 位数据 D9 可以用作奇偶校验位，在多机通信方式中也可以用作地址/数据帧标志。两帧信息之间可以无间隔，也可以有间隔，且间隔时间可任意改变，间隔用空闲位“1”来填充。异步通信只用一条线传送数据，通信前发收双方应协商确定传送速度。

异步通信的优点是不需要传送同步时钟，字符帧长度不受限制，故设备简单。缺点是字符帧中因包含起始位和停止位而降低了有效数据的传输速率。

2. 同步通信(Synchronous Communication)

同步通信是一种连续串行传送数据的通信方式，一次通信只传输一帧信息。这里的信息帧和异步通信的字符帧不同，通常有若干个数据字符，如图 9.6 所示。图 9.6(a)为单同步字符帧结构，图 9.6(b)为双同步字符帧结构，但它们均由同步字符、数据字符和校验字符 CRC 3 部分组成。在同步通信中，同步字符可以采用统一的标准格式，也可以由用户约定。

同步字符1	数据字符1	数据字符2	数据字符3			数据字符n	CRC1	CRC2

(a) 单同步字符帧格式

同步字符1	同步字符2	数据字符1	数据字符2			数据字符n	CRC1	CRC2

(b) 双同步字符帧格式

图 9.6 同步通信的字符帧格式

9.1.4 波特率

波特率是异步通信的另一个重要指标，那么到底什么是波特率？

波特率为每秒钟传送二进制数码的位数，也叫比特数，单位为 b/s，即位/秒。波特率用于表征数据传输的速度，波特率越高，数据传输速度越快。但波特率和字符的实际传输速率不同，字符的实际传输速率是每秒内所传字符帧的帧数，和字符帧格式有关。例如，若将波特率设置为 9 600b/s 并采用图 9.5(a)所示的字符帧，由于该字符帧包含 10 位，那么系统实际传输的字符速率为：9 600÷10=960 字符/秒。

通常在 MCS-51 单片机的使用过程中，异步通信的波特率取 50～9 600b/s 之间较为合适。当然，随着硬件水平的不断提高，目前新型的单片机在保证数据稳定传输的前提下，可以使用的波特率已远远高于这个水平。但是，不管采用多大的波特率，其通信原理与使用方法都是大同小异的，所以在今后的学习过程中我们采用的波特率均在 50～9 600b/s 之间。

9.1.5 RS-232C 通信标准

RS-232C 是使用最早、应用最多的一种异步串行通信总线标准。它是美国电子工业协会(EIA)1962 年公布，1969 年最后修订而成的。其中，RS 表示 Recommended Standard，232

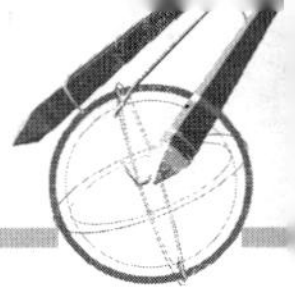

是该标准的标识号，C 表示最后一次修订。

RS-232C 主要用来定义计算机系统的一些数据终端设备(DTE)和数据电路终接设备(DCE)之间的电气性能。

例如 CRT、打印机与 CPU 的通信大都采用 RS-232C 接口，MCS-51 单片机与 PC 的通信也是采用该种类型的接口。由于 MCS-51 系列单片机本身有一个全双工的串行接口，因此该系列单片机用 RS-232C 串行接口总线非常方便。

RS-232C 串行接口总线适用于：设备之间的通信距离不大于 15 m，传输速率最大为 20 Kb/s。

1. RS-232C 信息格式标准

RS-232C 采用串行格式，如图 9.7 所示。该标准规定：信息的开始为起始位，信息的结束为停止位；信息本身可以是 5、6、7、8 位再加一位奇偶校验位。如果两个信息之间无信息，则写“1”，表示空。

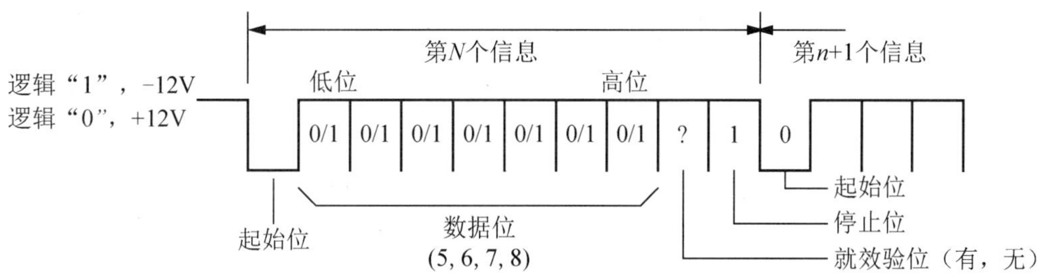

图 9.7　RS-232C 信息格式

2. RS-232C 串行通信总线接口

RS-232C 标准总线为 25 根，可采用标准的 DB-25 和 DB-9 的 D 型插头。目前计算机上只保留了两个 DB-9 插头，作为提供多功能 I/O 卡或主板上 COM1 和 COM2 两个串行接口的连接器，该接口各线功能如图 9.8 所示及见表 9-1。

表 9-1　RS-232C 9 针串口各引脚功能

引脚	名称	功能	引脚	名称	功能
1	DCD	载波检测	6	DSR	数据准备完成
2	RXD	发送数据	7	RTS	发送请求
3	TXD	接收数据	8	CTS	发送清除
4	DTR	数据终端准备完成	9	RI	振铃指示
5	SG(GND)	信号地线			

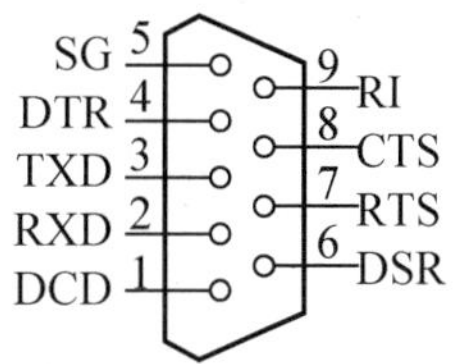

图 9.8　RS-232C 9 针串口

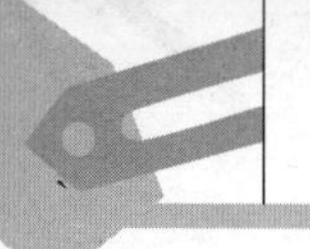

3. RS-232C 电平转换器

RS-232C 规定了自己的电气标准，由于它是在 TTL 电路之前研制的，所以它的电平不是+5 V 和地，而是采用负逻辑，即逻辑“0”：+5 V～+15 V；逻辑“1”：−5 V～−15 V。因此，RS-232C 不能和 TTL 电平直接相连，使用时必须进行电平转换，否则将使 TTL 电路烧坏，实际应用时必须注意。常用的电平转换集成电路是传输线驱动器 MC1488 和传输线接收器 MC1489。

MC1488 内部有三个与非门和一个反相器，供电电压为±12 V，输入为 TTL 电平，输出为 RS-232C 电平。MC1489 内部有 4 个反相器，供电电压为±5 V，输入为 RS-232C 电平，输出为 TTL 电平。

另一种常用的电平转换电路是 MAX232，该芯片是专门为电脑的 RS-232 标准串口设计的接口电路，使用+5v 单电源供电，其引脚结构如图 9.9 所示。

1 C1+ Vs+ 2
3 C1− Vs− 6
4 C2+ V_{CC} 16
5 C2− GND 15
11 T1IN T1OUT 14
10 T2IN T2OUT 7
12 R1OUT R1IN 13
9 R2OUT R2IN 8

图 9.9 MAX232 的引脚图

MAX232 芯片内部结构基本可分三个部分：

第一部分是电荷泵电路。由 1、2、3、4、5、6 脚和 4 只电容构成。功能是产生+12V 和−12V 两个电源，提供给 RS-232 串口电平。

第二部分是数据转换通道。由 7、8、9、10、11、12、13、14 脚构成两个数据通道。其中 13 脚(R1IN)、12 脚(R1OUT)、11 脚(T1IN)、14 脚(T1OUT)为第一数据通道。8 脚(R2IN)、9 脚(R2OUT)、10 脚(T2IN)、7 脚(T2OUT)为第二数据通道。TTL/CMOS 数据从 T1IN、T2IN 输入转换成 RS-232 数据从 T1OUT、T2OUT 送到电脑 DP9 插头；DP9 插头的 RS-232 数据从 R1IN、R2IN 输入转换成 TTL/CMOS 数据后从 R1OUT、R2OUT 输出。

第三部分是供电。15 脚 DNG、16 脚 V_{CC}(+5V)。

图 9.10 所示为 MAX232 芯片与 MCS-51 单片机的典型接法。

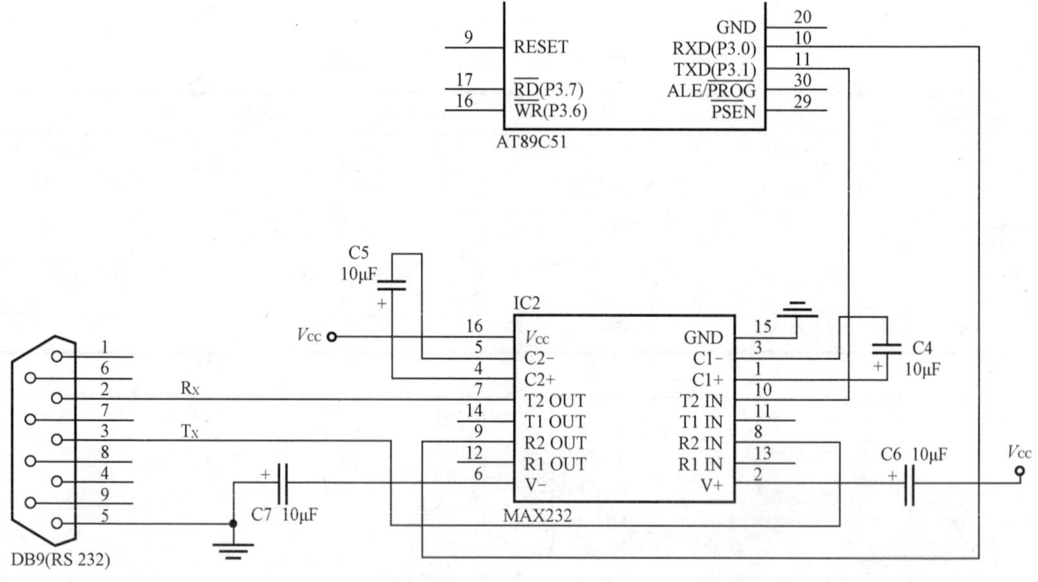

图 9.10 MAX232 芯片与 MCS-51 单片机的典型接法

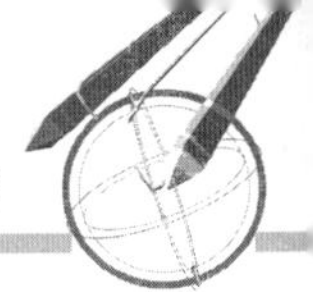

9.2　串行口的结构与工作原理

前面我们对串行通信进行了较为系统的讲解，相信大家已经对什么是串行通信有了一个概念。本节将基于此对 MCS-51 系列单片机的串行口的硬件结构、工作原理以及使用方法做进一步的讲解。

9.2.1　串行口的结构

MCS-51 内部有两个独立的接收、发送缓冲器 SBUF。SBUF 属于特殊功能寄存器。发送缓冲器只能写入不能读出，接收缓冲器只能读出不能写入，二者共用一个字节地址(99H)。串行口的结构如图 9.11 所示。

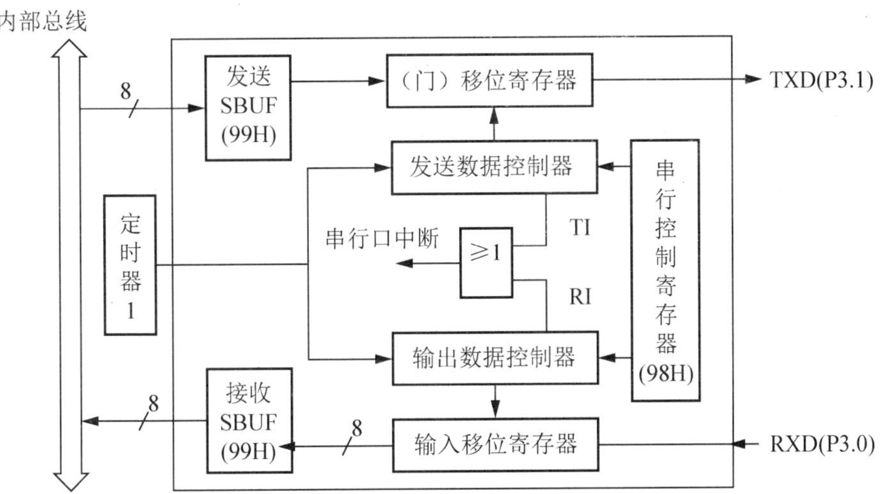

图 9.11　MCS-51 系列单片机串行口内部结构

9.2.2　串行口的工作原理

根据图 9.11 所示，MCS-51 单片机的工作原理大致描述如下：定时器 1 负责产生所需的波特率(在工作方式 0 下为固定波特率，关于波特率具体设置方法将在后面做具体讲解)；发送 SBUF 和接收 SBUF 分别负责暂存发送与接收数据(1 个字节容量)；发送数据控制器和输出数据控制器受串行控制器(SCON)的控制，分别用来控制响应的移位寄存器将数据一位一位的通过 TXD(P3.1)端送出或者一位一位的将数据从 RXD(P3.0)端读入；中间的或门和串行口中断以及 TI、RI 相连，当发送完一帧数据或者接收完一帧数据后 TI 或者 RI 置 1，两者作为或门的输入，所以，无论是接收完一帧数据还是发送完一帧数据，都会向串行口中断送“1”，也就是向 CPU 申请中断。

下面分别对 MCS-51 单片机串行口中的几个关键寄存器做详细说明。

1. 串行口数据缓冲器(SBUF)

SBUF 是两个在物理上相互独立的接收、发送寄存器，一个用于存放接收到的数据，另一个用于存放欲发送的数据，可同时发送和接收数据。两个缓冲器共用一个地址 99H，

通过对 SBUF 的读、写指令来区别是对接收缓冲器还是发送缓冲器进行操作。CPU 在写 SBUF 时，就是修改发送缓冲器；读 SBUF，就是读接收缓冲器的内容。接收或发送数据，是通过串行口对外的两条独立收发信号线 RXD(P3.0)、TXD(P3.1)来实现的，因此可以同时发送、接收数据，其工作方式为全双工制式。

MCS-51 单片机通过对 SBUF 的读、写语句来区别是对接收缓冲器还是发送缓冲器进行操作。CPU 在写 SBUF 时，操作的是发送缓冲器；读 SBUF 时，就是读接收缓冲器的内容。

例如：

```
MOV  SBUF,#data        ;通过串口发送立即数 data
MOV  A,SBUF            ;接收数据到累加器 A
```

2. 串行口控制寄存器(SCON)

SCON 用来控制串行口的工作方式和状态，可以位寻址，字节地址为 98H。单片机复位时，所有位全为 0。串行口控制寄存器 SCON 的格式见表 9-2。

表 9-2　SCON 的各位定义

SCON	9FH	9EH	9DH	9CH	9BH	9AH	99H	98H
(98H)	SM0	SM1	SM2	REN	TB8	RB8	TI	RI

表 9-2 中各位的说明如下。

SM0、SM1：串行口工作方式选择位 SMO、SM1，SMO、SM1 由软件置“1”或清“0”，用于选择串行口的 4 种工作方式。该 4 种工作方式见表 9-4。

SM2：多机通信控制位，用于方式 2 和方式 3 中。在方式 2 和方式 3 处于接收方式时，若 SM2=1，且接收到的第 9 位数据 RB8 为 0 时，不激活 RI；若 SM2=1，且 RB8=1 时，则置 RI=1。在方式 2、3 处于接收或发送方式时，若 SM2=0，不论接收到的第 9 位 RB8 为 0 还是为 1，TI、RI 都以正常方式被激活。在方式 1 处于接收时，若 SM2=1，则只有收到有效的停止位后，RI 置 1。在方式 0 中，SM2 应为 0。

REN：允许串行接收位。它由软件置位或清零。REN=1 时，允许接收；REN=0 时，禁止接收。在实训 8 中，由于乙机用于接收数据，因此使用位操作指令 SETB REN，允许乙机接收。

TB8：发送数据的第 9 位。在方式 2 和方式 3 中，由软件置位或复位，可做奇偶校验位。在多机通信中，可作为区别地址帧或数据帧的标识位，一般约定地址帧时，TB8 为 1，数据帧时，TB8 为 0。

RB8：接收数据的第 9 位。功能类似 TB8，方式 2、方式 3 中，由硬件将接收到的第 9 位数据存入 RB8。方式 1 中，停止位存入 RB8。

TI：发送中断标志位。在方式 0 中，发送完 8 位数据后，由硬件置位；在其他方式中，在发送停止位之初由硬件置位。因此，TI 是发送完一帧数据的标志，可以用指令 JBC TI, rel 来查询是否发送结束。实训中采用的就是这种方法。TI=1 时，也可向 CPU 申请中断，响应中断后，必须由软件清除 TI。

RI：接收中断标志位。在方式 0 中，接收完 8 位数据后，由硬件置位；在其他方式中，在接收停止位的中间由硬件置位。同 TI 一样，也可以通过 JBC RI，rel 来查询是否接收完一帧数据。RI=1 时，也可申请中断，响应中断后，必须由软件清除 RI。

3. 电源及波特率选择寄存器(PCON)

PCON 主要是为 CHMOS 型单片机的电源控制而设置的专用寄存器，不可以位寻址，字节地址为 87H。在 HMOS 的 8051 单片机中，PCON 除了最高位以外，其他位都是虚设的。其格式见表 9-3。

表 9-3　PCON 寄存器格式

PCON	D7	D6	D5	D4	D3	D2	D1	D0
(87H)	IDL	SMOD	--	--	--	GF1	GF0	PD

9.2.3　串行口的工作方式

如上节讲到，MCS-51 的串行口有 4 种工作方式，通过 SCON 中的 SM1、SM0 位来决定，见表 9-4。其中方式 0 并不用于通信，而是通过外接移位寄存器芯片实现扩展并行 I/O 接口的功能。该方式又称移位寄存器方式。方式 1、方式 2、方式 3 都是异步通信方式。方式 1 是 8 位异步通信方式，一帧信息中包括 8 位数据，1 位起始位，1 位停止位，共 10 位组成。方式 1 用于双机串行通信。方式 2、方式 3 都是 9 位异步通信接口，一帧信息中包括 9 位数据，1 位起始位，1 位停止位，共 11 位组成。方式 2、方式 3 的区别在于波特率不同，可用于双机通信或多机通信。下面就各种工作方式做具体讲解。

表 9-4　串行方式的定义

SM0	SM1	工作方式	功能	波特率
0	0	方式 0	8 位同步移位寄存器	$f_{osc}/12$
0	1	方式 1	10 位 UART	可变
1	0	方式 2	11 位 UART	$f_{osc}/64$ 或 $f_{osc}/32$
1	1	方式 3	11 位 UART	可变

1. 方式 0

在方式 0 下，串行口作同步移位寄存器用，其波特率固定为 $f_{osc}/12$。串行数据从 RXD(P3.0)端输入或输出，同步移位脉冲由 TXD(P3.1)送出。这种方式常用于扩展 I/O 口。

1) 发送

当一个数据写入串行口发送缓冲器 SBUF 时，串行口将 8 位数据以 $f_{osc}/12$ 的波特率从 RXD 引脚输出(低位在前)，发送完置中断标志 TI 为 1，请求中断。在再次发送数据之前，必须由软件清 TI 为 0。具体接线图如图 9.12 所示。其中，74LS164 为串入并出移位寄存器。

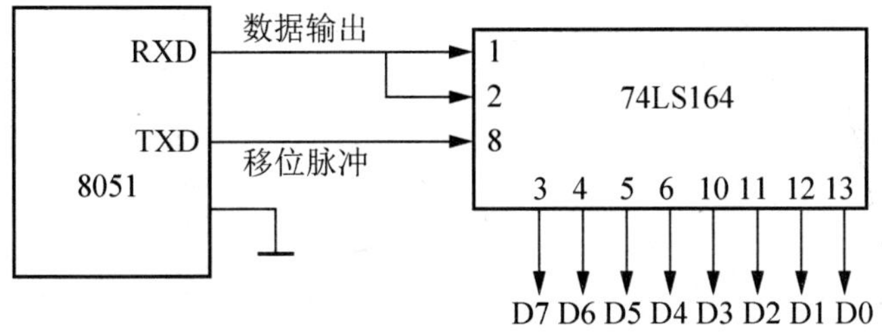

图 9.12　方式 0 用于扩展 I/O 口输出

2) 接收

在满足 REN=1 和 RI=0 的条件下，串行口即开始从 RXD 端以 $f_{osc}/12$ 的波特率输入数据(低位在前)，当接收完 8 位数据后，置中断标志 RI 为 1，请求中断。在再次接收数据之前，必须由软件清 RI 为 0。具体接线图如图 9.13 所示。其中，74LS165 为并入串出移位寄存器。

串行控制寄存器 SCON 中的 TB8 和 RB8 在方式 0 中未用。

特别提示

每当发送或接收完 8 位数据后，硬件会自动置 TI 或 RI 为 1，CPU 响应 TI 或 RI 中断后，必须由用户用软件清 0。方式 0 时，SM2 必须为 0。

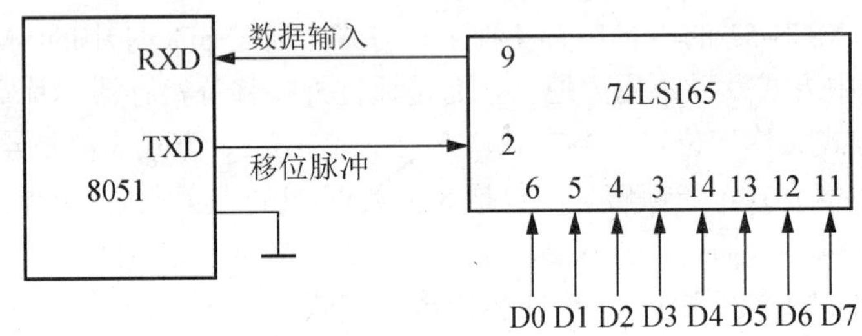

图 9.13　方式 0 用于扩展 I/O 口输入

2. 方式 1

方式 1 为 8 位异步通信方式。其帧格式如图 9.14 所示一帧信息为 10 位：1 位起始位、8 位数据位(低位在前)和 1 位停止位。TXD 为发送端，RXD 为接收端。

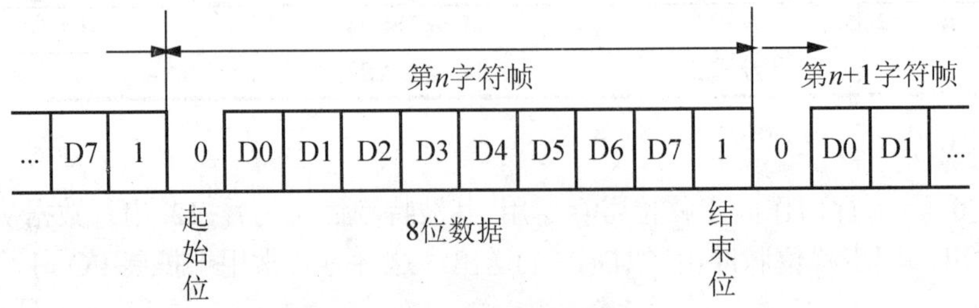

图 9.14　10 位的帧格式

1) 发送过程

串行口以方式 1 发送数据时，数据由 TXD 端输出。当 CPU 将数据写入到发送缓冲器时，便启动串行口发送。发送完一帧信息，TI 置“1”。

方式 1 发送时的定时信号，即发送移位脉冲，是由定时器 1 送来的溢出信号经过 16 或 32 分频(取决于 SMOD 的值)获得的。因此，其波特率是可变的，为$(2^m/32)$X(定时器 1 的溢出率)。其中 m 等于 SMOD，值为“0”或“1”。

2) 接收过程

接收数据由 RXD 端输入，串行口以所选定波特率的 16 倍速率采样 RXD 端状态。在 REN=“1”时，当检测到由 1 到 0 的变化，即一个字符的起始位，则接收过程开始。在移位脉冲的控制下，把收到的数据一位一位的移入接收移位寄存器，直到 9 位全部接收完毕(包

括 1 位停止位)且当 RI=“0”时，将接收移位寄存器中的 8 位数据装入接收缓冲器 SBUF 中，把停止位送入 RB8，并将 RI 置“1”。

整个接收过程将受到 RI 和 SM2 位的影响：

(1) 若 RI=0、SM2=0，则接收控制器发出“装载 SBUF”信号，将 8 位数据装入接收数据缓冲器 SBUF，停止位装入 RB8，并置 RI 为“1”，向 CPU 发出中断请求信号。

(2) 若 RI=0、SM2=1，则只有在停止位为“1”时才发生上述操作。

(3) 若 RI=0、SM2=1，且停止位为“0”，则所接收的数据不装入 SBUF，即数据丢失。

(4) 若 RI=1，则所接收的数据在任何情况下都不装入 SBUF，即数据丢失。

综上所述，方式 1 接收数据时，应先用软件清除 RI 或 SM2 标志(其他情况在上位机连接多个下位机时会用到)。

为保证数据接收可靠无误，对每一位数据要连续采样 3 次，接收的值取 3 次采样中至少两次相同的值。这样既可以避开信号两端的边缘失真，又可以防止由于收、发时钟频率不完全一致而导致的接收错误。

3. 方式 2

方式 2 下，串行口为 11 位 UART，传送波特率与 SMOD 有关。发送或接收一帧数据包括 1 位起始位 0，8 位数据位，1 位可编程位(用于奇偶校验)和 1 位停止位。其帧格式如图 9.15 所示。

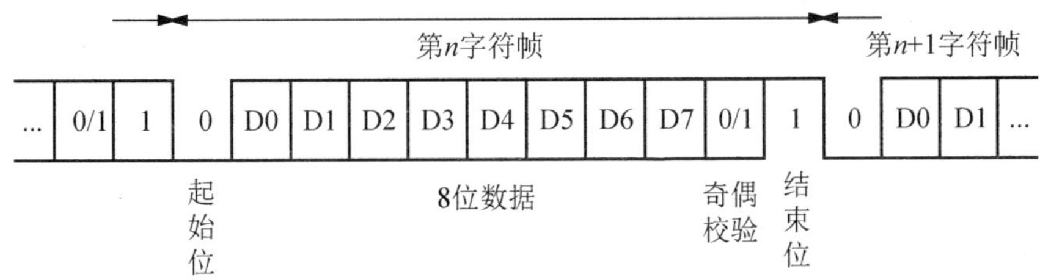

图 9.15 11 位的帧格式

1) 发送

发送时，先根据通信协议由软件设置 TB8，然后用指令将要发送的数据写入 SBUF，启动发送器。写 SBUF 的指令，除了将 8 位数据送入 SBUF 外，同时还将 TB8 装入发送移位寄存器的第 9 位，并通知发送控制器进行一次发送。一帧信息即从 TXD 发送，在送完一帧信息后，TI 被自动置 1，在发送下一帧信息之前，TI 必须由中断服务程序或查询程序清 0。

2) 接收

当 REN=1 时，允许串行口接收数据。数据由 RXD 端输入，接收 11 位的信息。当接收器采样到 RXD 端的负跳变，并判断起始位有效后，开始接收一帧信息。当接收器接收到第 9 位数据后，若同时满足以下两个条件：RI=0 和 SM2=0 或接收到的第 9 位数据为 1，则接收数据有效，8 位数据送入 SBUF，第 9 位送入 RB8，并置 RI=1。若不满足上述两个条件，则信息丢失。

4. 方式 3

方式 3 为波特率可变的 11 位 UART 通信方式，除了波特率以外，方式 3 和方式 2 完全相同。

5. 各工作方式中的波特率

MCS-51 单片机串行口的 4 种工作方式中，方式 0 和方式 2 的波特率是固定的，方式 1 和方式 3 的波特率是可变的，由定时器的溢出率(定时器溢出信号的频率)控制。

(1) 方式 0 的固定波特率为时钟频率的 1/12，即 $f_{osc}/12$；

(2) 在方式 2 中，波特率取决于 PCON 中的 SMOD 值，当 SMOD=0 时，波特率为 $f_{osc}/64$；当 SMOD=1 时，波特率为 $f_{osc}/32$.即波特率 $=\frac{2^{SMOD}}{64}\cdot f_{osc}$。

(3) 在方式 1 和方式 3 下，波特率由定时器 1 的溢出率和 SMOD 共同决定。即：

$$波特率=(2^{SMOD}/32)\times定时器的溢出率$$

其中，定时器 1 的溢出率取决于单片机定时器 1 的计数速率和定时器的预置值，即：

$$定时器的溢出率=1/产生溢出所需要的时间=(f_{osc}/12)/(2^{N}-TC)$$

其中，N 为定时器 T1 的位数，TC 为定时器 T1 的预置初值，计数速率与 TMOD 寄存器中的 $C/\overline{T}$ 位有关。当 $C/\overline{T}=0$ 时，计数速率为 $f_{osc}/12$；当 $C/\overline{T}=1$ 时，计数速率为外部输入时钟频率。

实际上，当定时器 1 做波特率发生器使用时，通常是工作在定时器的工作方式 2，即自动重装填的 8 位定时器，此时 TL1 作计数用，自动重装填的值 TX 在 TH1 内。设 TX=X，那么每过 256-X 个机器周期，定时器溢出一次。为了避免因溢出而产生不必要的中断，此时应禁止 T1 中断。溢出周期为：

$$\frac{12}{f_{osc}}\cdot(256-X)$$

溢出率为溢出周期的倒数，所以

$$波特率=\frac{2^{SMOD}}{32}\cdot\frac{f_{osc}}{12(256-X)}$$

综上所述，串行口的波特率发生器就是利用定时器提供一个时间基准。定时器计数溢出后需要重新装入初值，在开始计数，而期间不需要任何延迟。因为 MCS-51 单片机定时/计数器的工作方式 2 就是自动重装初值的 8 位定时/计数模式，所以用它来做波特率发生器最为合适。

应用实例 9.1

请分析下面一段程序中的波特率，该段程序在晶振频率为 11.059MHz 下运行。

```
MOV TMOD, #20H
MOV TL1, #0F4H
MOV TH1, #0F4H
SETB TR1
```

解： 通过程序第一行得知，定时器 1 工作在方式 2(8 位自动装填)下；由程序第二、三行得知，预装的初值为 244；程序没有对 PCON 寄存器进行操作，因此 SMOD 应取初始值“0”，所以：

$$波特率=\frac{2^{0}}{32}\cdot\frac{11\,059\,000}{12(256-244)}=2\,400(b/s)$$

其实，我们经常会使用到的波特率并不是很多，下面将以表格的形式列出平时会用到的波特率，以及相应的设置参数，表 9-5 所列波特率均在定时器工作方式 2 下。

表 9-5　定时器 T1 在工作方式 2 时常用波特率及初值

常用波特率(bps)	f_{osc}(MHz)	SMOD	TH1 初值
19200	11.0592	1	FDH
9600	11.0592	0	FDH
4800	11.0592	0	FAH
2400	11.0592	0	F4H
1200	11.0592	0	E8H

9.3　双 机 通 信

通信在不同的环境下有不同的解释，从广义上讲，需要信息的双方或多方在不违背各自意愿的情况下无论采用何种方法，使用何种媒质，将信息从某方准确安全传送到另一方都可以称之为通信。在出现电波传递通信后通信(Communication)被单一解释为信息的传递，是指由一地向另一地进行信息的传输与交换，其目的是传输消息。简单来说，通信就是各终端之间相互传递信息。

通过前面的介绍，我们了解到 MCS-51 单片机对外通信有两种方式，一种是利用其 4 组 I/O 口的并行通信，再者就是本项目讲到的串行通信。MSC-51 单片机除了可以通过串口与同系列其他单片机进行通信外，还可以和 PC 以及其他可以执行串行口标准的设备进行通信。

9.3.1　单片机双机通信

MCS-51 单片机与单个同系列其他单片机之间的通信称之为单片机双机通信，与多个同系列其他单片机之间的通信则称之为单片机多机通信，本节将对单片机双机通信做详细讲解。图 9.16 为单片机双机通信连接图。

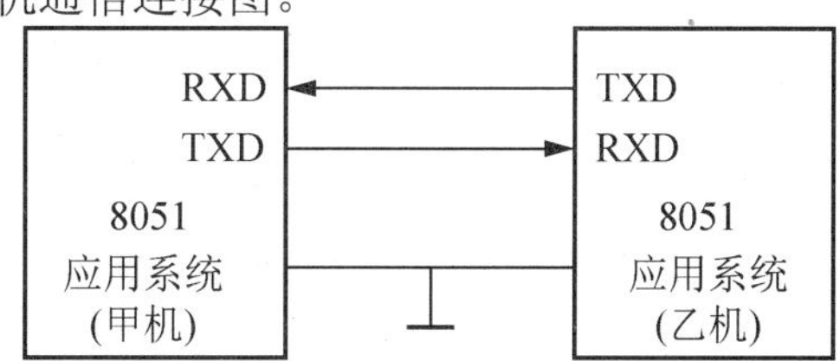

图 9.16　单片机双机通信连接图

对于双机异步通信的程序通常采用两种方法：查询方式和中断方式，下面将分别介绍这两种方式。

1. 查询方式

查询方式下的单片机双机通信程序基本流程如图 9. 17 所示。查询方式的特点就是通过实时的查询 TI、RI 的状态来确定数据是否发送或是接收完毕，从而相应的进行下一步操作。下面通过程序示例介绍这种方法。

开始
设置波特率，启动定时器T1
设置串行口工作方式，启动串口
发送一个字节的联络信号
TI=1?
N
Y
TI清零
RI=1?
N
Y
RI清零
乙机请求发送?
N
Y
发送一个字节数据
TI=1?
N
Y
TI清零
乙机接收正确?
N
重发该数据
Y
数据块发送完毕?
N
Y
返回

(a) 甲机发送程序流程

开始
设置波特率，启动定时器T1
设置串行口工作方式，启动串口
RI=1?
N
Y
RI清零
读SBUF
甲机请求发送?
N
Y
发送一个字节应答信号
TI=1?
N
Y
TI清零
RI=1?
N
Y
RI清零
读SBUF
接收正确?
N
发送错误标志
Y
数据块接收完毕?
N
Y
返回

(b) 乙机接收程序流程

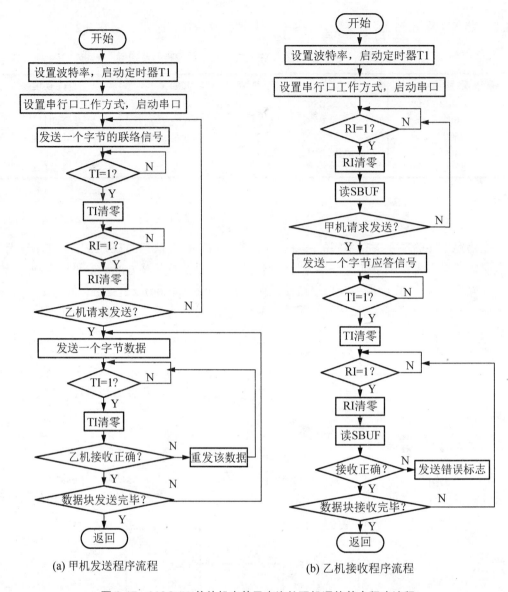

图 9.17　MCS-51 单片机查基于查询的双机通信基本程序流程

应用实例 9.2

编程将甲机片外 1 000H～101FH 单元的数据块从串行口输出，定义方式 2 发送，发送波特率 2 400b/s，晶振为 11.059 2MHz，TB8 为奇偶校验位，由乙机接收甲机发送过来的数据块，并存入片内 50H～6FH 单元。接收过程要通过奇偶效验判断数据正确性，正确则将数据存入响应单元，若出错则通知甲机重发数据，然后返回。

解：

(1) 甲机发送参考子程序如下。

```
        ORG  1000H
        CLR  EA                     ;目前为查询方式，为避免干扰先关闭总中断
        MOV  TMOD,#20H              ;设置定时器 1 工作方式 2
```

```
        MOV  TH1,#0F4H          ;装载定时器初值,初值可查表 9-5 得到
        MOV  TL1,#0F4H
        MOV  PCON,#00H          ;设置 SMOD=0,也就是说波特率不加倍
        MOV  SCON,#00H          ;复位 SCON
        MOV  SCON,#90H          ;设置串行口为方式 2,允许接收
        SETB  TR1               ;启动定时器 1,产生波特率
        MOV  DPTR,#1000H        ;设数据块指针
        MOV  R7,#20H            ;设数据块长度
LOOP:   MOV  SBUF,#0E1H         ;开始握手,发送联络信号
        JNB  TI,$               ;等待一帧发送完毕
        CLR  TI                 ;允许再发送
        JNB  RI,$               ;等待乙机的应答信号
        CLR  RI                 ;允许再接收
        MOV  A,SBUF             ;将乙机发送来的数据读入 A
        XRL  A,#0E2H            ;判断是否为应答信号
        JNZ  LOOP               ;若乙机未发送正确的应答信号则继续联络
START:  MOVX  A,@DPTR           ;取数据给 A
        MOV  C,P
        MOV  TB8,C              ;奇偶位 P 送给 TB8
        MOV  SBUF,A             ;数据送 SBUF,启动发送
        JNB  TI,$               ;判断一帧是否发送完
        CLR  TI                 ;清零 TI
        JNB  RI,$               ;等待乙机发送数据校验结果
        MOV  A,SBUF             ;将校验结果存入 A
        XRL  A,#00H             ;判断所发送过来数据是否表示校验结果正确
        JNZ  START              ;若校验数据结果为错误则返回重发该数据
        INC  DPTR               ;更新数据单元
        DJNZ  R7,START          ;循环发送至结束
        RET
```

(2) 在进行双机通信时，两机应采用相同的工作方式和波特率，故对应的乙机接收参考子程序如下。

```
        ORG  1000H
        CLR  EA             ;目前为查询方式，为避免干扰先关闭总中断
        MOV  TMOD，#20H     ;设置定时器 1 工作方式 2
        MOV  TH1，#0F4H     ;装载定时器初值，初值可查表 9-5 得到
        MOV  TL1，#0F4H
        MOV  PCON，#00H     ;设置 SMOD=0，也就是说波特率不加倍
        MOV  SCON，#00H     ;复位 SCON
        MOV  SCON，#90H     ;设置串行口为方式 2，允许接收
        SETB  TR1           ;启动定时器 T1，产生波特率
        MOV  R0，#50H       ;设置数据块指针
        MOV  R7，#20H       ;设置数据块长度
START:  MOV  SBUF，#0FFH    ;开始握手，为避免甲机无限制等待，发送本机空闲数据
        JNB  TI，$
        CLR  TI             ;清发送标志
        JNB  RI，START      ;等待甲机的联络信号
        CLR  RI             ;清零 RI
        MOV  A，SBUF        ;将接收到的数据存入 A
```

```
            XRL  A, #0E1H          ;判断是否为甲机的联络信号
            JNZ  START             ;不是联络信号则继续发送本机空闲数据并等待
            MOV  SBUF, #0E2H       ;是甲机的联络信号则发送应答信号
            JNB  TI, $             ;等待发送完毕
            CLR  TI                ;清发送标志
READ:       JNB  RI, $             ;判断是否接收完一帧。若完，清 RI，读入数据
            MOV  A, SBUF           ;读入一帧数据
            JNB  PSW.0, PZ         ;奇偶位为 0 则转
            JNB  RB8, ERR          ;P=1, RB8=0, 则出错
            SJMP  RIGHT            ;二者全为 1, 则正确
PZ:         JNB  RB8, RIGHT        ;P=0, RB8=1, 则出错
ERR:        MOV  SBUF, #01H        ;出错，向甲机发送表示数据校验错误代码“01H”
            JNB  TI, $             ;清发送标志
            CLR  TI                ;等待发送完毕
            SJMP  READ             ;返回接收甲机重发数据
RIGHT:      MOV  SBUF, #00H        ;正确，向甲机发送表示数据校验正确代码“00H”
            MOV  @R0, A            ;正确，存放数据
            INC  R0                ;更新地址指针
            JNB  TI, $             ;清发送标志
            CLR  TI                ;等待发送完毕
            DJNZ  R7, READ         ;判断数据块是否接收完
            RET                    ;返回
```

2. 中断方式

中断方式下的单片机双机通信程序基本流程如图 9.18 所示。中断方式的特点就是不需要实时的查询 TI、RI 的状态来确定数据是否发送或是接收完毕，只要事先编写好合适的中断处理程序，在单片机接收完数据或者发送完数据时，其中断系统会自动做相应的处理。下面通过程序示例介绍这种方法。

应用实例 9.3

设有如图 9.15 所示的甲、乙两台单片机，以工作方式 2、全双工通信、数据第 9 位为奇偶效验位。请按以下要求编写程序：

(1) 通信前双方先进行一次握手，待双方都准备好通信时均打开串行口中断，准备通信。

(2) 甲机每发送一帧信息，乙机对接收的数据进行奇偶校验，若正确，则向乙机发出表示数据正确的信息“00H”，反之则发出表示数据错误的信息“01H”。

(3) 甲机接收到正确反馈则继续发下一个数据，反之则重发数据。

(4) 甲机共发送 100 个数据，发送完毕后关闭串口中断；乙机接收 100 个数据，结束后关闭串口中断。

(5) 甲机发送数据起始地址假定为片外 ADDR1，乙机存放接收数据的起始地址假定为 ADDR2。

解：甲机发送参考子程序如下。

```
            ORG  0023H
            LJMP  INTS                   ;中断入口地址写入转移指令至串口中断程序
            ORG  0080H
```

```
MAIN:    …
         …
START:   CLR   EA                  ;为避免干扰先关闭总中断
         MOV   TMOD, #20H          ;设置定时器 1 工作方式 2
         MOV   TH1, #0F4H          ;装载定时器初值，初值可查表 9-5 得到
         MOV   TL1, #0F4H
         MOV   PCON, #00H          ;设置 SMOD=0，也就是说波特率不加倍
         MOV   SCON, #00H          ;复位 SCON
         MOV   SCON, #90H          ;设置串行口为方式 2，允许接收
         SETB  TR1                 ;启动定时器 1，产生波特率
         MOV   DPTR, #ADDR1        ;设数据块指针
         MOV   R7, #100            ;设数据块长度
LOOP:    MOV   SBUF, #0E1H         ;发送联络信号
         JNB   TI, $               ;等待一帧发送完毕
         CLR   TI                  ;允许再发送
         JNB   RI, $               ;等待乙机的应答信号
         CLR   RI                  ;允许再接收
         MOV   A, SBUF             ;将乙机发送来的数据读入 A
```

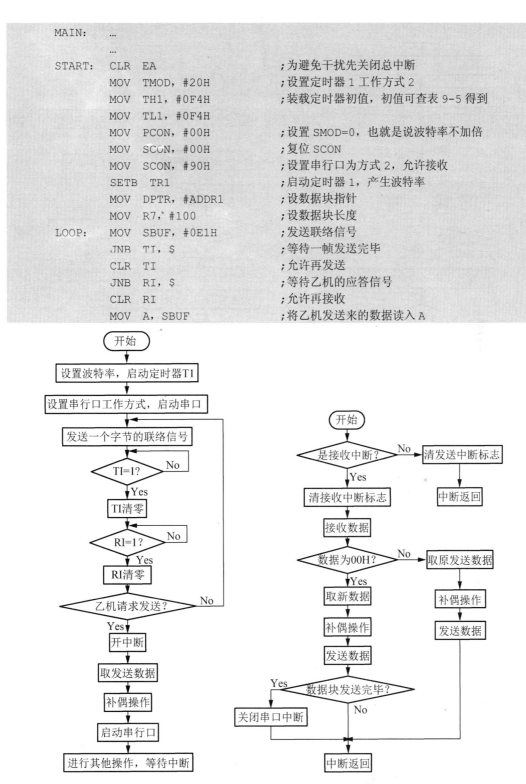

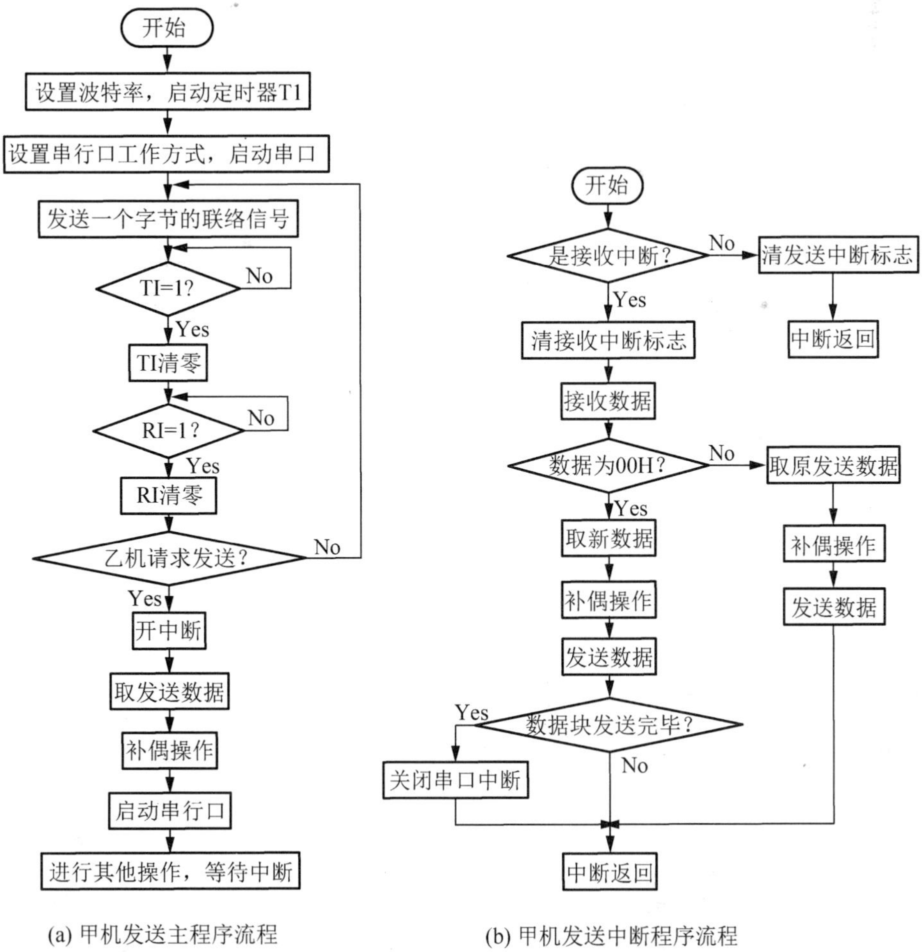

(a) 甲机发送主程序流程

(b) 甲机发送中断程序流程

图 9.18　单片机基于中断的双机通信基本流程图

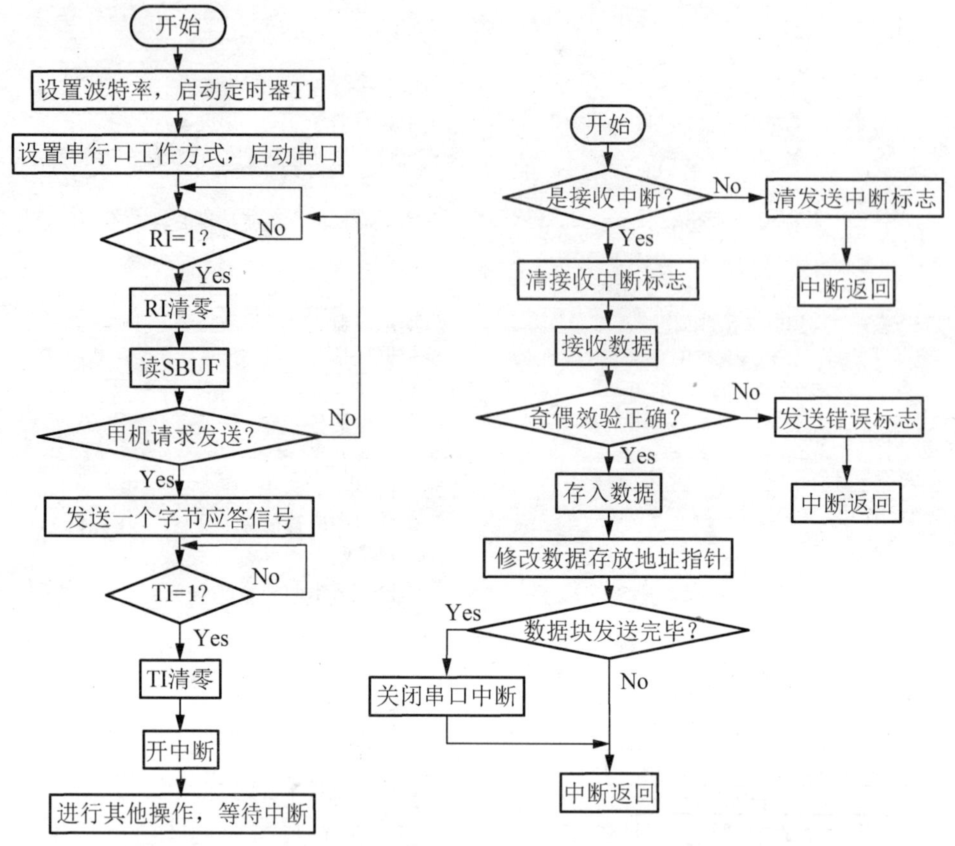

(c) 乙机接收主程序流程

(d) 乙机接收中断程序流程

图 9.18　单片机基于中断的双机通信基本流程图(续)

```
            XRL  A，#0E2H              ;判断是否为应答信号
            JNZ  LOOP                  ;若乙机未发送正确的应答信号则继续联络
            MOVX  A，@DPTR             ;取数据给 A
            MOV  C，P
            MOV  TB8，C                ;奇偶位 P 送给 TB8
            MOV  SBUF，A               ;数据送 SBUF，启动发送
            SETB ES                    ;开串口中断
            SETB EA                    ;开总中断
            RET
            …
            …
INTS:       CLR  EA
            JBC  TI，LOOP1
            CLR  RI
            PUSH A                     ;保护现场
            PUSH DPH
            PUSH DPL
            MOV  A，SBUF               ;将校验结果存入 A
            XRL  A，#00H               ;判断所发送过来数据是否表示校验结果正确
```

```
        JNZ  LOOP2                ;若校验数据结果为错误则返回重发该数据
        DJNZ  R7，LOOP1           ;循环发送至结束
        POP DPL                   ;恢复现场
        POP DPH
        POP A
        RETI
LOOP1:  INC  DPTR                 ;更新数据单元
LOOP2:  MOVX  A，@DPTR            ;取数据给 A
        MOV  C，P
        MOV  TB8，C               ;奇偶位 P 送给 TB8
        MOV  SBUF，A              ;数据送 SBUF，启动发送
        POP DPL                   ;恢复现场
        POP DPH
        POP A
        SETB  EA
        RETI
```

乙机接收参考子程序：

```
        ORG  0023H
        LJMP  INTS                ;中断入口地址写入转移指令至串口中断程序
        ORG  0080H
MAIN:   …
        …
START:  CLR  EA                   ;为避免干扰先关闭总中断
        MOV  TMOD，#20H           ;设置定时器 1 工作方式 2
        MOV  TH1，#0F4H           ;装载定时器初值，初值可查表 9-5 得到
        MOV  TL1，#0F4H
        MOV  PCON，#00H           ;设置 SMOD=0，也就是说波特率不加倍
        MOV  SCON，#00H           ;复位 SCON
        MOV  SCON，#90H           ;设置串行口为方式 2，允许接收
        SETB  TR1                 ;启动定时器 T1，产生波特率
        MOV  R0，#ADDR2           ;设置数据块指针
        MOV  R7，#20H             ;设置数据块长度
LOOP:   MOV  SBUF，#0FFH          ;为避免甲机无限制等待，发送本机空闲数据
        JNB  TI，$
        CLR  TI                   ;清发送标志
        JNB  RI，LOOP             ;等待甲机的联络信号
        CLR  RI                   ;清零 RI
        MOV  A，SBUF              ;将接收到的数据存入 A
        XRL  A，#0E1H             ;判断是否为甲机的联络信号
        JNZ  LOOP                 ;不是联络信号则，继续发送本机空闲数据
        MOV  SBUF，#0E2H          ;是甲机的联络信号则发送应答信号
        JNB  TI，$                ;等待发送完毕
        CLR  TI                   ;清发送标志
        SETB ES                   ;开串口中断
        SETB EA                   ;开总中断
        RET
        …
```

```
        ...
INTS:   CLR  EA
        JBC  TI，LOOP1
        CLR  RI
        PUSH A                          ;保护现场
        PUSH DPH
        PUSH DPL
        MOV  A，SBUF                    ;读入一帧数据
        JNB  PSW.0，PZ                  ;奇偶位为 0 则转
        JNB  RB8，ERR                   ;P=1，RB8=0，则出错
        SJMP  RIGHT                     ;二者全为 1，则正确
PZ:     JNB  RB8，RIGHT                 ;P=0，RB8=1，则出错
ERR:    MOV  SBUF，#01H                 ;出错，向甲机发数据校验错误代码“01H”
        SJMP  LOOP1                     ;中断返回
RIGHT:  MOV  @R0，A                     ;正确，存放数据
        MOV  SBUF，#00H                 ;正确，向甲机发送数据效验正确代码“00H”
        DJNZ  R7，LOOP1                 ;判断数据块是否接收完
        POP DPL                         ;恢复现场
        POP DPH
        POP A
        RETI
LOOP1:  INC  R0                         ;更新地址指针
        POP DPL                         ;恢复现场
        POP DPH
        POP A
        SETB  EA
        RETI
```

9.3.2 单片机与计算机通信

通过前面的内容我们了解到，串行通信是一种通信的方式，并不是 MCS-51 单片机所独有的。从理论上来说两个或两个以上的设备只要都具有串行口设备，那么它们之间就可以进行串行通信。本节我们就一起了解一下如何让 MCS-51 单片机与我们最常见的终端设备 PC 之间进行串行通信。

1. 接口设计

PC 作为最普遍的计算机终端设备和 MCS-51 单片机一样具有串行接口，其系统内都装有异步通信适配器，利用它可以实现异步串行通信。该适配器的核心元件是可编程的 Intel 8250 芯片，它使 PC 有能力与其他具有标准的 RS-232C 接口的计算机或设备进行通信。该接口一般位于 PC 主机箱的后面。观察一下身边的台式电脑主机，是否在机箱的后面看到一至两个九孔梯形接口？这就是 PC 上的串行接口。但是，PC 的串行接口的电平标准和我们的 MCS-51 单片机是不同的，为了让它们能够正常通信，我们必须在两个接口之间配以电平转换的驱动电路、隔离电路就可组成一个简单可行的通信接口。

PC 和单片机最简单的连接是零调制三线经济型。这是进行全双工通信所必须的最少线路。因为 MCS-51 单片机输入、输出电平为 TTL 电平，而 PC 配置的是 RS-232C 标准接口，

二者的电气规范不同，所以要加电平转换电路。常用的有 MC1488、MC1489 和 MAX232，在本项目的图 9.10 给出了采用 MAX232 芯片的 PC 和单片机串行通信接口电路，与 PC 相连采用 9 芯标准插座。

2. 软件编程

这里，我们列举一个实用的通信测试软件，其功能为：将 PC 键盘的输入发送给单片机，单片机收到 PC 发来的数据后，回送同一数据给 PC，并在屏幕上显示出来。只要屏幕上显示的字符与所键入的字符相同，说明二者之间的通信正常。

通信双方约定：波特率为 2 400b/s；信息格式为 8 个数据位，1 个停止位，无奇偶校验位。

1) PC 机通信软件

PC 方面的通信程序可以用汇编语言编写，也可以用其他高级语言，例如 VC、VB 来编写。该部分内容已超出本书的涉及范围，有兴趣的同学可以根据自己的能力尝试编写。为了方便我们调试程序，在这里向大家推荐一款软件—串口调试助手，该软件界面简洁，使用方便，功能上完全能够胜任 PC 端的串口调试工作，并且通过该软件，PC 可以与 MCS-51 单片机等其他具有串行口的设备进行简单的测试型通信。下面我们就单片机上的程序进行讨论。

2) 单片机通信软件

MCS-51 通过中断方式接收 PC 发送的数据，并回送。单片机串行口工作在方式 1，晶振为 6 MHz，波特率 2 400b/s，定时器 1 按方式 2 工作，经计算，定时器预置值为 0F3H，SMOD=1。参考程序如下。

```
        ORG  0000H
        LJMP  CSH                    ;转初始化程序
        ORG  0023H
        LJMP  INTS                   ;转串行口中断程序
        ORG  0050H
CSH:    MOV  TMOD, #20H              ;设置定时器 1 为方式 2
        MOV  TL1, #0F3H              ;设置预置值
        MOV  TH1, #0F3H
        SETB  TR1                    ;启动定时器 1
        MOV  SCON, #50H              ;串行口初始化
        MOV  PCON, #80H
        SETB  EA                     ;允许串行口中断
        SETB  ES
        LJMP  MAIN                   ;转主程序(主程序略)
        …
INTS:   CLR EA                       ;关中断
        CLR RI                       ;清串行口中断标志
        PUSH DPL                     ;保护现场
        PUSH DPH
        PUSH A
        MOV A, SBUF                  ;接收 PC 机发送的数据
        MOV SBUF, A                  ;将数据回送给 PC 机
WAIT:   JNB TI, WAIT                 ;等待发送
```

```
        CLR TI
        POP A                ;发送完，恢复现场
        POP DPH
        POP DPL
        SETB EA              ;开中断
        RETI                 ;返回
```

实训 12　单片机双机通信

1. 实训目的

(1) 掌握 MCS-51 单片机双机通信时的电路连接方法。

(2) 熟悉 MCS-51 单片机串行口相关寄存器。

(3) 熟悉 MCS-51 单片机串行口的工作方式 1。

(4) 掌握 MCS-51 单片机串口波特率对应 T1 初值的计算。

2. 实训设备

单片机开发系统辅助软件及计算机一台。

3. 实训步骤

(1) 要求。甲机从 0～9 循环计数，间隔大概 1s；当数据更新时，甲机将当前显示的数据以工作方式 1 通过串口发送给乙机；乙机接收到数据后显示该数据，以完成甲乙两机的显示数据同步任务。备注：两机的晶振频率为 6MHz，要求双机以波特率 2 400b/s 传输数据。

(2) 实训电路。实训电路如图 9.19 所示，其中省略电源、晶振、复位电路以及没有用到的接口，并且实训过程中通信距离很短，所以图中采用双方收发端直接交叉相连的方法。

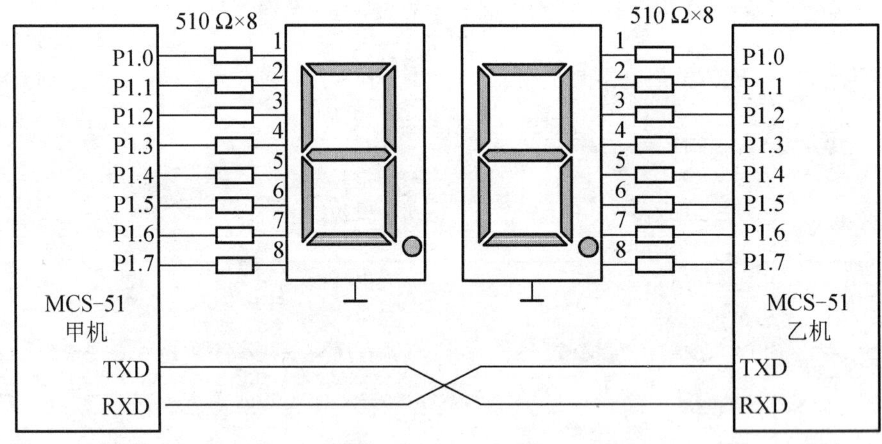

图 9.19　单片机双机通信实训电路

(3) 参考程序

① 甲机参考程序。

```
        ORG  0000H
        LJMP  MAIN
```

```
        ORG   0030H
MAIN:   CLR   EA                        ;为防止意外情况，先关闭中断
        MOV   R2,#0AH                   ;设置显示数据个数
        MOV   P1,#00H
        MOV   TMOD,#20H                 ;设置定时器 1 为方式 2
        MOV   TL1,#0F3H                 ;设置预置值
        MOV   TH1,#0F3H
        SETB  TR1                       ;启动定时器 1
        MOV   SCON,#50H                 ;串行口初始化
        MOV   PCON,#80H                 ;需要倍频
LOOP:   MOV   SBUF,#0E1H                ;开始握手,发送联络信号
        JNB   TI,$                      ;等待一帧发送完毕
        CLR   TI                        ;允许再发送
        JNB   RI,$                      ;等待乙机的应答信号
        CLR   RI                        ;允许再接收
        MOV   A,SBUF                    ;将乙机发送来的数据读入 A
        XRL   A,#0E2H                   ;判断是否为应答信号
        JNZ   LOOP                      ;若乙机未发送正确的应答信号则继续联络
        MOV   DPTR,#TAB                 ;将表格首地址给 DPTR
LOOP1:  MOVC  A,@DPTR
        MOV   P1,A
        MOV   SBUF,A
        JNB   TI,$
        CLR   TI
        LCALL DELAY
        INC   DPTR
        DJNZ  R2,LOOP1
        LJMP  MAIN
DELAY:  MOV   R0,#255           ;延时子程序
   D1:  MOV   R1,#198
        DJNZ  R1,$
        DJNZ  R0,D1
        RET
TAB:    DB   3FH,06H,5BH,4FH,66H,6DH,7DH,07H,7FH,6FH
                                ;用于显示 0 到 9 所对应的编码表
```

② 乙机参考程序。

```
        ORG   0000H
        LJMP  MAIN
        ORG   0030H
MAIN:   CLR   EA                ;为防止意外情况,先关闭中断
        MOV   R2,#0AH           ;设置显示数据个数
        MOV   P1,#00H
        MOV   TMOD,#20H         ;设置定时器 1 为方式 2
```

```
        MOV  TL1,#0F3H       ;设置预置值
        MOV  TH1,#0F3H
        SETB  TR1            ;启动定时器1
        MOV  SCON,#50H       ;串行口初始化
        MOV  PCON,#80H       ;需要倍频
LOOP:   MOV  SBUF,#0FFH      ;开始握手,为避免甲机无限制等待,发送本机空闲数据
        JNB  TI,$
        CLR  TI              ;清发送标志
        JNB  RI,LOOP         ;等待甲机的联络信号
        CLR  RI              ;清零RI
        MOV  A,SBUF          ;将接收到的数据存入A
        XRL  A,#0E1H         ;判断是否为甲机的联络信号
        JNZ  LOOP            ;不是联络信号则继续发送本机空闲数据并等待
        MOV  SBUF,#0E2H      ;是甲机的联络信号则发送应答信号
        JNB  TI,$            ;等待发送完毕
        CLR  TI              ;清发送标志
LOOP1:  JNB  RI,$
        CLR  RI
        MOV  P1,SBUF
        LJMP  LOOP1
        END
```

4. 实训分析和总结

(1) 程序的执行结果是：甲机从0～9循环计数，间隔大概1s；乙机接收到数据后显示同样的数据。

(2) 在实训电路中可以看到，甲、乙双方只连接了两根线，一根用于接收，一根用发送。其中，RXD为单片机的接收数据端，TXD为发送数据端。显然，单片机的数据传送时，在一个时刻只能传送一位数据，0～9依次在一根数据线上传送，这种通信方式就是串行通信。

(3) 在程序中可以看出，通信双方都有对单片机定时器的编程，而且双方对定时器的编程完全相同。这里定时器就是用来设定串行数据的传送速率的，就是设定波特率。

项 目 小 结

本项目主要对什么是串口通信、单片机串行口的结构与工作原理、两个MCS-51单片机之间的串行通信以及单片机与PC之间的串行通信进行了较为详细的讨论。在此请大家思考以下问题。

1. 串行通信与并行通信的区别。
2. 串行通信都有哪些制式以及有哪些分类？
3. 波特率的概念以及如何设置MCS-51系列单片机的波特率。
4. MCS-51单片机的结构及工作原理是什么？
5. MCS-51单片机双机通信的硬件连接方法以及一般的程序流程。
6. MCS-51单片机与PC通信的硬件连接方法以及一般的程序流程。

习　题　9

1. 什么是串行通信？什么是并行通信？两者在应用过程中有哪些区别？单片机是否同时具有串行及并行两种通信方式？

2. 什么是串行异步通信？它有哪些作用？异步通信和同步通信的主要区别是什么？MCS-51 系列单片机有没有同步通信功能？

3. MCS-51 单片机的串行口由哪些功能部件组成？各有什么作用？

4. 与 MCS-51 单片机的串行口相关的特殊功能寄存器有哪些？请详述每个寄存器中各位的功能。

5. 系统振荡频率为 12MHz，用 T1 作波特率发生器，波特率为 1 200 bit/s。编写出定时/计数器 1 的初始化程序。

6. 对于双机通信系统，传送字符为 8 位，无奇偶校验位，波特率为 4 800 bit/s，系统振荡频率为 12MHz，试编写初始化程序。

项目10

单片机应用系统综合设计

教学目标

本项目首先介绍单片机应用系统设计的方法与步骤，旨在使大家对设计一个实际的单片机应用系统有一个较为明确的思路。然后通过两个综合任务的设计与开发，使大家能够掌握单片机应用系统的一般设计方法。

教学要求

能力目标	相关知识	权重	自测分数
掌握单片机应用系统设计方法与步骤	系统方案的确定、硬件设计、软件设计、系统调试等	30%	
编程实现单片机数字时钟	一个具有自动计时、自动校准、闹钟可控功能的时钟	70%	

项目导读

通过对前面各项目的学习，我们已经了解了单片机的硬件结构、工作原理和基本的程序设计方法、人机接口、模拟量输入/输出通道、串行通信接口技术以及系统扩展方法等。在具备以上单片机基本模块的软、硬件设计的基础上，我们一起进行单片机应用系统的综合设计与开发。

10.1　单片机应用系统设计方法与步骤

一般来说，随着用途的不同，应用系统的硬件和软件结构也不相同，但研制、开发的方法和步骤基本上是相同的，具体流程如图 10.1 所示。

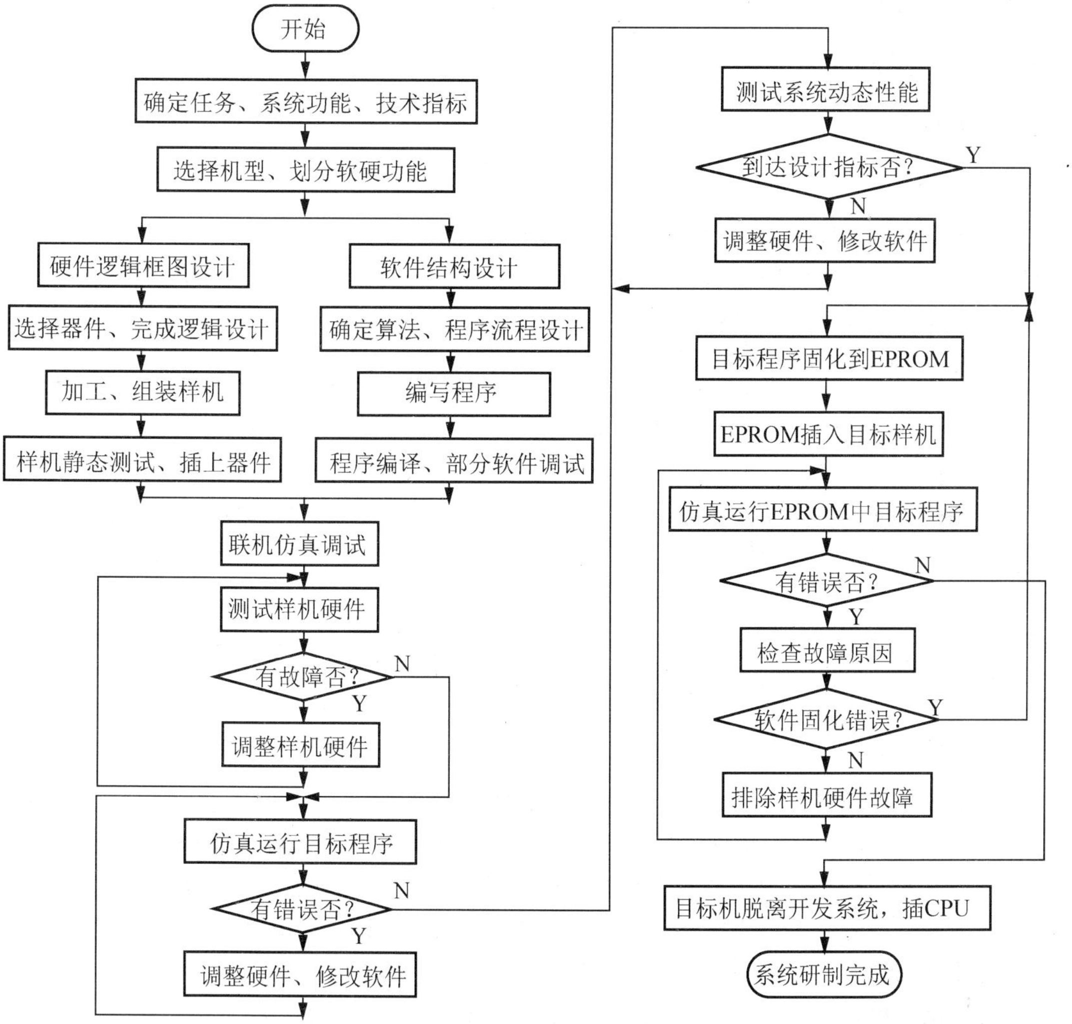

开始
确定任务、系统功能、技术指标
选择机型、划分软硬功能
硬件逻辑框图设计
选择器件、完成逻辑设计
加工、组装样机
样机静态测试、插上器件
软件结构设计
确定算法、程序流程设计
编写程序
程序编译、部分软件调试
联机仿真调试
测试样机硬件
有故障否？
N
Y
调整样机硬件
仿真运行目标程序
有错误否？
N
Y
调整硬件、修改软件
测试系统动态性能
到达设计指标否？
Y
N
调整硬件、修改软件
目标程序固化到EPROM
EPROM插入目标样机
仿真运行EPROM中目标程序
有错误否？
N
Y
检查故障原因
软件固化错误？
Y
N
排除样机硬件故障
目标机脱离开发系统，插CPU
系统研制完成

图 10.1　单片机应用系统设计流程图

概括起来，单片机应用系统的开发过程主要有下面几个步骤：可行性调研、总体方案

设计、设计方案细化，确定软硬件功能、应用系统硬件设计、应用系统软件设计、仿真调试以及固化应用程序，脱机运行等。其中可行性调研是指研制者接到某项任务后，在进行具体设计之前，一般需先进行可行性调研，可行性调研的目的，是分析完成这个项目的可能性。进行这方面的工作，可参考国内外有关资料，看是否有人进行过类似的工作。如果有，则可分析他人是如何进行这方面工作的，有什么优点和缺点，有什么是值得借鉴的；如果没有，则需作进一步的调研，此时的重点应放在能否实现目标这个环节，首先从理论上进行分析，探讨实现的可能性，所要求的客观条件是否具备(如环境、测试手段、仪器设备、资金等)，然后结合实际情况，确定能否立项的问题。可以看出此步骤不只是单片机应用系统开发的第一步，同时也是最重要的一步，若不进行可行性调研，则后面的工作就有可能成为徒劳。

在进行了细致的可行性调研之后，就可以顺序的执行接着的几个步骤，直至整个单片机应用系统完成。下面我们就对后面的几个步骤做详细讨论。

10.1.1 方案的确定

方案的确定可以分为总体方案设计、设计方案细化，确定软硬件功能等两个部分。

1. 总体方案设计

在进行可行性调研后，如果可以立项，下一步工作就是系统总体方案的设计。工作的重点应放在该项目的技术难度上，此时可参考有关这一方面更详细、更具体的资料，不能理解成什么任务都采用新技术，应根据系统的不同部分和需实现的功能，参考国内外同类产品的性能，提出合理而可行的技术指标，编写出设计任务书，从而完成系统总体方案设计。

2. 设计方案细化，确定软硬件功能

一旦总体方案确定下来，下一步的工作就是将该项目细化，即需明确哪些部分用硬件来完成，哪些部分用软件来完成。由于硬件结构与软件方案会相互影响，因此，从简化电路结构、降低成本、减少故障率、提高系统的灵活性与通用性方面考虑，提倡软件能实现的功能尽可能由软件来完成，但也应考虑以软件代硬件的实质是以降低系统实时性、增加处理时间为代价的，而且软件设计费用、研制周期也将增加，因此系统的软、硬件功能分配应根据系统的要求及实际情况而合理安排，统一考虑。

10.1.2 系统硬件设计

一个单片机应用系统的硬件设计包括两大部分内容：一是单片机系统的扩展部分设计。它包括存储器扩展和接口扩展。存储器的扩展指 EPROM、E^2PROM 和 RAM 的扩展，接口扩展是指 8255、8155、8279 以及其他功能器件的扩展。二是各功能模块的设计。如信号测量功能模块、信号控制功能模块、人机对话功能模块、通讯功能模块等，根据系统功能要求配置相应的 A/D、D/A、键盘、显示器、打印机等外围设备。

为使硬件设计尽可能合理，根据经验，系统的电路设计应注意以下几个方面。

1. 存储器扩展

容量需求，在选择单片机时需考虑到单片机的内部存储器资源，如能满足要求就不需要

进行扩展，在必须扩展时注意存储器的类型、容量和接口，一般尽量留有余地，并且尽可能减少芯片的数量。选择合适的方法、ROM 和 RAM 的形式，RAM 是否要进行掉电保护等。

2. I/O 接口的扩展

单片机应用系统在扩展 I/O 接口时应从体积、价格、负载能力、功能等几个方面考虑。应根据外部需要扩展电路的数量和所选单片机的内部资源(空闲地址线的数量)选择合适的地址译码方法。

3. 输入通道的设计

输入通道设计包括开关量和模拟输入通道的设计。开关量要考虑接口形式、电压等级、隔离方式、扩展接口等。模拟量通道的设计要与信号检测环节(传感器、信号处理电路等)结合起来，应根据系统对速度、精度和价格等要求来选择，同时还需要和传感器等设备的性能相匹配，要考虑传感器类型、传输信号的形式(电流还是电压)、线性化、补偿、光电隔离、信号处理方式等，还应考虑 A/D 转换器的选择(转换精度、转换速度、结构、功耗等)及相关电路、扩展接口，有时还涉及软件的设计。高精度的 A/D 转换器价格十分昂贵，因而应尽量降低对 A/D 转换器的要求，能用软件实现的功能尽量用软件来实现。

4. 输出通道的设计

输出通道设计包括开关量和模拟量输出通道的设计。开关量要考虑功率、控制方式(继电器、可控硅、三极管等)。模拟量输出要考虑 D/A 转换器的选择(转换精度、转换速度、结构、功耗等)、输出信号的形式(电流还是电压)、隔离方式、扩展接口等。

5. 人机界面的设计

人机界面的设计包括输入键盘、开关、拨码盘、启/停操作、复位、显示器、打印、指示、报警等。输入键盘、开关、拨码盘应考虑类型、个数、参数及相关处理(如按键的去抖处理)。启/停、复位操作要考虑方式(自动、手动)及其切换。显示器要考虑类型(LED，LCD)、显示信息的种类、倍数等。此外还要考虑各种人机界面的扩展接口。

6. 通信电路的设计

单片机应用系统往往作为现场测控设备，常与上位机或同位机构成测控网络，需要其有数据通信的能力，通常设计为 RS-232C、RS-485、红外收发等通信标准。

7. 印刷电路板的设计与制作

电路原理图和印刷电路板的设计常采用专业设计软件进行设计，如 Protel、OrCAD 等。设计印刷电路板需要有很多的技巧和经验，设计好印刷电路板图后应送到专业化制作厂家生产，在生产出来的印刷电路板上安装好元件，则完成硬件设计和制作。

8. 负载容限的考虑

单片机总线的负载能力是有限的。如 MCS-51 的 P0 口的负载能力为 4mA，最多驱动 8 个 TTL 电路，P1～P3 口的负载能力为 2mA，最多驱动 4 个 TTL 电路。若外接负载较多，则应采取总线驱动的方法提高系统的负载容限。常用驱动器有单向驱动器 74LS244、双向驱动器 74LS245 等。

9. 信号逻辑电平兼容性的考虑

在所设计的电路中，可能兼有 TTL 和 CMOS 器件，也有非标准的信号电平，要设计相应的电平兼容和转换电路。当有 RS-232、RS-485 接口时，还要实现电平兼容和转换。常用的集成电路有 MAX232、MAX485 等。

10. 电源系统的配置

单片机应用系统一定需要电源，要考虑电源的组数、输出功率、抗干扰。要熟悉常用三端稳压器(78××系列、79××系列)、精密电源(AD580、MC1403、CJ313/336/385、W431)的应用。

11. 抗干扰的实施

采取必要的抗干扰措施是保证单片机系统正常工作的重要环节。它包括芯片、器件选择、去耦滤波、印刷电路板布线、通道隔离等。

10.1.3 系统软件设计

在进行应用系统的总体设计时，软件设计和硬件设计应统一考虑，相互结合进行。当系统的电路设计定型后，软件的任务也就明确了。

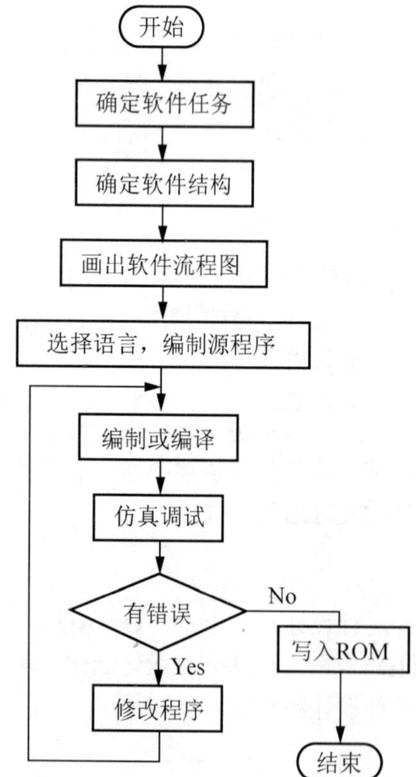

图 10.2 单片机应用系统软件设计流程

系统中的应用软件是根据系统功能要求设计的。一般地讲，软件的功能可分为两大类。一类是执行软件，它能完成各种实质性的功能，如测量、计算、显示、打印、输出控制等；另一类是监控软件，它是专门用来协调各执行模块和操作者的关系，在系统软件中充当组织调度角色。由于应用系统种类繁多，程序编制者风格不一，因此应用软件因系统而异。尽管如此，作为优秀的系统软件还是有其共同特点及规律的。具体的设计流程如图 10.2 所示。

设计人员在进行程序设计时应从以下几个方面加以考虑。

(1) 总体规划。软件所要完成的任务已在总体设计时规定，在具体软件设计时，要结合硬件结构，进一步明确软件所承担的一个个任务细节，确定具体实施的方法，合理分配资源。

(2) 程序设计技术。合理的软件结构是设计一个性能优良的单片机应用系统软件的基础。在程序设计中，应培养结构化程序设计风格，各功能程序实行模块化、子程序化。一般有以下两种设计方法。

① 模块程序设计。模块程序设计是单片机应用中常用的一种程序设计技术。它是把一个较长的程序分解为若干个功能相对独立的较小的程序模块，各个程序模块分别设计、编程和调试，最后

由各个调试好的模块组成一个大的程序。其优点是单个功能明确的程序模块的设计和调试比较方便，容易完成，一个模块可以为多个程序所共享。其缺点是各个模块的连接有时有一定难度。

② 自顶向下的程序设计。自顶向下程序设计时，先从主程序开始设计，从属程序或子程序用符号来代替。主程序编好后再编制各从属程序和子程序，最后完成整个系统软件的设计。其优点是比较符合于人们的日常思维，设计、调试和连接同时按一个线索进行，程序错误可以较早的发现。缺点是上一级的程序错误将对整个程序产生影响，一处修改可能引起对整个程序的全面修改。

(3) 程序设计。在选择好软件结构和所采用的程序设计技术后，便可着手进行程序设计，将设计任务转化为具体的程序。

① 建立数学模型。根据设计任务，描述出各输入变量和各输出变量之间的数学关系，此过程即为建立数学模型。数学模型随系统任务的不同而不同，其正确度是系统性能好坏的决定性因素之一。

② 绘制程序流程图。通常在编写程序之前先绘制程序流程图，以提高软件设计的总体效率。程序流程图以简明直观的方式对任务进行描述，并很容易由此编写出程序，故对初学者来说尤为适用。在设计过程中，先画出简单的功能性流程图(粗框图)，然后对功能流程图进行细化和具体化，对存储器、寄存器、标志位等工作单元作具体的分配和说明，将功能流程图中每一个粗框的操作转变为具体的存储器单元、工作寄存器或 I/O 口的操作，从而给出详细的程序流程图(细框图)。

③ 程序的编制。在完成程序流程图设计以后，便可以编写程序。程序设计语言对程序设计的影响较大。汇编语言是最为常用的单片机程序语言，用汇编语言编写程序代码精简，直接面向硬件电路进行设计，速度快，但进行大量数据运算时，编写难度将大大增加，不易阅读和调试。在有大量数据运算时可采用 C 语言(如 MCS-51 的 C51)或 PL/M 语言。编写程序时，应注意系统硬件资源的合理分配与使用，子程序的入/出口参数的设置与传递。采用合理的数据结构、控制算法，以满足系统要求的精度。在存储空间分配时，应将使用频率最高的数据缓冲器设在内部 RAM；标志应设置在片内 RAM 位操作区(20H～2FH)中；指定用户堆栈区，栈区的大小应留有余量；余下部分作为数据缓冲区。在编写程序过程中，根据流程图逐条用符号指令来描述，即得汇编语言源程序。应按 MCS-51 汇编语言的标准符号和格式书写，在完成系统功能的同时应注意保证设计的可靠性，如数字滤波、软件陷阱、保护等。必要时可作若干功能性注释，提高程序的可读性。

(4) 要合理分配系统资源，包括 ROM、RAM、定时/计数器、中断源等。其中最关键的是片内 RAM 分配。对 8031 来讲，片内 RAM 指 00H～7FH 单元，这 128 个字节的功能不完全相同，分配时应充分发挥其特长，做到物尽其用。例如在工作寄存器的 8 个单元中，R0 和 R1 用于放各种标志字、逻辑变量、状态变量等；设置堆栈区时应事先估算出子程序和中断嵌套的级数及程序中栈操作指令使用情况，其大小应留有余量。若系统中扩展了 RAM 存储器，应把使用频率最高的数据缓冲器安排在片内 RAM 中，以提高处理速度。当 RAM 资源规划好后，应列出一张 RAM 资源详细分配表，使得编程时查用方便。

(5) 注意在程序的有关位置处写上功能注释，提高程序的可读性。

(6) 加强软件抗干扰设计，它是提高计算机应用系统可靠性的有力措施。

(7) 软件装配：各程序模块编辑之后，需进行汇编或编译、调试，当满足设计要求后，将各程序模块按照软件结构设计的要求连接起来，即为软件装配，从而完成软件设计。在软件装配时，应注意软件接口。

10.1.4 系统调试

在进行整体系统调试前，先要对系统硬件及软件进行分别调试，需要指出的是硬件调试一般需要利用调试软件来进行，软件调试也需要通过对硬件的测试和控制来进行，因此软、硬件调试是不可能绝对分开的。

1. 硬件调试

硬件调试的主要任务是排除硬件故障，其中包括设计错误和工艺故障。

1) 脱机检查

使用万用表，按照电路原理图，检查印制电路板中所有器件的引脚，尤其是电源连接的是否正确，排除短路故障；检查数据总线、地址总线和控制总线是否有短路等故障，顺序是否正确；检查各开关按键是否能正常开关，是否连接正确；检查各限流电阻是否短路等。为了保护 IC 芯片，应先对 IC 插座(尤其是电源端)的点位进行检查，确定无误后再插入芯片调试。

2) 联机调试

拔掉 AT89C51 芯片，将仿真器的 40 芯仿真插头插入 AT89C51 的芯片插座进行调试，检验键盘、显示接口电路是否满足设计要求，可以通过一些简单的测试软件来查看接口电路工作是否正常。

2. 软件调试

软件调试的任务是利用开发工具进行在线仿真调试，发现和纠正程序错误。一般采用先分别测试各子程序模块，再进行子程序模块联调的方法。

硬件和软件调试完成之后，应进行系统调试。系统调试是单片机应用系统设计的最后阶段，也就是固化应用程序和脱机运行两个部分。

3. 固化应用程序，脱机运行

在仿真调试完毕后，借助开发系统的编程器或专用编程器，将调试完毕的应用程序写入 EPROM 或 E^2PROM。因写入 EPROM 中的程序和数据不可修改，且停电后也不会丢失，所以称为程序固化。把固化了程序的 EPROM 插入目标系统，目标系统就可以现场独立运行。

将固化好程序的 ROM 插回到应用系统电路板的相应位置，即可脱机运行。系统试运行要连续运行相当长的时间，以考验其稳定性。并要进一步进行修改和完善处理。

一般地，经开发装置调试合格的软、硬件，脱机后应正常运行。但由于开发调试环境与应用系统的实际运行环境不尽相同，也会出现脱机后不能正常运行的情况。当出现脱机运行故障时，应考虑程序固化有无错误；仿真系统与实际系统在运行时，有无某些方面的区别(如驱动能力)；在联机仿真调试时，未涉及的电路部分有无错误。

10.2　综合设计：单片机数字时钟

10.2.1　任务目的

在很多的电子产品中都需要一个实时的时钟功能，例如一些智能化的仪器仪表、自动化控制系统以及家用的空调、冰箱、微波炉等。在此要求实现一个具有实时时钟显示和闹钟控制功能的数字时钟。数字时钟看似是一个常见、简单的电子设备。其实单片机数字时钟的实现，需要用到前面所学的单片机内部定时器资源、中断系统、I/O 端口、键盘和显示接口等知识。

通过单片机数字时钟的设计，一方面可以对前面所学知识进行一个综合性的复习以及融会贯通，另一方面则可以锻炼独立设计、制作和调试应用系统的能力，深入领会单片机应用系统的硬件设计、模块化程序设计及软硬件调试方法等，从而掌握单片机应用系统的一般开发过程。

10.2.2　设计要求

请设计并制作一个具有如下功能的数字时钟：

(1) 自动计时，由 6 位 LED 数码管显示时、分、秒，每个时间单位用两位 LED 数码管显示。

(2) 该数字时钟应该具备校准功能，也就是说应当是时间可调的。

(3) 该数字时钟应该具备闹钟功能，闹铃响起时间为可设的，并有响应的按键可以开启关闭闹钟。

10.2.3　设计步骤

下面我们就按照上一节所介绍的方法步骤一步一步的完成该任务。

1. 可行性调研

首先，MCS-51 系列单片机内部具有两个 16 位的定时器 T0 和 T1，通过适当的设置均可以实现准确的计时功能，其准确性完全可以胜任一般时钟的精确度要求；其次，通过适当的硬件连接，用动态扫描的方式，其 I/O 口有能力驱动 6 个 LED 数码管同时显示，并且动态扫描过程可以兼顾键盘扫描，可以分别实现多个按键功能；最后，若使用一个有源蜂鸣器，则通过其一个 I/O 引脚的高低电平输出就可以实现闹铃的开关功能。所以，从硬件角度上来看，MCS-51 系列单片机是可以轻松实现任务所要求的数字时钟的。

在程序设计方面，通过前面的学习，只要进行适当的设置，其硬件各部分的驱动程序能够相互兼容，再通过对其中断系统的合理应用，就可以实现任务的要求。

总之，根据分析及以往的经验，该任务具有可行性，可以进行下面的设计工作。

2. 方案的确定

1) 单片机选型

由于 MCS-51 系列单片机相对于成本来说有较为强大的性能，应用范围越来越广，所以根据应用环境的不同，人们对最初的单片机进行了适当的改良，衍生出了许多的单片机型号。目前的单片机片内的集成度各不相同，有的处理器在片内集成了 WDT、PWM、串行 EEPROM、A/D、比较器等多种资源，最大的工作频率也从早期的 0～12MHz 增至 33～40MHz。但这些单片机都具有 51 内核，所以在使用设计方法上和我们标准的 MSC-51 单片

机大致相同。除此之外，还有很多非 51 内核的单片机产品，如 AVR、PIC、ARM 等等，我们应根据系统的功能目标、复杂程度、可靠性要求、精度和速度要求来选择性价比合理的单片机机型。在进行单片机机型选择时应主要考虑以下 4 个方面。

(1) 所选处理器内部资源尽可能符合系统总体要求，如内部 RAM 和程序存储空间是否满足要求，尽可能避免这两类器件的硬件系统扩展，简化系统电路设计。同时应综合考虑低功耗性能要求，要留有余地，以备后期升级。

(2) 开发方便，具有良好的开发工具、开发环境和软硬件技术支持。

(3) 市场货源(包括外部扩展器件)在较长时间内供应充足。

(4) 设计人员对处理器的开发技术熟悉，以利于缩短研制与开发周期。

通过以上考虑，在本设计任务中选用 MCS-51 系列主流芯片 AT89S51，该型号单片机内部带有 4KB 的 Flash ROM，无需外扩程序存储器。由于数字中没有大量的预算和暂存数据，片内 128B 的 RAM 可以满足设计要求，无须外扩片外 RAM。

2) 计时方案

计时方面有以下两种方案可选。

(1) 采用实时时钟芯片。针对应用系统对实时时钟功能的普遍需求，各大芯片生产厂家陆续推出了一系列实时时钟集成电路，如 DS1287、DS12887、DS1302、PCF8563、S35190 等。这些实时时钟芯片具备年、月、日、时、分、秒计时功能和多点定时功能，计时数据每秒自动更新一次，不需要程序干预。单片机可通过中断或查询方式读取计时数据。实时时钟芯片的计时功能无需占用 CPU 时间，功能完善，精度高，软件程序设计相对简单，在实时工业测控系统中多采用这一类专用芯片。

有些实时时钟芯片带有锂电池做后备电池，具备永不停止的计时功能；有些具有可编程方波输出功能，可用作实时测控系统的采样信号等；还有些芯片内部带有非易失性 RAM，可以用来存放需要长期保存但有时也需要更新的数据。我们可以根据任务需求进行芯片的选型。

(2) 软件控制。利用 AT89S51 内部定时/计数器与其内部中断系统进行定时，在配合软件延时实时实现时、分、秒的计时。该方案节省硬件成本，但程序设计方面相对复杂。

由于本任务的目的之一是在对前面所学知识进行综合运用，所以本系统设计采用这一方案。

3) 显示方案

时间显示方面有以下三种方案可选。

(1) 使用字符型 LCD 液晶显示器。该方案利用字符型 LCD 液晶显示器实时显示时间，硬件结构相对简单，程序设计方面也比较容易，但 LCD 液晶显示器相对于 LED 数码管来说成本较高。

(2) 利用串行口扩展 LED，实现 LED 静态显示。该方案占用单片机 CPU 资源少，且静态显示亮度高，但硬件开销大，电路复杂，信息刷新速度慢，比较适用于单片机并行口资源较少的场合。

(3) 利用单片机并行 I/O 端口，实现动态显示。该方案直接使用单片机并行 I/O 口作为显示接口，无需外扩接口芯片，但占用资源较多，且动态扫描显示方式需占用 CPU 时间。在非实时测控或者单片机具有足够并行口资源的情况下可以采用。

结合任务的要求及单片机预计 I/O 口使用情况，在本系统中采用动态显示方案。

4) 按键方案

按键方面有以下两种方案可选。

(1) 独立式按键。一个独立式按键需要用到一个 I/O 口资源，但程序设计方面十分简便，适合于需要按键不多的情况下使用。

(2) 矩阵式键盘。矩阵式键盘可以最大化的利用单片机 I/O 口资源，但程序设计方面相对复杂，适合于需要按键较多、单片机 I/O 口资源紧张的情况。

在本任务中，所需按键数量估计在 8 个以上，并且动态扫描过程可以兼顾矩阵键盘扫描，所以在本系统中采用矩阵式键盘。

5) 系统方案确定

综合上述方案分析，本系统选用主流芯片 AT89S51 单片机作为主控制器，采用单片机内部定时实现计时、行列式键盘(4×2 矩阵键盘)和动态 6 位 LED 显示。

(1) 键盘功能定义。系统采用 4×2 矩阵键盘，共计 8 个按键，各按键预设功能如下。

0#键：时钟参数修改功能选择键。在正常计时状态下，按下此键进入时间参数设置模式，默认选中“秒”；在时间参数设置模式下，按下此键则退出时间参数设置模式，返回至正常计时模式。

1#键：该键只在时间参数或闹钟时间设置模式下有效，功能为选中“时”，在适合的情况下按下此键后则可对“时”进行设置。

2#键：该键只在时间参数或闹钟时间设置模式下有效，功能为选中“分”，在适合的情况下按下此键后则可对“分”进行设置。

3#键：该键只在时间参数或闹钟时间设置模式下有效，功能为选中“秒”，在适合的情况下按下此键后则可对“秒”进行设置。

4#键：该键只在时间参数或闹钟时间设置模式下有效，适合的情况下按下此键则可对当前所选中的时间单位加 1。

5#键：该键只在时间参数或闹钟时间设置模式下有效，适合的情况下按下此键则可对当前所选中的时间单位减 1。

6#键：闹钟时间设置功能选择键，在正常计时状态下，按下此键进入闹钟时间设置模式，默认选中“秒”；在闹钟时间设置模式下，按下此键则退出闹钟时间设置模式，返回至正常计时模式。

7#键：启动关闭闹钟控制键，

(2) 显示定义。6 位 LED 从左到右依次显示时、分、秒，采用 24 小时计时。

(3) 系统工作流程。

① 时间显示：上电后，系统自动进入时钟显示，从 00：00：00 开始计时。

② 时间调整：在正常计时状态下按下 0#键进入时间参数设置模式，保持原有时间显示，默认选中“秒”。此时再按下 1#键则选中“时”，按下 2#键则选中“分”，按下 3#键则再次选中“秒”，按下 4#键则在选中的时间单位上加 1，若“时”为 23，则加完结果显示 00，“分”、“秒”为 59，则加完结果也为 00，按下 5#键则在选中的时间单位上减 1，若“时”为 00，则减完结果显示 23，“分”、“秒”为 00，则减完结果也为 59，按下 6#键则退出时间参数设置模式，返回至正常计时模式。

③ 闹钟设置/启闹/停闹：在正常计时状态下按下 6#键进入闹钟时间设置模式，保持上一次闹钟设置时间显示，若为首次设置则显示 00:00:00，默认选中“秒”。此时再按下 1#键则选中“时”，按下 2#键则选中“分”，按下 3#键则再次选中“秒”，按下 4#键则在选中的时间单位上加 1，若“时”为 23，则加完结果显示 00，“分”、“秒”为 59，则加完结果也为 00，按下 5#键则在选中的时间单位上减 1，若“时”为 00，则减完结果显示 23，“分”、“秒”为 00，则减完结果也为 59，按下 6#键则退出时间参数设置模式，返回至正常计时模式；在正常计时状态下按下 7#一次则切换闹钟开关状态一次，在闹钟响铃过程中按下则只停止响铃，闹钟开关状态不变。

10.2.4 系统硬件设计

系统硬件设计电路如图 10.3 所示，单片机的 P0 口作为 6 位 LED 显示的位选口，其中 P0.0～P0.5 分别对应 LED0～LED5，P1 口作为段选口，由于采用共阴极数码管，因此 P0 口输出低电平选中响应的位，而 P1 口输出高电平则点亮响应的段。单片机 P2 口的第 2 位为键盘输入口(行输入扫描口)。对应 0～2 行，P0 口同时用作键盘的列扫描口。

单片机的 P2.7 引脚接蜂鸣器，低电平驱动蜂鸣器鸣叫，模拟闹钟启闹。

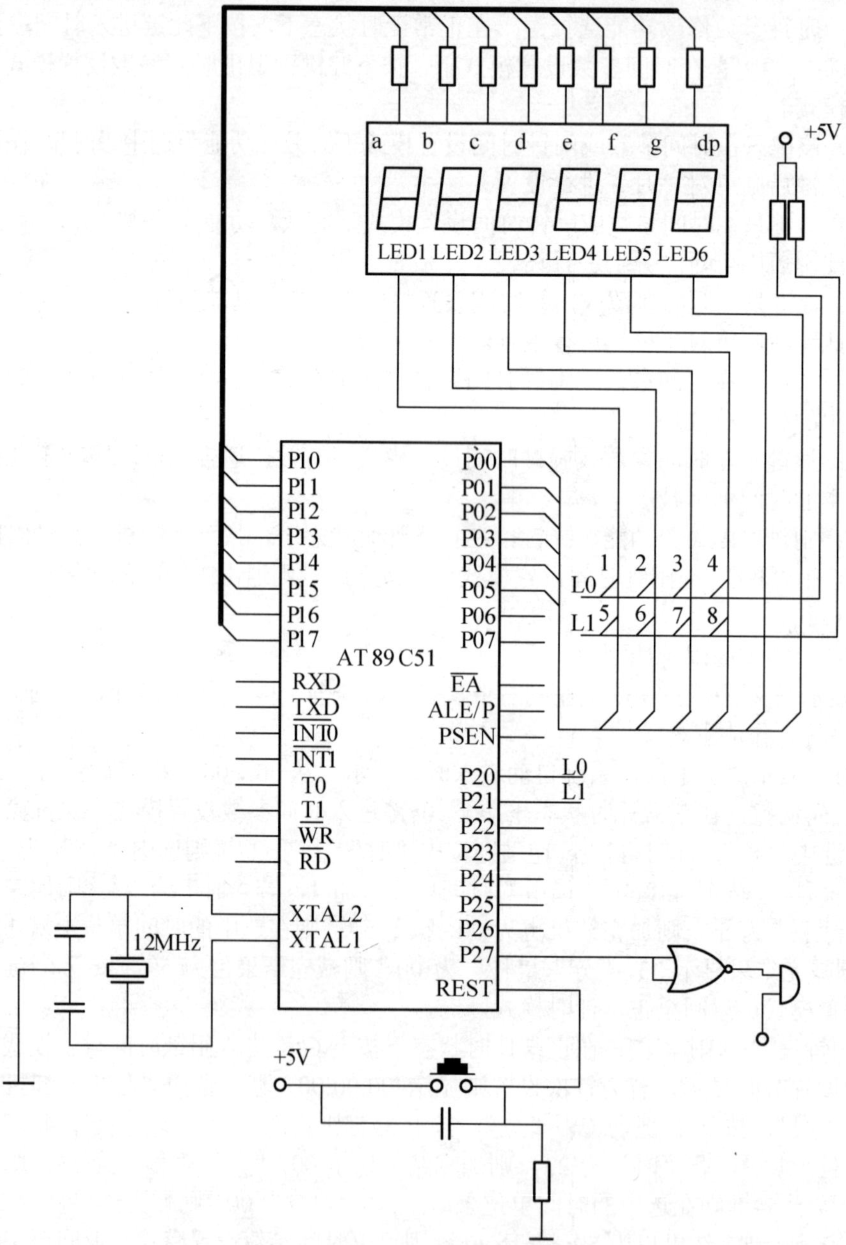

图 10.3 单片机数字时钟硬件设计电路

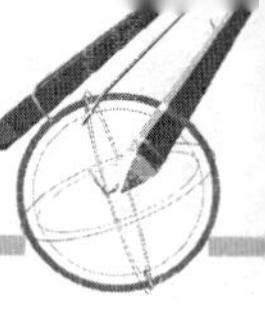

10.2.5　系统软件设计

在明确任务要求，完成方案设计和系统硬件设计后，紧接着就进入系统软件设计阶段。一般的软件设计方法概括起来可分为自底向上和自顶向下两种，此两种方法也是我们设计诸如硬件电路系统、机械系统等其他系统的常用方法。

自底向上的设计方法是指在设计具有层次结构的大型程序时，先设计一些较下层的程序，即去解决问题的各个不同的小部分，然后把这些部分组合成为完整的程序；反之自顶向下的设计方法则将复杂的大问题分解为相对简单的小问题，找出每个问题的关键、重点所在，然后用精确的思维定性、定量地去描述问题。其核心本质是“分解”，特点是结构层次清晰，便于编制、阅读、扩充和修改，并且更符合平时人们的思考习惯。

实际上在现代许多设计中，是混合使用自顶向下法和自底向上法的，因为混合应用可能会取得更好的设计效果。一般来说，自顶向下设计方法适用于设计各种规模的程序及其他系统，而自底向上设计方法则更适用于设计小型程序及其他系统。

也就是说，在本系统的软件设计过程中采用以上任何一种方法都可以，但在日后的工作中，大家将更多的面临大型软件及硬件系统的设计，所以在本系统的软件设计过程中，我们采用自顶向下的设计方法。

软件设计的自顶向下的具体开发过程如下。

明确设计任务，依据现有硬件，确定软件整体功能，将整个任务合理划分成小的功能模块，确定各个模块之间用于连接的数据地址单元和各模块之间的调用关系。

分别编写各个模块的程序，专用于测试主程序对各模块的调试。

把所有模块进行链接调试，反复测试成功后，就可以将代码固化到应用系统中，再次测试，直到完成任务为止。

1. 模块划分

根据任务要求分析，首先把任务划分为相对独立的功能模块，系统模块划分如图 10.4 所示，可以分为以下几个功能模块。

(1) 主程序 MAIN：完成系统初始化，包括 I/O 端口、时钟、闹钟初始参数及初始标志及定时/计数器初始状态的设定；调用相应的子程序进行更新显示时间、循环扫描按键、根据按键分别进行闹钟和时钟的设置管理等操作。

(2) LED 显示子程序 DISPLAY：根据显示数据存储单元的数据显示时钟时间，实现 6 位 LED 的动态显示功能，并同时进行矩阵键盘扫描，若有按键按下，则在最后一位 LED 数码管显示完毕后再进行一次该键的检测(相当于按键去抖)，并存入键值到相应位置。

(3) 延时子程序 DELAY：用于动态扫描过程中的短暂延时。

(4) 查键值子程序 KEYSEARCH：该子程序读取相应位置的键值，并通过该键值选择调用时钟设置子程序、闹钟设置子程序或进行开启关闭闹钟以及关闭闹铃等操作。

(5) 时钟设置子程序 TIMESET：该子程序会调用到 LED 时间显示子程序，功能为保存并显示修改后的时间，并读取相应的键值进行时间单位选择和当前选中时间单位数值的加减 1。

(6) 闹钟设置子程序 ALASET：该子程序会调用到 LED 时间显示子程序，功能为保存

并显示修改后的闹钟时间，并读取相应的键值进行时间单位选择和当前选中时间单位数值的加减 1。

(7) 闹钟判断子程序 ALARM：判断闹钟启闹时间是否已到，若时间到，则启动闹钟。

(8) 定时器中断程序 CLOCK：定时修改用于存放时钟数据的地址单元中的数据。

2. 各模块流程图设计:

(1) 主程序 MAIN：首先完成系统初始化，包括 I/O 端口、时钟、闹钟初始参数及初始标志及定时/计数器初始状态的设定，然后逐个调用 LED 显示子程序 DISPLAY、查键值子程序 KEYSEARCH，具体流程如图 10.5 所示。

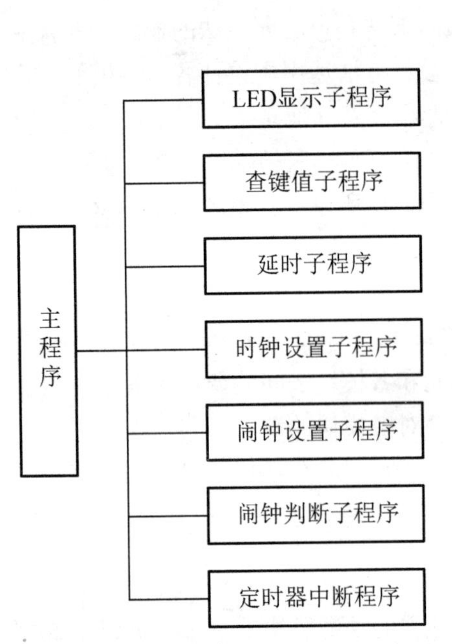

图 10.4 单片机数字时钟程序模块框图

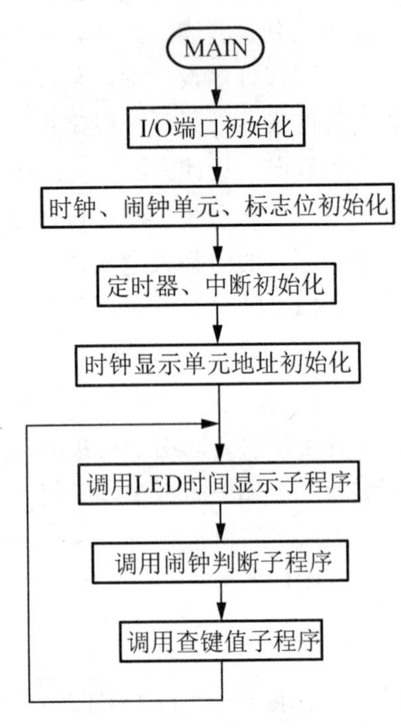

图 10.5 主程序 MAIN 流程

(2) LED 显示子程序 DISPLAY：首先将显示数据存储单元的数据逐个的送到 P0 口，其中所用到的显示时间数据首地址均为个、十位分离后的数据首地址。同时依次选中各数码管，实现 6 位 LED 的动态显示功能，并同时进行矩阵键盘扫描，若有按键按下，则在最后一位 LED 数码管显示完毕后再进行一次该键的检测(相当于按键去抖)，并存入键值到相应位置，具体流程如图 10.6 所示，此处不再对动态显示及矩阵键盘扫描流程做解释，其具体细节请参看前面相关内容。

(3) 查键值子程序 KEYSEARCH：该子程序读取相应地址的键值，键值为#00H 则调用时钟设置子程序，键值为#06H 则调用闹钟时间设置子程序，若键值为#07H 并且当前闹铃标志位为 1 则将标志位清零，否则反转闹铃开关标志位，并根据开关状态在数码管最高位显示 0.5s 的“N”(闹钟开)或“F”(闹钟关)，其余键值为返回，具体流程如图 10.7 所示。

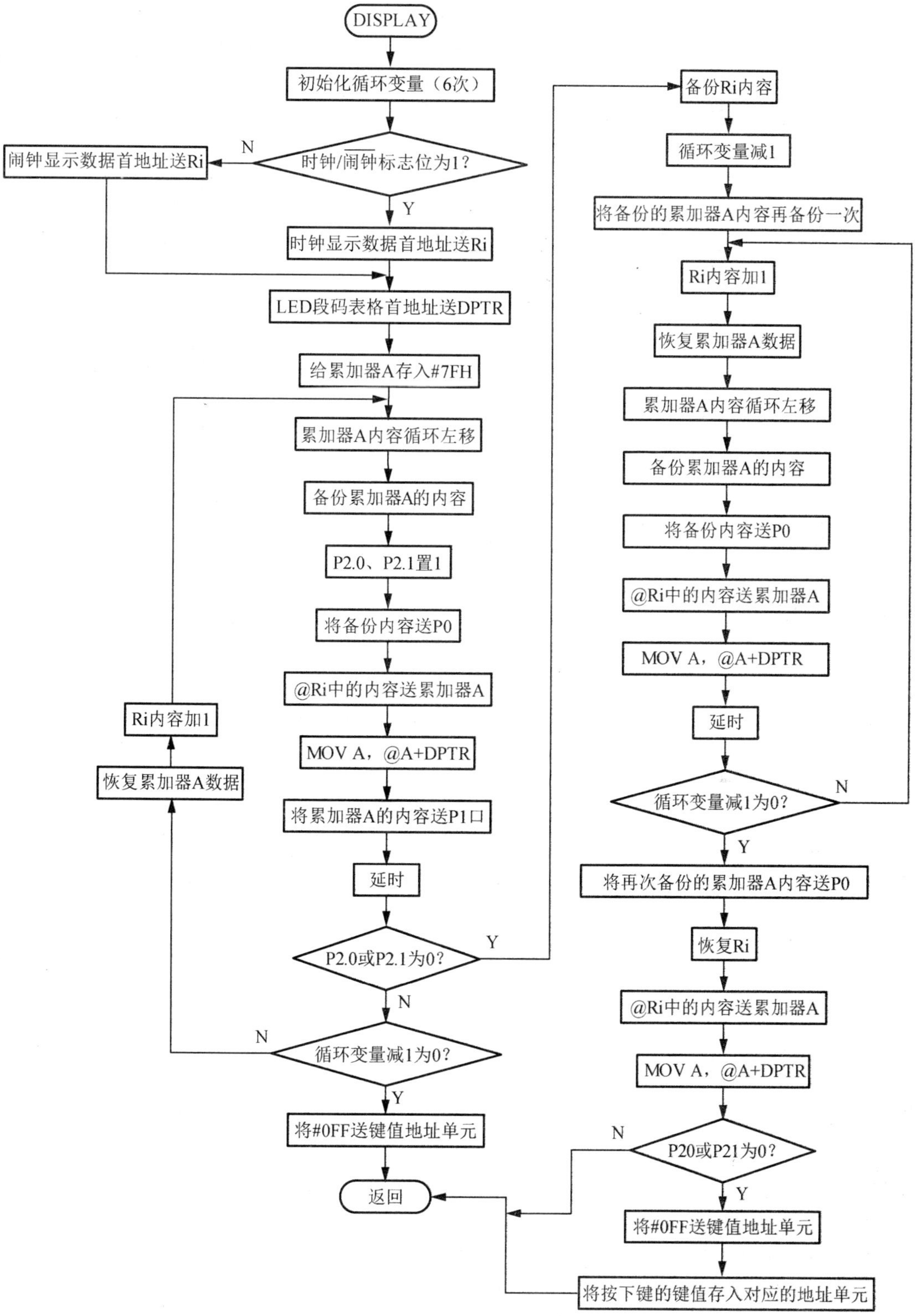

图 10.6　LED 显示子程序流程

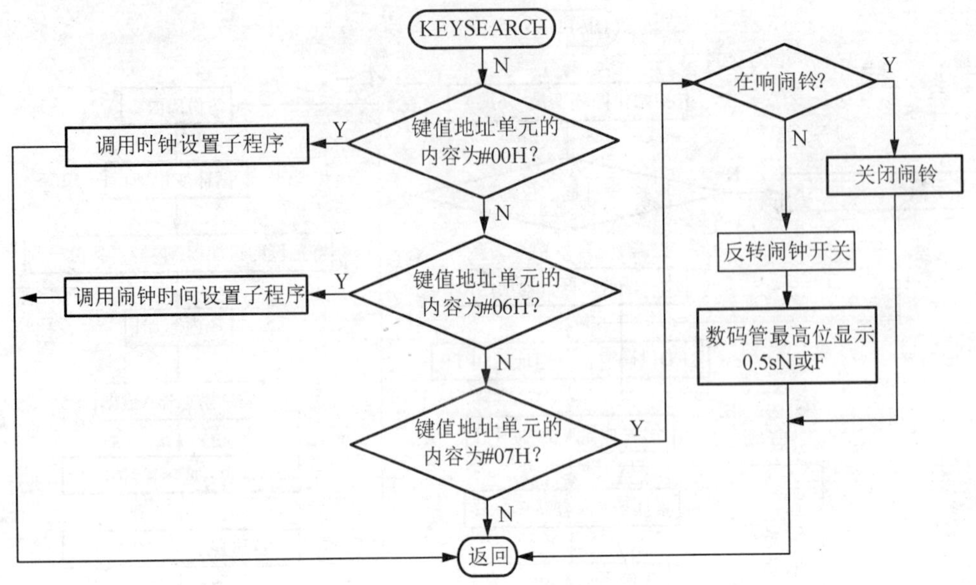

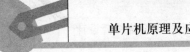

图 10.7 查键值子程序流程

(4) 时钟设置子程序 TIMESET：该子程序首先关闭定时器，“时”、“分”修改标志位均清零，调用 LED 时间显示子程序，然后读取键值，若为 04H 则“秒”加 1，若为 05H 则“秒”减 1，若“秒”为 59，则加完结果为 00，若“秒”为 00，则减完结果为 59，完成后再次调用 LED 时间显示子程序并读取键值；若键值为 01H 则“时”修改标志位置 1，“分”修改标志位清零，此时再次调用 LED 时间显示子程序并读取键值，若为 04H 则“时”加 1，若为 05H 则“时”减 1，若“时”为 23，则加完结果为 00，若“时”为 00 则减完结果为 23，完成后再次调用 LED 时间显示子程序并读取键值；若键值为 02H 则“分”修改标志位置 1，“时”修改标志位清零，此时再次调用 LED 时间显示子程序并读取键值，若为 04H 则“分”加 1，若为 05H 则“分”减 1，若“分”、为 59，则加完结果为 00，若“分”为 00，则减完结果为 59，完成后再次调用 LED 时间显示子程序并读取键值；若键值为 03H 则“时”、“分”修改标志位均清零，此时再次调用 LED 时间显示子程序并读取键值，若为 04H 则“秒”加 1，若为 05H 则“秒”减 1，若“秒”为 59，则加完结果为 00，若“秒”为 00，则减完结果为 59，完成后再次调用 LED 时间显示子程序并读取键值；若键值为#00H 键则退出时间参数设置模式，返回至正常计时模式；若为其他键值则再次调用 LED 时间显示子程序并读取键值……具体流程如图 10.8 所示。

(5) 闹钟设置子程序 ALASET：该程序具体流程如图 10-9 所示，不难看出该子程序功能与时钟设置子程序 TIMESET 基本相同，但是此时不关闭定时器，定时器正常工作，所使用的数据和设置完成后的数据存放地址转为闹钟时间数据存放地址，所以在子程序一开始会将时钟/$\overline{\text{闹钟}}$标志位清零，参看 LED 时间显示子程序流程就知道，此时显示的数据为闹钟时间数据，该位将在子程序结束前置 1。

(6) 闹钟判断子程序 ALARM：如图 10.10 所示，该子程序首先查看闹钟是否开启，若开启则将当前时间与闹钟设定时间进行“时”、“分”、“秒”比对来判断闹钟启闹时间是否已到，若时间到，则启动闹铃。

(7) 定时器中断程序 CLOCK：该中断程序每 50ms 响应一次，主要用于定时修改存放时钟数据的地址单元中的数据，其具体流程如图 10.11 所示。

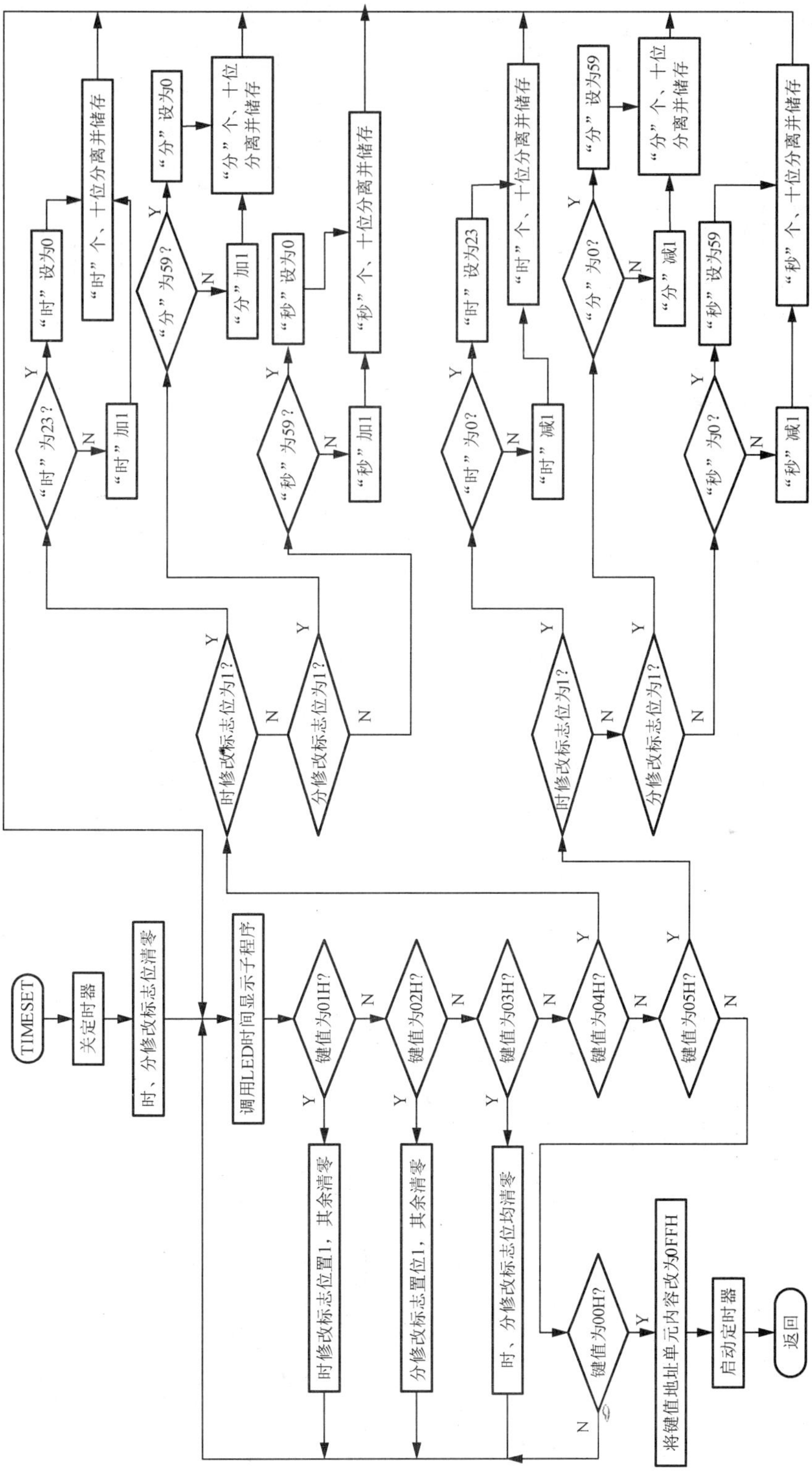

图10.8 时钟设置子程序流程

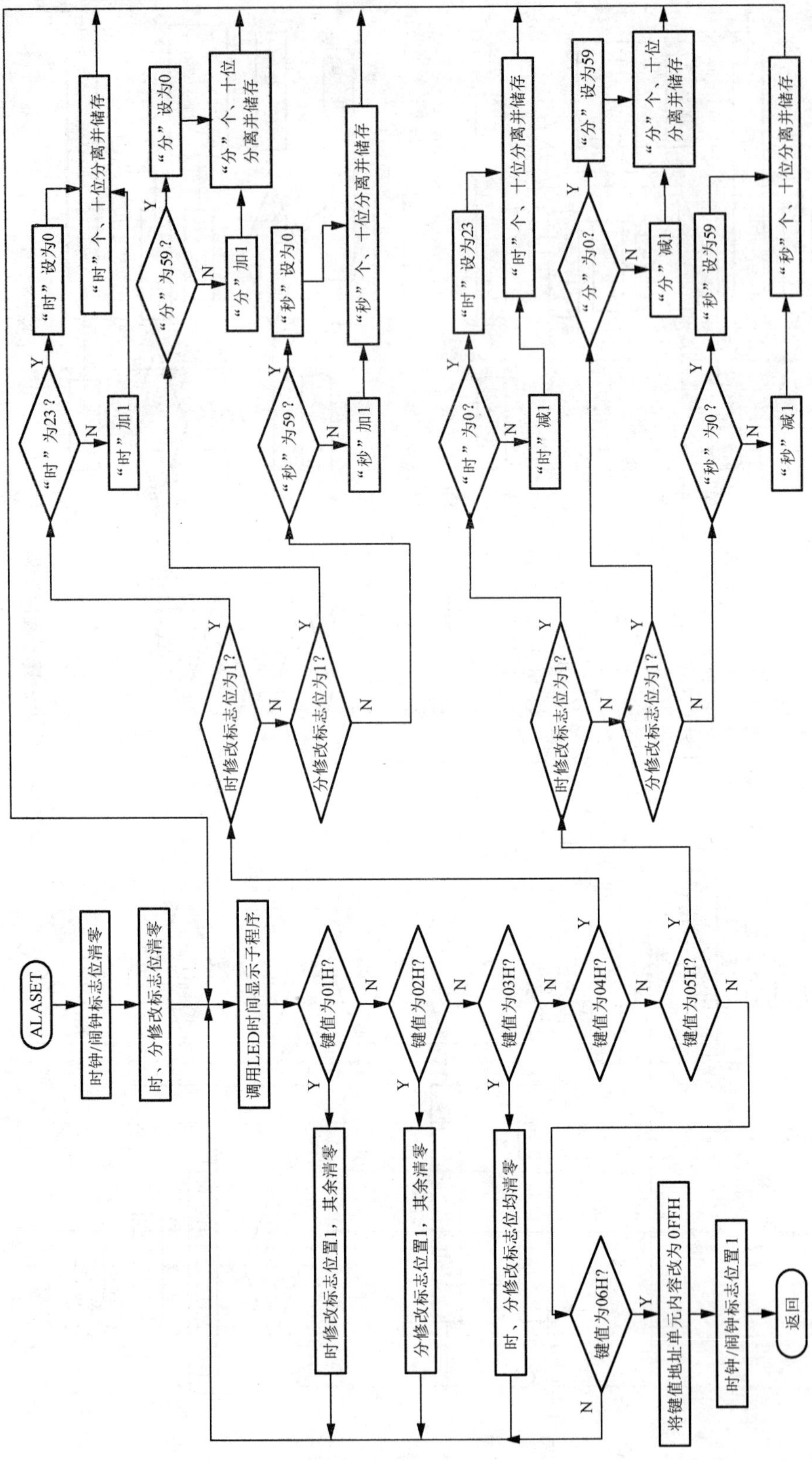

图 10.9　闹钟时间设置子程序流程

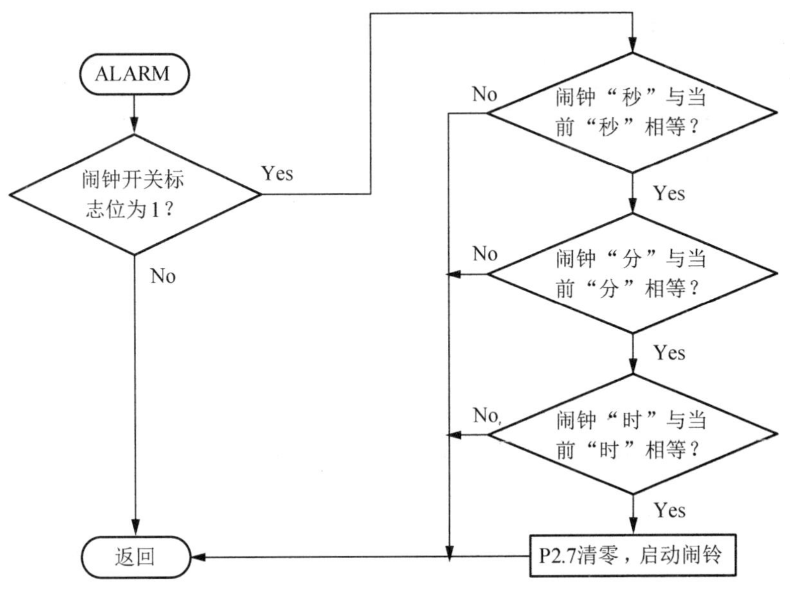

图 10.10　闹钟判断子程序流程

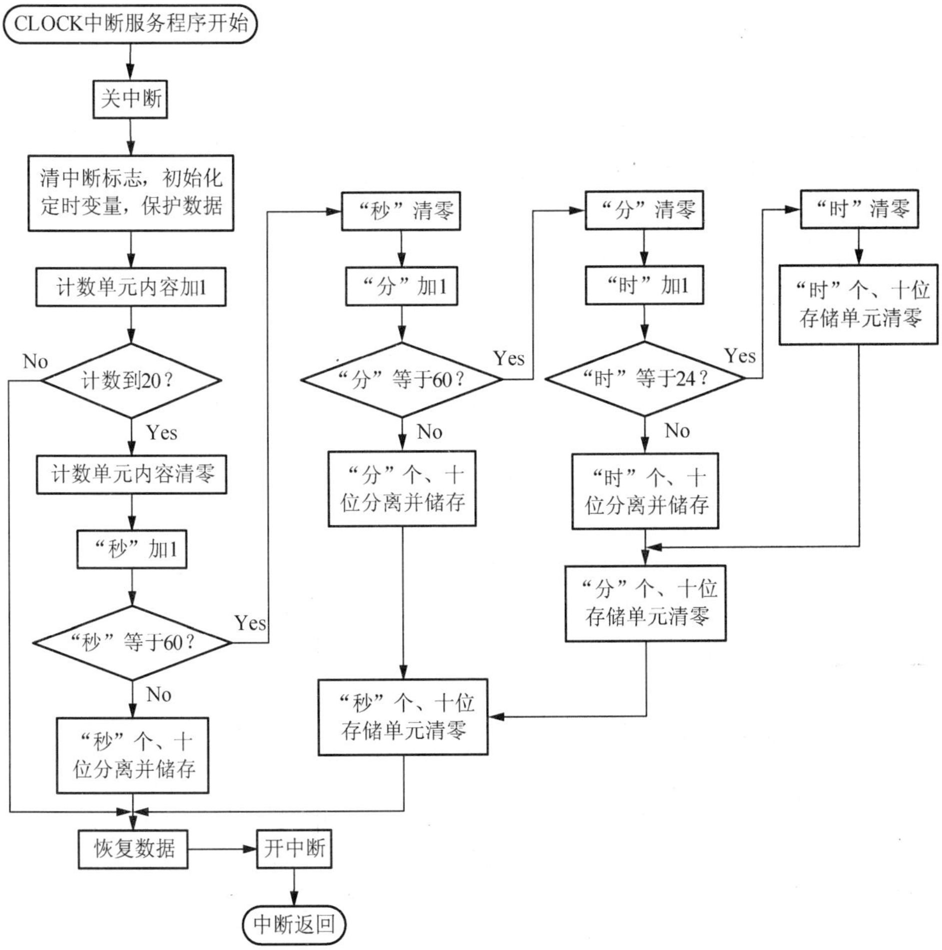

CLOCK中断服务程序开始

关中断

清中断标志，初始化定时变量，保护数据

计数单元内容加1

计数到20？

No

Yes

计数单元内容清零

“秒”加1

“秒”等于60？

Yes

No

“秒”个、十位分离并储存

“秒”清零

“分”加1

“分”等于60？

Yes

No

“分”个、十位分离并储存

“秒”个、十位存储单元清零

“分”清零

“时”加1

“时”等于24？

Yes

No

“时”个、十位分离并储存

“分”个、十位存储单元清零

“时”清零

“时”个、十位存储单元清零

恢复数据

开中断

中断返回

图 10.11　定时器中断程序流程

3. 资源分配与程序设计

在完成各模块流程图设计后，根据每个细化的流程图逐个编写子程序模块，再根据系统主程序的流程进行各功能的子程序模块调用，最终生成系统可执行的程序。

在程序编写前，先要对流程中涉及的一些变量做一个合理的分配，并对相应的地址单元用 EQU 进行命名，这样会使编程过程更为清晰，可读性也会提高，便于后面的查错与调试工作的顺利进行。

具体汇编程序此处略去。

10.2.6 系统调试

在根据流程图写好程序后，就可以进入系统调试阶段了，上一节内容所讲，系统调试包括硬件调试和软件调试两部分，硬件调试一般需要利用调试软件来进行，软件调试也需要通过对硬件的测试和控制来进行，因此软、硬件调试是不可能绝对分开的。

1. 硬件调试

结合上节硬件调试方法的介绍，在本设计中硬件调试的具体方法如下。

(1) 设计测试软件，使 P1、P0 口输出 55H 或 AAH，同时读 P2 口。运行程序后，用万用表检查相应端口电平是否一高一低，在仿真器中检查读入的 P2 口低 2 位是否为 1，如果结果如上所述则说明并行端口工作正常。

(2) 设计一个测试 LED 显示函数的程序，使所有 LED 全显示“8.”的静态显示程序来检验 LED 的好坏。如果运行测试结果与预期不符，则很容易根据故障现象判断故障原因，并采取针对性措施排除故障。

2. 软件调试

在本设计中软件调试的具体方法如下。

(1) 先在主程序中屏蔽中断及其他函数调用，只保留 LED 显示函数，并在相应的存储单元中存入测试数据，观察是否能将测试数据正常显示，此过程调试通过后进行下一步的调试工作。

(2) 打开中断，观察系统是否能从 00:00:00 开始正确计时，调试至正确计时后，则将计时初值改为 23:58:50，再运行程序，观察是否能正确进位，此步调试通过后进入下一步的调试工作。

(3) 打开时钟设置子程序调用，按下按键，观察系统是否能够正确响应时间设置过程中所涉及的各个按键，此步调试通过后进入下一步的调试工作。

(4) 打开闹钟时钟设置子程序调用，先看能否进入闹钟时间设置模式，若能进入则观察系统是否能够正确响应闹钟时间设置过程中所涉及的各个按键，此步调试通过后进入下一步的调试工作。

(5) 打开闹钟判断子程序调用，将闹钟时间设定在当前时间之后 1 分钟左右，耐心等待，看闹铃是否会在设定时间响起，若能响起，按下停止键#07 看是否能关闭闹铃。至此软件调试工作基本完成。

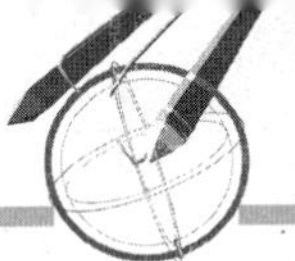

3. 脱机运行

在软、硬件调试成功后，可以将程序固化到 AT89C51 的 Flash 存储器中，接上电脱机运行，进行整体测试。虽然软、硬件调试成功，但脱机运行不一定会成功，有可能出现以下故障。

(1) 系统不工作。主要原因是晶振不起振；或 $\overline{EA}$ 脚没有接到高电平。

(2) 系统工作时好时坏。这主要是由于干扰引起的，要加强抗干扰措施。实际上，为抗干扰所做的工作常常比前期实验室研制样机的工作还要多，由此可见抗干扰技术的重要性。

项 目 小 结

本项目首先对单片机应用系统的一般设计方法及流程做了较为详细的介绍，然后通过单片机数字时钟的设计任务，进一步阐述单片机应用系统的设计过程。

通过本项目内容可以了解到单片机应用系统开发的一般工作流程包括：项目任务的可行性调研，制定系统软、硬件方案，系统硬件设计与制作，系统软件模块划分与设计，系统软硬件联调，程序固化，脱机运行等。

此外，本项目还介绍了自顶向下的模块化程序设计方法：首先构建出程序设计的整体框架，包括主程序流程和子程序模块流程的设计以及各子程序模块之间的调用关系，然后在细化流程图的基础上，合理的分配单片机内部存储单元，即可轻松编写程序代码。

附录

MCS-51 单片机指令表

附表 1　数据传送类指令

序号	指令格式	指令功能	字节	周期
1	MOV A，Rn	Rn 内容传送到 A	1	1
2	MOV A，direct	直接地址内容传送到 A	2	1
3	MOV A，@Ri	间接 RAM 单元内容送 A	1	1
4	MOV A，#data	立即数送到 A	2	1
5	MOV Rn，A	A 内容送到 Rn	1	1
6	MOV Rn，direct	直接地址内容传送到 Rn	2	2
7	MOV Rn，#data	立即数传送到 Rn	2	1
8	MOV direct，A	A 内容传送到直接地址	2	1
9	MOV direct，Rn	Rn 内容传送到直接地址	2	2
10	MOV direct2，direct1	直接地址内容传送到直接地址	3	2
11	MOV direct，@Ri	间接 RAM 内容传送到直接地址	2	2
12	MOV direct，#data	立即数传送到直接地址	3	2
13	MOV @Ri，A	A 内容送间接 RAM 单元	1	1
14	MOV @Ri，direct	直接地址内容传送到间接 RAM	2	2
15	MOV @Ri，#data	立即数传送到间接 RAM	2	1
16	MOVC A，@A+DPTR	代码字节送 A(DPTR 为基址)	1	2
17	MOVC A，@A+PC	代码字节送 A(PC 为基址)	1	2
18	MOVX A，@Ri	外部 RAM(8 位地址)内容传送到 A	1	2
19	MOVX A，@DPTR	外部 RAM 内容(16 位地址)传送到 A	1	2
20	MOV DPTR，#data16	16 位常数加载到数据指针	1	2
21	MOVX @Ri，A	A 内容传送到外部 RAM(8 位地址)	1	2
22	MOVX @DPTR，A	A 内容传送到外部 RAM(16 位地址)	1	2
23	PUSH direct	直接地址内容压入堆栈	2	2
24	POP direct	直接地址内容弹出堆栈	2	2
25	XCH A,Rn	Rn 内容和 A 交换	1	1
26	XCH A, direct	直接地址内容和 A 交换	2	1

续表

序号	指令格式	指令功能	字节	周期
27	XCH A, @Ri	间接 RAM 内容 A 和交换	1	1
28	XCHD A, @Ri	间接 RAM 内容和 A 交换低 4 位字节	1	1

附表 2 算术运算类指令

序号	指令格式	指令功能	字节	周期
1	INC A	A 内容加 1	1	1
2	INC Rn	Rn 内容加 1	1	1
3	INC direct	直接地址加 1	2	1
4	INC @Ri	间接 RAM 内容加 1	1	1
5	INC DPTR	数据指针加 1	1	2
6	DEC A	A 内容减 1	1	1
7	DEC Rn	Rn 内容减 1	1	1
8	DEC direct	直接地址内容减 1	2	1
9	DEC @Ri	间接 RAM 内容减 1	1	1
10	MUL AB	(A)和(B)相乘	1	4
11	DIV AB	(A)除以(B)	1	4
12	DA A	(A)十进制调整	1	1
13	ADD A,Rn	(Rn)与(A)求和	1	1
14	ADD A,direct	直接地址内容与(A)求和	2	1
15	ADD A,@Ri	间接 RAM(内容)与(A)求和	1	1
16	ADD A,#data	立即数与(A)求和	2	1
17	ADDC A,Rn	(Rn)与(A)求和(带进位)	1	1
18	ADDC A,direct	直接地址内容与(A)求和(带进位)	2	1
19	ADDC A,@Ri	间接 RAM 内容与(A)求和(带进位)	1	1
20	ADDC A,#data	立即数与(A)求和(带进位)	2	1
21	SUBB A,Rn	(A)减去(Rn)(带借位)	1	1
22	SUBB A,direct	(A)减去直接地址内容(带借位)	2	1
23	SUBB A,@Ri	(A)减去间接 RAM 内容(带借位)	1	1
24	SUBB A,#data	(A)减去立即数(带借位)	2	1

附表 3 逻辑运算类指令

序号	指令格式	指令功能	字节	周期
1	ANL A, Rn	(Rn)“与”到(A)	1	1
2	ANL A,direct	直接地址内容“与”到(A)	2	1
3	ANL A,@Ri	间接 RAM 内容“与”到(A)	1	1
4	ANL A,#data	立即数“与”到(A)	2	1
5	ANL direct,A	(A)“与”到直接地址内容	2	1
6	ANL direct, #data	立即数“与”到直接地址内容	3	2
7	ORL A,Rn	(Rn)“或”到(A)	1	2

续表

序号	指令格式	指令功能	字节	周期
8	ORL A,direct	直接地址内容“或”到(A)	2	1
9	ORL A,@Ri	间接 RAM 内容“或”到(A)	1	1
10	ORL A,#data	立即数“或”到(A)	2	1
11	ORL direct,A	(A)“或”到直接地址内容	2	1
12	ORL direct, #data	立即数“或”到直接地址内容	3	2
13	XRL A,Rn	(Rn)“异或”到(A)	1	2
14	XRL A,direct	直接地址内容“异或”到(A)	2	1
15	XRL A,@Ri	间接 RAM 内容“异或”到(A)	1	1
16	XRL A,#data	立即数“异或”到(A)	2	1
17	XRL direct,A	(A)“异或”到直接地址内容	2	1
18	XRL direct, #data	立即数“异或”到直接地址内容	3	2
19	CLR A	(A)清零	1	2
20	CPL A	(A)求反	1	1
21	RL A	(A)循环左移	1	1
22	RLC A	带进位(A)循环左移	1	1
23	RR A	(A)循环右移	1	1
24	RRC A	带进位(A)循环右移	1	1
25	SWAP A	(A)高、低 4 位交换	1	1

附表 4　控制转移类指令

序号	指令格式	指令功能	字节	周期
1	JMP @A+DPTR	相对 DPTR 的无条件间接转移	1	2
2	JZ rel	A 为 0 则转移	2	2
3	JNZ rel	A 为 1 则转移	2	2
4	CJNE A,direct,rel	比较直接地址和 A,不相等转移	3	2
5	CJNE A,#data,rel	比较立即数和 A,不相等转移	3	2
6	CJNE Rn,#data,rel	比较 Rn 和立即数,不相等转移	3	2
7	CJNE @Ri,#data,rel	比较立即数和间接 RAM,不相等转移	3	2
8	DJNZ Rn,rel	Rn 减 1,不为 0 则转移	2	2
9	DJNZ direct,rel	直接地址减 1,不为 0 则转移	3	2
10	NOP	空操作,用于短暂延时	1	1
11	ACALL add11	绝对调用子程序	2	2
12	LCALL add16	长调用子程序	3	2
13	RET	从子程序返回	1	2
14	RETI	从中断服务子程序返回	1	2
15	AJMP add11	无条件绝对转移	2	2
16	LJMP add16	无条件长转移	3	2
17	SJMP rel	无条件相对转移	2	2

附表 5　位操作指令

序号	指令格式	指令功能	字节	周期
1	CLR C	清进位位	1	1
2	CLR bit	清直接寻址位	2	1
3	SETB C	置位进位位	1	1
4	SETB bit	置位直接寻址位	2	1
5	CPL C	取反进位位	1	1
6	CPL bit	取反直接寻址位	2	1
7	ANL C,bit	直接寻址位“与”到进位位	2	2
8	ANL C，/bit	直接寻址位的反码“与”到进位位	2	2
9	ORL C,bit	直接寻址位“或”到进位位	2	2
10	ORL C，/bit	直接寻址位的反码“或”到进位位	2	2
11	MOV C,bit	直接寻址位传送到进位位	2	1
12	MOV bit, C	进位位位传送到直接寻址	2	2
13	JC rel	如果进位位为 1 则转移	2	2
14	JNC rel	如果进位位为 0 则转移	2	2
15	JB bit，rel	如果直接寻址位为 1 则转移	3	2
16	JNB bit，rel	如果直接寻址位为 0 则转移	3	2
17	JBC bit，rel	直接寻址位为 1 则转移并清除该位	3	2

伪指令		指令中的符号标识	
ORG	指明程序的开始位置	Rn	工作寄存器 R0～R7
DB	定义数据表	Ri	工作寄存器 R0 和 R1
DW	定义 16 位的地址表	@Ri	间接寻址的 8 位 RAM 单元地址(00H～FFH)
EQU	给一个表达式或一个字符串起名	#data8	8 位常数
DATA	给一个 8 位的内部 RAM 起名	addr16	16 位目标地址，范围 64KB
XDATA	给一个 8 位的外部 RAM 起名	addr11	11 位目标地址，范围 2KB
BIT	给一个可位寻址的位单元起名	Rel	8 位偏移量，范围-128～+127
END	指出源程序到此为止	Bit	片内 RAM 中的可寻址位和 SFR 的可寻址位
$	指本条指令的起始位置	Direct	直接地址，范围片内 RAM 单元(00H～7FH)和 80H～FFH

参 考 文 献

[1] 李全利，迟荣强．单片机原理及接口技术[M]．北京：高等教育出版社，2004．

[2] 徐爱华．单片机应用技术教程[M]．北京：机械工业出版社，2003．

[3] 詹林．单片机原理与应用[M]．西安：西北工业大学出版社，2008．

[4] 刘守义．单片机应用技术[M]．西安：西安电子科技大学出版社，2004．

[5] 张靖武，周灵彬．单片机原理、应用与 PROTEUS 仿真[M]．北京：电子工业出版社，2010．

[6] 眭碧霞．单片机及其应用[M]．西安：西安电子科技大学出版社，2003．

[7] 龚运新．单片机 C 语言开发技术[M]．北京：清华大学出版社，2006．

[8] 熊华波．单片机开发入门及应用实例[M]．北京：北京大学出版社，2011．

[9] 周润景，张丽娜．基于 PROTEUS 的电路及单片机系统设计与仿真[M]．北京：北京航空航天大学出版社，2006．

[10] 李萍．AT89S51[M]．北京：中国电力出版社，2008．

[11] 黄双成．单片机应用技术[M]．北京：中国电力出版社，2009．

[12] 杨欣，张延强，张铠麟．实例解读 51 单片机完全学习与应用[M]．北京：电子工业出版社，2011．

[13] 刘坤，宋戈，赵红波，张宪栋．51 单片机 C 语言应用开发技术大全[M]．北京：人民邮电出版社，2008．

北京大学出版社高职高专机电系列规划教材

序号	书号	书名	编著者	定价	出版日期
1	978-7-301-12181-8	自动控制原理与应用	梁南丁	23.00	2012.1 第 3 次印刷
2	978-7-5038-4861-2	公差配合与测量技术	南秀蓉	23.00	2011.12 第 4 次印刷
3	978-7-5038-4865-0	CAD/CAM 数控编程与实训(CAXA 版)	刘玉春	27.00	2011.2 第 3 次印刷
4	978-7-5038-4869-8	设备状态监测与故障诊断技术	林英志	22.00	2011.8 第 3 次印刷
5	978-7-301-13262-3	实用数控编程与操作	钱东东	32.00	2011.8 第 3 次印刷
6	978-7-301-13383-5	机械专业英语图解教程	朱派龙	22.00	2012.2 第 4 次印刷
7	978-7-301-13582-2	液压与气压传动技术	袁　广	24.00	2011.3 第 3 次印刷
8	978-7-301-13662-1	机械制造技术	宁广庆	42.00	2010.11 第 2 次印刷
9	978-7-301-13574-7	机械制造基础	徐从清	32.00	2012.7 第 3 次印刷
10	978-7-301-13653-9	工程力学	武昭晖	25.00	2011.2 第 3 次印刷
11	978-7-301-13652-2	金工实训	柴增田	22.00	2011.11 第 3 次印刷
12	978-7-301-14470-1	数控编程与操作	刘瑞已	29.00	2011.2 第 2 次印刷
13	978-7-301-13651-5	金属工艺学	柴增田	27.00	2011.6 第 2 次印刷
14	978-7-301-12389-8	电机与拖动	梁南丁	32.00	2011.12 第 2 次印刷
15	978-7-301-13659-1	CAD/CAM 实体造型教程与实训 (Pro/ENGINEER 版)	诸小丽	38.00	2012.1 第 3 次印刷
16	978-7-301-13656-0	机械设计基础	时忠明	25.00	2012.7 第 3 次印刷
17	978-7-301-17122-6	AutoCAD 机械绘图项目教程	张海鹏	36.00	2011.10 第 2 次印刷
18	978-7-301-17148-6	普通机床零件加工	杨雪青	26.00	2010.6
19	978-7-301-17398-5	数控加工技术项目教程	李东君	48.00	2010.8
20	978-7-301-17573-6	AutoCAD 机械绘图基础教程	王长忠	32.00	2010.8
21	978-7-301-17557-6	CAD/CAM 数控编程项目教程(UG 版)	慕　灿	45.00	2012.4 第 2 次印刷
22	978-7-301-17609-2	液压传动	龚肖新	22.00	2010.8
23	978-7-301-17679-5	机械零件数控加工	李　文	38.00	2010.8
24	978-7-301-17608-5	机械加工工艺编制	于爱武	45.00	2012.2 第 2 次印刷
25	978-7-301-17707-5	零件加工信息分析	谢　蕾	46.00	2010.8
26	978-7-301-18357-1	机械制图	徐连孝	27.00	2011.1
27	978-7-301-18143-0	机械制图习题集	徐连孝	20.00	2011.1
28	978-7-301-18470-7	传感器检测技术及应用	王晓敏	35.00	2012.7 第 2 次印刷
29	978-7-301-18471-4	冲压工艺与模具设计	张　芳	39.00	2011.3
30	978-7-301-18852-1	机电专业英语	戴正阳	28.00	2011.5
31	978-7-301-19272-6	电气控制与 PLC 程序设计（松下系列）	姜秀玲	36.00	2011.8
32	978-7-301-19297-9	机械制造工艺及夹具设计	徐　勇	28.00	2011.8
33	978-7-301-19319-8	电力系统自动装置	王　伟	24.00	2011.8
34	978-7-301-19374-7	公差配合与技术测量	庄佃霞	26.00	2011.8
35	978-7-301-19436-2	公差与测量技术	余　键	25.00	2011.9
36	978-7-301-19010-4	AutoCAD 机械绘图基础教程与实训(第 2 版)	欧阳全会	36.00	2012.1
37	978-7-301-19638-0	电气控制与 PLC 应用技术	郭　燕	24.00	2012.1
38	978-7-301-19933-6	冷冲压工艺与模具设计	刘洪贤	32.00	2012.1
39	978-7-301-20002-5	数控机床故障诊断与维修	陈学军	38.00	2012.1
40	978-7-301-20312-5	数控编程与加工项目教程	周晓宏	42.00	2012.3
41	978-7-301-20414-6	Pro/ENGINEER Wildfire 产品设计项目教程	罗　武	31.00	2012.5
42	978-7-301-15692-6	机械制图	吴百中	26.00	2012.7 第 2 次印刷
43	978-7-301-20945-5	数控铣削技术	陈晓罗	42.00	2012.7
44	978-7-301-21053-6	数控车削技术	王军红	28.00	2012.8
45	978-7-301-21119-9	数控机床及其维护	黄应勇	38.00	2012.8
46	978-7-301-20752-9	液压传动与气动技术(第 2 版)	曹建东	40.00	2012.8
47	978-7-301-21147-2	Protel 99 SE 印制电路板设计案例教程	王　静	35.00	2012.8
48	978-7-301-16448-8	Pro/ENGINEER Wildfire 设计实训教程	吴志清	38.00	2012.8

北京大学出版社高职高专电子信息系列规划教材

序号	书号	书名	编著者	定价	出版日期
1	978-7-301-12180-1	单片机开发应用技术	李国兴	21.00	2010.9 第 2 次印刷
2	978-7-301-12386-7	高频电子线路	李福勤	20.00	2010.3 第 2 次印刷
3	978-7-301-12384-3	电路分析基础	徐　锋	22.00	2010.3 第 2 次印刷
4	978-7-301-13572-3	模拟电子技术及应用	刁修睦	28.00	2012.8 第 3 次印刷
5	978-7-301-12390-4	电力电子技术	梁南丁	29.00	2010.7 第 2 次印刷
6	978-7-301-12383-6	电气控制与 PLC(西门子系列)	李　伟	26.00	2012.3 第 2 次印刷
7	978-7-301-12387-4	电子线路 CAD	殷庆纵	28.00	2012.7 第 4 次印刷
8	978-7-301-12382-9	电气控制及 PLC 应用(三菱系列)	华满香	24.00	2012.5 第 2 次印刷
9	978-7-301-16898-1	单片机设计应用与仿真	陆旭明	26.00	2012.4 第 2 次印刷
10	978-7-301-16830-1	维修电工技能与实训	陈学平	37.00	2010.7
11	978-7-301-17324-4	电机控制与应用	魏润仙	34.00	2010.8
12	978-7-301-17569-9	电工电子技术项目教程	杨德明	32.00	2012.4 第 2 次印刷
13	978-7-301-17696-2	模拟电子技术	蒋　然	35.00	2010.8
14	978-7-301-17712-9	电子技术应用项目式教程	王志伟	32.00	2012.7 第 2 次印刷
15	978-7-301-17730-3	电力电子技术	崔　红	23.00	2010.9
16	978-7-301-17877-5	电子信息专业英语	高金玉	26.00	2011.11 第 2 次印刷
17	978-7-301-17958-1	单片机开发入门及应用实例	熊华波	30.00	2011.1
18	978-7-301-18188-1	可编程控制器应用技术项目教程(西门子)	崔维群	38.00	2011.1
19	978-7-301-18322-9	电子 EDA 技术(Multisim)	刘训非	30.00	2012.7 第 2 次印刷
20	978-7-301-18144-7	数字电子技术项目教程	冯泽虎	28.00	2011.1
21	978-7-301-18470-7	传感器检测技术及应用	王晓敏	35.00	2011.1
22	978-7-301-18630-5	电机与电力拖动	孙英伟	33.00	2011.3
23	978-7-301-18519-3	电工技术应用	孙建领	26.00	2011.3
24	978-7-301-18770-8	电机应用技术	郭宝宁	33.00	2011.5
25	978-7-301-18520-9	电子线路分析与应用	梁玉国	34.00	2011.7
26	978-7-301-18622-0	PLC 与变频器控制系统设计与调试	姜永华	34.00	2011.6
27	978-7-301-19310-5	PCB 板的设计与制作	夏淑丽	33.00	2011.8
28	978-7-301-19326-6	综合电子设计与实践	钱卫钧	25.00	2011.8
29	978-7-301-19302-0	基于汇编语言的单片机仿真教程与实训	张秀国	32.00	2011.8
30	978-7-301-19153-8	数字电子技术与应用	宋雪臣	33.00	2011.9
31	978-7-301-19525-3	电工电子技术	倪　涛	38.00	2011.9
32	978-7-301-19953-4	电子技术项目教程	徐超明	38.00	2012.1
33	978-7-301-20000-1	单片机应用技术教程	罗国荣	40.00	2012.2
34	978-7-301-20009-4	数字逻辑与微机原理	宋振辉	49.00	2012.1
35	978-7-301-20706-2	高频电子技术	朱小祥	32.00	2012.6
36	978-7-301-21055-0	单片机应用项目化教程	顾亚文	32.00	2012.8
37	978-7-301-17489-0	单片机原理及应用	陈高锋	32.00	2012.9